中学教科書ワーク　学習カード

# ポケット スタディ

数 学 3 年

Pocket Study

JN085223

---

**1** かっこをはずす

次の計算をすると？

$3x(2x-4y)$

---

**2** 乗法公式①

次の式を展開すると？

$(x+3)(x-5)$

---

**3** 乗法公式②③

次の式を展開すると？

$(x+6)^2$

---

**4** 乗法公式④

次の式を展開すると？

$(x+4)(x-4)$

---

**5** 共通な因数をくくり出す

次の式を因数分解すると？

$4ax-6ay$

---

**6** 因数分解①'

次の式を因数分解すると？

$x^2-10x+21$

---

**7** 因数分解②' ③'

次の式を因数分解すると？

$x^2-12x+36$

---

**8** 因数分解④'

次の式を因数分解すると？

$x^2-100$

---

**9** 式の計算の利用

$a=78$，$b=58$のとき，次の式の値は？

$a^2-2ab+b^2$

## 分配法則を使って展開する！

$3x(2x-4y)$

$= 3x \times 2x - 3x \times 4y$ ← 分配法則！

$=6x^2-12xy$ …答

---

## $(x \pm a)^2 = x^2 \pm 2ax + a^2$

$(x+6)^2$

$= x^2 + 2 \times 6 \times x + 6^2$

  6の2倍　　　6の2乗

$= x^2 + 12x + 36$ …答

---

## 使い方

◎ミシン目で切り取り，穴をあけてリングなどを通して使いましょう。

◎カードの表面が問題，裏面が解答と解説です。

---

## $(x+a)(x+b) = x^2+(a+b)x+ab$

$(x+3)(x-5)$

$= x^2 + \{3+(-5)\}x + 3 \times (-5)$

  和　　　　　　積

$= x^2 - 2x - 15$ …答

---

## できるかぎり因数分解する！

$4ax-6ay$

$= 2 \times 2 \times a \times x - 2 \times 3 \times a \times y$

$=2a(2x-3y)$ …答

2aを
かっこの外に

---

## $(x+a)(x-a) = x^2-a^2$

$(x+4)(x-4)$

$= x^2 - 4^2$

  (2乗)－(2乗)

$= x^2 - 16$ …答

---

## $x^2 \pm 2ax + a^2 = (x \pm a)^2$

$x^2-12x+36$

$= x^2 - 2 \times 6 \times x + 6^2$

  6の2倍　　6の2乗

$= (x-6)^2$ …答

---

## $x^2+(a+b)x+ab=(x+a)(x+b)$

$x^2-10x+21$

$= x^2 + \{(-3)+(-7)\}x + (-3) \times (-7)$

  和が－10　　　　積が21

$= (x-3)(x-7)$ …答

---

## 因数分解してから値を代入！

$a^2-2ab+b^2 = (a-b)^2$ ← はじめに因数分解

これに$a$, $b$の値を代入すると，

$(78-58)^2 = 20^2 = 400$ …答

---

## $x^2-a^2=(x+a)(x-a)$

$x^2-100$

$= x^2 - 10^2$

  (2乗)－(2乗)

$= (x+10)(x-10)$ …答

## 10 平方根を求める

次の数の平方根は？

(1) **64**

(2) $\dfrac{9}{16}$

## 11 根号を使わずに表す

次の数を根号を使わずに表すと？

(1) $\sqrt{0.25}$

(2) $\sqrt{(-5)^2}$

## 12 $a\sqrt{b}$ の形に

次の数を $a\sqrt{b}$ の形に表すと？

(1) $\sqrt{18}$

(2) $\sqrt{75}$

## 13 分母の有理化

次の数の分母を有理化すると？

(1) $\dfrac{1}{\sqrt{5}}$

(2) $\dfrac{\sqrt{2}}{\sqrt{3}}$

## 14 平方根の近似値

$\sqrt{5}=2.236$ として，次の値を求めると？

$\sqrt{50000}$

## 15 根号をふくむ式の計算

次の計算をすると？

$(\sqrt{5}+\sqrt{3})(\sqrt{5}-\sqrt{3})$

## 16 平方根の考えを使う

次の2次方程式を解くと？

$(x+4)^2=1$

## 17 2次方程式の解の公式

2次方程式 $ax^2+bx+c=0$ の解は？

## 18 因数分解で解く(1)

次の2次方程式を解くと？

$x^2-3x+2=0$

## 19 因数分解で解く(2)

次の2次方程式を解くと？

$x^2+4x+4=0$

## $\sqrt{a^2}=\sqrt{(-a)^2}=a\,(a\geqq0)$

(1) $\underline{\sqrt{0.25}}=\sqrt{0.5^2}=\mathbf{0.5}$
$\small 0.5\times0.5=0.25$

(2) $\sqrt{(-5)^2}=\sqrt{25}=\mathbf{5}$
$\small (-5)\times(-5)=25$

…答

## $x^2=a\to x$ は $a$ の平方根（へいほうこん）

答 (1) $8$ と $-8$　(2) $\dfrac{3}{4}$ と $-\dfrac{3}{4}$

(1) $8^2=64,\ (-8)^2=64$

(2) $\left(\dfrac{3}{4}\right)^2=\dfrac{9}{16},\ \left(-\dfrac{3}{4}\right)^2=\dfrac{9}{16}$

## 分母に根号がない形に表す

(1) $\dfrac{1}{\sqrt{5}}=\dfrac{\sqrt{5}}{\sqrt{5}\times\sqrt{5}}=\dfrac{\sqrt{5}}{5}$

(2) $\dfrac{\sqrt{2}}{\sqrt{3}}=\dfrac{\sqrt{2}\times\sqrt{3}}{\sqrt{3}\times\sqrt{3}}=\dfrac{\sqrt{6}}{3}$

…答

## 根号の中を小さい自然数にする

答 (1) $3\sqrt{2}$　(2) $5\sqrt{3}$

(1) $\sqrt{18}=\sqrt{3^2\times2}=3\sqrt{2}$
$\small \sqrt{3^2}\times\sqrt{2}=3\times\sqrt{2}$

(2) $\sqrt{75}=\sqrt{5^2\times3}=5\sqrt{3}$
$\small \sqrt{5^2}\times\sqrt{3}=5\times\sqrt{3}$

## 乗法公式を使って式を展開

$(\sqrt{5}+\sqrt{3})(\sqrt{5}-\sqrt{3})$
$=(\sqrt{5})^2-(\sqrt{3})^2$　$\small (x+a)(x-a)=x^2-a^2$
$=5-3$
$=\mathbf{2}$ …答

## $a\sqrt{b}$ の形にしてから値を代入

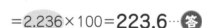

$\sqrt{50000}=\sqrt{5\times10000}$
$=\sqrt{5}\times\sqrt{100^2}$
$=\sqrt{5}\times100$
$=2.236\times100=\mathbf{223.6}$ …答

## 2次方程式の解の公式を覚える

2次方程式 $ax^2+bx+c=0$ の解は

$$x=\dfrac{-b\pm\sqrt{b^2-4ac}}{2a}$$ …答

## $(x+m)^2=n\to x+m=\pm\sqrt{n}$

$\underline{(x+4)^2=1}$
　$\underline{x+4=\pm1}$　$\small x+4\,が1の平方根$
$x=-4+1,\ x=-4-1$
$x=-3,\ x=-5$ …答

## $x^2+2ax+a^2=(x+a)^2$ で因数分解

$x^2+4x+4=0$
$(x+2)^2=0$　$\small 左辺を因数分解$
$x+2=0$
$x=-2$ …答　←解が1つ

## $x^2+(a+b)x+ab=(x+a)(x+b)$ で因数分解

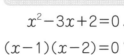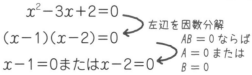

$x^2-3x+2=0$
$(x-1)(x-2)=0$　$\small 左辺を因数分解$
$x-1=0\,または\,x-2=0$　$\small AB=0\,ならば\,A=0\,または\,B=0$
$x=1,\ x=2$ …答

## 20 関数の式を求める

$y$は$x$の2乗に比例し，
$x＝1$のとき，$y＝3$です。
$y$を$x$の式で表すと？

## 21 関数$y＝ax^2$のグラフ

⑦〜⑨の関数のグラフは
①〜③のどれ？
⑦ $y＝-x^2$　⑧ $y＝2x^2$
⑨ $y＝-3x^2$

## 22 変域とグラフ

関数$y＝-x^2$の$x$の変域が
$-2≦x≦1$のとき，
$y$の変域は？

## 23 変化の割合

関数$y＝x^2$について，$x$の値が
1から2まで増加するときの
変化の割合は？

## 24 相似な図形の性質

△ABC∽△DEFのとき，
$x$の値は？

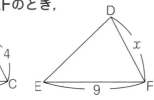

## 25 相似な三角形(1)

相似な三角形を∽
を使って表すと？
また，使った相似
条件は？

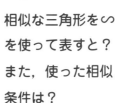

## 26 相似な三角形(2)

相似な三角形を∽
を使って表すと？
また，使った相似
条件は？

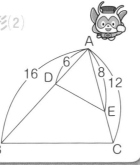

## 27 三角形と比

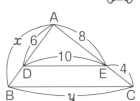

DE∥BCのとき，
$x$，$y$の値は？

## 28 中点連結定理

3点E，F，Gがそれぞれ
辺AB，対角線AC，
辺DCの中点であるとき，
EGの長さは？

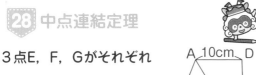

## 29 面積比と体積比

2つの円柱の相似比が2：3のとき，
次の比は？

(1) 表面積の比

(2) 体積比

## グラフの開き方を見る

**答** ㋐②，㋑①，㋒③

$a>0$

$a<0$

グラフは，$a>0$のとき上，$a<0$のとき下に開く。$a$の絶対値が大きいほど，グラフの開き方は小さい。

---

## $y=ax^2$とおいて，$x$，$y$の値を代入！

**答** $y=3x^2$

・$y=ax^2$とおいて，

　$x=1$，$y=3$を代入すると，

　$3=a\times1^2$　$a=3$

$y$が$x$の2乗に比例
↓
$y=ax^2$

---

## 変化の割合は一定ではない！

**答** 3

・(変化の割合)＝$\dfrac{(y\text{の増加量})}{(x\text{の増加量})}$

　$\dfrac{2^2-1^2}{2-1}=\dfrac{3}{1}=3$

---

## $y$の変域は，グラフから求める

**答** $-4\leqq y\leqq0$

・$x=0$のとき，$y=0$で最大

・$x=-2$のとき，

　$y=-(-2)^2=-4$で最小

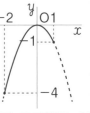

---

## 2組の等しい角を見つける

**答** $\triangle$ABE$\backsim$$\triangle$CDE
2組の角がそれぞれ
等しい。
↑
∠B＝∠D，∠AEB＝∠CED

---

## 対応する辺の長さの比で求める

・BC：EF＝AC：DFより，

　$6:9=4:x$

　$6x=36$

　$x=6\cdots$**答**

相似な図形の対応する部分の長さの比はすべて等しい！

---

## DE//BC→AD：AB＝AE：AC＝DE：BC

・$6:x=8:(8+4)$

　$8x=72$　$x=9\cdots$**答**

・$10:y=8:(8+4)$

　$8y=120$　$y=15\cdots$**答**

---

## 長さの比が等しい2組の辺を見つける

**答** $\triangle$ABC$\backsim$$\triangle$AED
2組の辺の比とその間の
角がそれぞれ等しい。
↑
AB：AE＝AC：AD＝2：1
∠BAC＝∠EAD

---

## 表面積の比は2乗，体積比は3乗

**答** (1) 4：9　(2) 8：27

・表面積の比は相似比の2乗

　→$2^2:3^2=4:9$

・体積比は相似比の3乗

　→$2^3:3^3=8:27$

---

## 中点を結ぶ→中点連結定理

**答** 14cm

・EF＝$\dfrac{1}{2}$BC＝9cm

・FG＝$\dfrac{1}{2}$AD＝5cm

・EG＝EF＋FG＝14cm

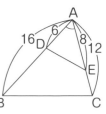

## 30 円周角の定理

∠x, ∠yの
大きさは？

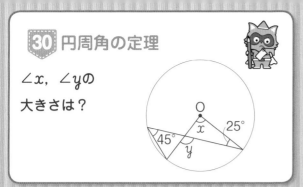

## 31 直径と円周角

∠xの大きさは？

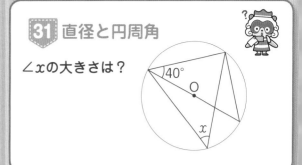

## 32 円周角の定理の逆

4点A, B, C, Dは
1つの円周上にある？

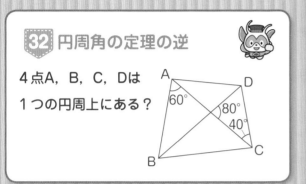

## 33 相似な三角形を見つける

∠ACB＝∠ACD
のとき,
△DCEと相似な
三角形は？

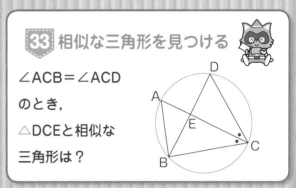

## 34 三平方の定理

x, yの値は？

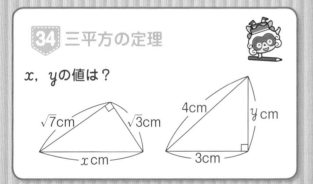

## 35 特別な直角三角形

x, yの値は？

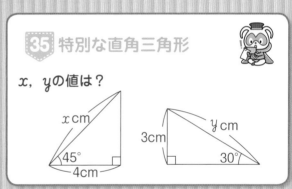

## 36 正三角形の高さ

1辺の長さが8cmの
正三角形の高さは？

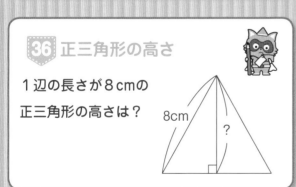

## 37 直方体の対角線の長さ

縦3cm, 横3cm, 高さ2cmの直方体の
対角線の長さは？

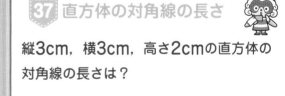

## 38 全数調査と標本調査

次の調査は, 全数調査？ 標本調査？

(1) 河川の水質調査
(2) 学校での進路調査
(3) けい光灯の寿命調査

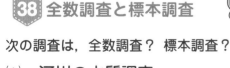

## 39 母集団と標本

ある製品100個を無作為に抽出して
調べたら, 4個が不良品でした。
この製品1万個の中には, およそ何個の
不良品があると考えられる？

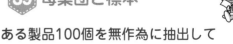

## 半円の弧に対する円周角は 90°

答 $\angle x = 50°$

・△ACDの内角の和より，
$\angle x = 180° - (40° + 90°)$
$= 50°$

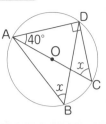

## 円周角は中心角の半分！

答 $\angle x = 90°$ ， $\angle y = 115°$

・$\angle x = 2\angle A = 90°$

・$\angle y = \angle x + \angle C = 115°$

  $\angle y$ は △OCD の外角

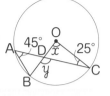

## 等しい角に印をつけてみよう！

答 △ABE と △ACB

↑
2 組の角がそれぞれ
等しいから，
△DCE ∽ △ABE，
△DCE ∽ △ACB

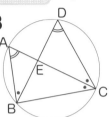

## 円周角の定理の逆←等しい角を見つける

答 ある

↑
2 点 A，D が直線 BC の
同じ側にあって，
$\angle BAC = \angle BDC$ だから。

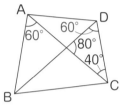

## 特別な直角三角形の 3 辺の比

答 $x = 4\sqrt{2}$ ， $y = 6$

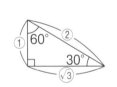

## $a^2 + b^2 = c^2$ （三平方の定理）

・$x^2 = (\sqrt{7})^2 + (\sqrt{3})^2 = 10$

  $x > 0$ より， $x = \sqrt{10}$ …答

・$y^2 = 4^2 - 3^2 = 7$

  $y > 0$ より， $y = \sqrt{7}$ …答

## 右の図で，BH$=\sqrt{a^2+b^2+c^2}$

答 $\sqrt{22}$ cm

・対角線の長さ
$= \underset{\text{縦}}{\sqrt{3^2} + \underset{\text{横}}{3^2} + \underset{\text{高さ}}{2^2}}$

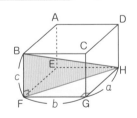

## 右の図の△ABH で考える

答 $4\sqrt{3}$ cm

・AB：AH$=2：\sqrt{3}$ だから
  $8：AH = 2：\sqrt{3}$
  $AH = 4\sqrt{3}$

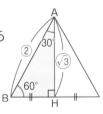

## 母集団の数量を推測する

答 およそ400個

・不良品の割合は $\dfrac{4}{100}$ と推定できるから，
  この製品 1 万個の中の不良品は，およそ
  $10000 \times \dfrac{4}{100} = 400$（個）と考えられる。

## 全数調査と標本調査の違いに注意！

答 (1) 標本調査　(2) 全数調査
　(3) 標本調査

・全数調査…集団全部について調査
・標本調査…集団の一部分を調査して
　　　　　　全体を推測

# 啓林館版 数学3年 もくじ

発展 →この学年の学習指導要領には示されていない内容を取り上げています。学習に応じて取り組みましょう。

## 確認のワーク　ステージ1　1節　式の展開と因数分解
### ❶ 式の乗法，除法(1)

**例1 多項式と単項式の乗法**　　教 p.12〜13 → 基本問題 ❶

次の計算をしなさい。

(1)　$(x+4y)\times 6x$　　　　　　　(2)　$-3a(2a-b)$

**考え方**　分配法則を用いて，多項式×数　の場合と同じように計算する。

**解き方**　(1)　$(x+4y)\times 6x$　　かっこをはずす。

$= x\times 6x+4y\times 6x$

$=$ ①□

符号に注意して計算しよう。

(2)　$-3a(2a-b)$

$= -3a\times 2a+(-3a)\times($ ②□ $)$

$= -6a^2+$ ③□

**分配法則**

$(a+b)c = ac+bc$

$c(a+b) = ca+cb$

$(x+4y)\times 6x$

$-3a(2a-b)$

**例2 多項式と単項式の除法**　　教 p.13 → 基本問題 ❷❸

次の計算をしなさい。

(1)　$(4x^2+6x)\div 2x$　　　　　　(2)　$(3a^2-9ab)\div \dfrac{3}{4}a$

**考え方**　多項式÷数　の場合と同じように計算する。

・分数の形にして計算。

・除法を乗法になおして（わる数の逆数をかけて）分配法則。

**解き方**　(1)　$(4x^2+6x)\div 2x$

$= \dfrac{4x^2}{2x}+\dfrac{6x}{2x}$　　分数の形に。

$=$ ④□　　約分。

**思い出そう**

$(A+B)\div C$

$= \dfrac{A}{C}+\dfrac{B}{C}$

(2)　$(3a^2-9ab)\div \dfrac{3}{4}a$

$= (3a^2-9ab)\times$ ⑤□　　わる数の逆数をかける。

$= 3a^2\times \dfrac{4}{3a}-9ab\times \dfrac{4}{3a}$　　分配法則。

$= 4a-$ ⑥□

**ミス注意**

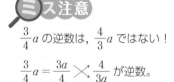

$\dfrac{3}{4}a$ の逆数は，$\dfrac{4}{3}a$ ではない！

$\dfrac{3}{4}a = \dfrac{3a}{4}$ ＞＜ $\dfrac{4}{3a}$ が逆数。

**基本問題**  解答 p.1

❶ 多項式と単項式の乗法　次の計算をしなさい。 教 p.13 問1

(1) $(3x+y)\times 3x$　　(2) $(4a-b)\times 5a$

(3) $(4x+5y)\times(-2x)$　　(4) $5a(3a-2)$

**ここがポイント**
(3) $(4x+5y)\times(-2x)$
$=4x\times(-2x)+5y\times(-2x)$

(5) $2x(3x+4y)$　　(6) $-3b(6a-5b)$

**ミス注意**

かっこをはずすときは，かっこの中のすべての項に符号をふくめてかける。

(7) $-2a(-a+3b)$　　(8) $(x+y-5)\times 3x$

(9) $-4a(2a-3b+5)$　　(10) $2x(-x+4y-3)$

(9) $-4a(2a-3b+5)$

❷ 多項式と単項式の除法　次の計算をしなさい。 教 p.13 問2

(1) $(8x^2+6x)\div 2x$　　(2) $(10a^2-5a)\div 5a$

**ここがポイント**
(4) $(4ax-8ay)\div(-4a)$
$=\dfrac{4ax}{-4a}+\dfrac{-8ay}{-4a}$

(3) $(3ax+9ay)\div 3a$　　(4) $(4ax-8ay)\div(-4a)$

(5) $(-3x^2+9x)\div(-3x)$　　(6) $(2a^2b+6ab^2)\div 2ab$

❸ 多項式と単項式の除法　次の計算をしなさい。 教 p.13 問2

(1) $(9xy-6x^2y)\div\dfrac{3}{5}x$　　(2) $(-8y^2+y)\div\left(-\dfrac{y}{4}\right)$

**思い出そう**
逆数…積が1になる数。符号は変えない。
(2) $-\dfrac{y}{4}$ の逆数は，$-\dfrac{4}{y}$

(3) $(3x^2-6xy)\div\dfrac{3}{2}x$　　(4) $(18a^2b+12ab^2)\div\left(-\dfrac{6}{5}ab\right)$

左ページの 例の答え　① $6x^2+24xy$　② $-b$　③ $3ab$　④ $2x+3$　⑤ $\dfrac{4}{3a}$　⑥ $12b$

**1節 式の展開と因数分解**
**1 式の乗法，除法(2)**

### 例 1 式の展開

教 p.14 → 基本問題 ①

$(x-2)(y+4)$ を展開しなさい。

**考え方** $y+4$ を1つのものとみて，分配法則を使って計算する。

**解き方** $(x-2)(y+4)$

$= x(y+4)-2(y+4)$

$= xy+4x-2y-$ ①[　]

$y+4=M$ とすると，
$(x-2)M=xM-2M$
$M$ を $y+4$ にもどす。

**覚えておこう**

積の形で書かれた式を計算して，和の形で表すことを，もとの式を**展開**するという。

$(a+b)(c+d)$
$= ac+ad+bc+bd$ ）展開

### 例 2 同類項があるとき①

教 p.15 → 基本問題 ②③

次の計算をしなさい。

(1) $(x-2)(x-3)$　　　　　　(2) $(a+2b)(3a-b)$

**考え方** 展開した式に同類項があるときは，同類項をまとめて簡単にする。

**解き方** (1) $(x-2)(x-3)$

$= x(x-3)-2(x-3)$

$= x^2-3x-2x+6$

$= x^2-$ ②[　]$+6$ ）同類項をまとめる。

(2) $(a+2b)(3a-b)$

$= a(3a-b)+2b($ ③[　] $)$

$= 3a^2-ab+6ab-2b^2$

$=$ ④[　]　）同類項をまとめる。

$x^2$ と $-5x$ は，同類項でないのでまとめることができないよ。

### 例 3 同類項があるとき②

教 p.15 → 基本問題 ④

$(3x-2y)(x+4y-2)$ を計算しなさい。

**考え方** $x+4y-2$ を1つのものとみて展開する。

**解き方** $(3x-2y)(x+4y-2)$

$= 3x(x+4y-2)-2y($ ⑤[　] $)$

$x+4y-2$ を $M$ とすると，
$(3x-2y)M=3xM-2yM$

$= 3x^2+12xy-6x-2xy-8y^2+4y$

$= 3x^2+$ ⑥[　] $-6x-8y^2+4y$ ）同類項をまとめる。

# 基本問題 ·········· 解答 ▶ p.1

**1 式の展開** 次の式を展開しなさい。

(1) $(a-b)(c-d)$

(2) $(x+8)(y+9)$

(3) $(x+3)(y-4)$

(4) $(a-2)(b-1)$

教 p.14 問3

**知ってると得**

①～④の順にかけあわせてもよい。

$(a+b)(c+d) = ac+ad+bc+bd$

**2 同類項があるとき①** 次の計算をしなさい。

(1) $(x+5)(x+2)$

(2) $(x-4)(x+6)$

(3) $(x-1)(x-3)$

(4) $(a+2)(a-7)$

(5) $(a-5)(a+8)$

(6) $(a-6)(a-9)$

教 p.15 問4

**思い出そう**

文字の部分が同じ項を同類項という。

$5x$ と $2x$…同類項。

$x^2$ と $5x$…同類項でない。

**3 同類項があるとき①** 次の計算をしなさい。

(1) $(4a+b)(3a+2b)$

(2) $(5x+2y)(x-3y)$

(3) $(3a-2b)(a-5b)$

(4) $(2x-y)(8x+3y)$

(5) $(2x+3y)(3x-4y)$

(6) $(5a-3b)(3a-4b)$

教 p.15 問5

符号に注意して
式を展開しよう！

**4 同類項があるとき②** 次の計算をしなさい。

(1) $(x+1)(x-y-1)$

(2) $(2x+y)(3x-y+4)$

(3) $(a+b-5)(a+2b)$

(4) $(a-3b+2)(2a+5b)$

教 p.15 問6

**知ってると得**

下のようにかけあわせてもよい。

(1) 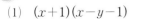 $(x+1)(x-y-1)$

確認のワーク　ステージ1

## 1節　式の展開と因数分解
## ❷ 乗法の公式(1)

### 例1 $(x+a)(x+b)$ の展開
教 p.16 → 基本問題❶

$(x+7)(x-3)$ を計算しなさい。

考え方 $(x+a)(x+b)$ の展開の公式にあてはめる。

解き方 $a$ が $7$，$b$ が $-3$ と考えて，

$x$ の係数は，$\boxed{7+(-3)=4}$ ←和

数の項は，$\boxed{7\times(-3)=-21}$ ←積

だから，$(x+7)(x-3)=x^2+\underset{\text{和}(x\text{の係数})}{\boxed{①\phantom{xxxx}}}x-\underset{\text{積}(\text{数の項})}{\boxed{②\phantom{xxxx}}}$

たいせつ

$(x+a)(x+b)=x^2+\underset{\text{和}}{\underline{(a+b)}}x+\underset{\text{積}}{\underline{ab}}$

$\boxed{\phantom{xx}}$ を暗算で！

### 例2 平方の公式を使った展開
教 p.17 → 基本問題❷❸

次の計算をしなさい。

(1) $(x+4)^2$　　　　　　　　　(2) $(x-3y)^2$

考え方 平方の公式を使って展開する。

解き方 (1) $a$ を $x$，$b$ を $4$ とみて，平方の公式を使う。

$(a+b)^2=a^2+2\times a\times b+b^2$

$(x+4)^2=x^2+\underline{2\times x\times 4}+4^2$

←ここをチェック！

$=\boxed{③\phantom{xxxxxxxx}}$

(2) $a$ を $x$，$b$ を $3y$ とみて，平方の公式を使う。

マイナス　　　ここはプラス

$(x-3y)^2=x^2-2\times x\times 3y+(3y)^2$

$=\boxed{④\phantom{xxxxxxxx}}$

#### 平方の公式

$(a+b)^2=a^2+2ab+b^2$

$(a-b)^2=a^2-2ab+b^2$

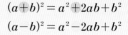

$\boxed{\phantom{x}}$ の符号に気をつけて！

### 例3 和と差の積の展開
教 p.18 → 基本問題❹❺

$(x+3)(x-3)$ を計算しなさい。

考え方 和と差の積の公式を使って展開する。

解き方 $a$ を $x$，$b$ を $3$ とみて，和と差の積の公式を使う。

$(a+b)(a-b)=a^2-b^2$

$(x+3)(x-3)=x^2-3^2$

$=\boxed{⑤\phantom{xxxxxxxx}}$

#### 和と差の積

$(a+b)(a-b)=a^2-b^2$

**基本問題**　・・・・・・・・・・・・・・・・・・・・・・・・・・・・・・・・・・・　解答 p.2

**①** $(x+a)(x+b)$ の展開　次の計算をしなさい。  p.16 問1

(1)　$(x+3)(x+5)$　　　　(2)　$(x-4)(x-3)$　　　　(3)　$(x+6)(x-2)$

(4)　$(x+3)(x-8)$　　　　(5)　$(x-2)(x+9)$　　　　(6)　$(x-7)(x+1)$

**②** 平方の公式を使った展開　次の計算をしなさい。  p.17 問2

(1)　$(a+5)^2$　　　　　　　　　(2)　$(x-3)^2$

(3)　$(x+8)^2$　　　　　　　　　(4)　$(y-1)^2$

**③** 平方の公式を使った展開　次の計算をしなさい。 p.17 問3

(1)　$(3a-b)^2$　　　　(2)　$(5x+2y)^2$

(3)　$\left(a-\dfrac{1}{2}b\right)^2$　　　　(4)　$(-x+4y)^2$

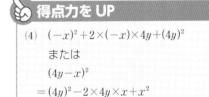
得点力を UP

(4)　$(-x)^2+2\times(-x)\times4y+(4y)^2$
または
$(4y-x)^2$
$=(4y)^2-2\times4y\times x+x^2$

**④** 和と差の積の展開　次の計算をしなさい。  p.18 問4

(1)　$(x+4)(x-4)$　　　　(2)　$(5-b)(5+b)$

(3)　$(2x+3y)(2x-3y)$　　　　(4)　$\left(a+\dfrac{1}{2}\right)\left(a-\dfrac{1}{2}\right)$

**⑤** 和と差の積の展開　$(x+7)(x-7)$ を展開した式に 49 を加えると $x^2$ に  p.18 問5
なります。その理由の説明で，□にあてはまる式や数を書き入れなさい。

$(x+7)(x-7)=\boxed{\phantom{x}}^2-\boxed{\phantom{x}}^2=\boxed{\phantom{xxx}}$ だから，
これに 49 を加えると $\boxed{\phantom{x}}$ になる。

7，49 のかわりに
$y$，$y^2$ を使っても
結果は同じだね。

左ページの **例** の答え　①4　②21　③$x^2+8x+16$　④$x^2-6xy+9y^2$　⑤$x^2-9$

確認のワーク　ステージ**1**　　**1節　式の展開と因数分解**
**❷ 乗法の公式(2)**

**例1 乗法の公式を使って式を計算すること**　　教 p.18〜19 → 基本問題 ❶

$(x-1)^2-(x+3)(x-2)$ を計算しなさい。

**考え方** まず，$(x-1)^2$ と $(x+3)(x-2)$ を，乗法の公式を
使ってそれぞれ展開する。

乗法の公式のうち
どれを使えばよいか
判断しよう。

**乗法の公式**

$(x+a)(x+b)=x^2+(a+b)x+ab$
$(a+b)^2=a^2+2ab+b^2$
$(a-b)^2=a^2-2ab+b^2$
$(a+b)(a-b)=a^2-b^2$

**解き方** $(x-1)^2-(x+3)(x-2)$

$=(x^2-2x+1)-(^①\boxed{\phantom{xxxxxx}})$ ←展開した式に，かっこをつける。

$=x^2-2x+1-x^2-x+6$ ←符号ミスをなくそう！

$=^②\boxed{\phantom{xxxxxx}}$

**例2 いろいろな式の計算**　　教 p.19 → 基本問題 ❷

次の計算をしなさい。

(1) $(x+y+2)(x+y-2)$　　　　　　(2) $(a-b+5)^2$

**考え方** 式の中の共通な部分を，1つの文字におきかえて計算する。

**解き方** (1) $x+y$ を $M$ とすると，

$M$ の式で表す。

$(x+y+2)(x+y-2)=(M+2)(^③\boxed{\phantom{xxxxx}})$ ⟩ 展開する。

$=M^2-4$ ⟩ $M$ を $x+y$ にもどす。かっこをつけよう。

$=(^④\boxed{\phantom{xxxxx}})^2-4$

$=^⑤\boxed{\phantom{xxxxxxx}}$ ⟩ 展開する。

(2) $a-b$ を $M$ とすると，

$(a-b+5)^2=(M+5)^2$

$=^⑥\boxed{\phantom{xxxxxx}}$ ⟩ 展開する。

$=(a-b)^2+10(a-b)+25$

$=^⑦\boxed{\phantom{xxxxxx}}$

**ここがポイント**

おきかえによって，
複雑な式が簡単になり，
見通しよく計算できる。

**基本問題** 解答 p.2

**❶** 乗法の公式を使って式を計算すること　次の計算をしなさい。 教 p.19 問6

(1)　$(x-2)^2+(x-1)(x+4)$

(2)　$(x+1)(x-1)-x(x+2)$

(3)　$(x-8)(x-2)-(x-4)^2$

> **ミス注意**
> − の後ろの式の展開は，かっこをつけて，符号の間違いを防ぐ。

(4)　$(x+6)^2-(x+3)(x-3)$

**❷** いろいろな式の計算　次の計算をしなさい。 教 p.19 問7

(1)　$(x+y+2)(x+y-1)$

> **ここがポイント**
> (1)　$(M+2)(M-1)$ として展開。

(2)　$(a-b-6)(a-b+6)$

(3)　$(a+b-3)^2$

(4)　$(a-2b)(a-2b+4)$

> (4)は $a-2b$ を $M$ としよう。

(5)　$(2x+y-3)(2x+y-5)$

## 1節　式の展開と因数分解

**1** 次の計算をしなさい。

(1)　$(2a-4b)\times(-3ab)$

(2)　$8x\left(-\dfrac{1}{4}x+\dfrac{3}{2}y\right)$

(3)　$\dfrac{3}{4}a(12a-8b+4)$

(4)　$(6a^2b-8ab^2)\div 4ab$

(5)　$(8x^2y-6xy)\div\left(-\dfrac{2}{3}xy\right)$

(6)　$(9x^2y+12xy^2-15xy)\div 3xy$

**2** 次の計算をしなさい。

(1)　$(5a-3)(b+4)$

(2)　$(-2x+3y)(4x-5y)$

(3)　$(y+2)(x-y-2)$

(4)　$(a-2b)(2a+b+3)$

**3** 次の計算をしなさい。

(1)　$(x+6)(x-5)$

(2)　$(x-3)(x+3)$

(3)　$(y-7)^2$

(4)　$(4-a)(a+4)$

(5)　$(-3+x)^2$

(6)　$(-p+3)(p-3)$

**4** 次の計算をしなさい。

(1)　$(x-2y)(x-7y)$

(2)　$(3a+2)(3a-4)$

(3)　$(2x-5y)^2$

(4)　$(-4a+3b)^2$

(5)　$(7a+5b)(7a-5b)$

(6)　$(-6x+2)(6x+2)$

**2** (3)　$x-y-2=x-(y+2)$ なので，$y+2$ を $M$ におきかえて計算してもよい。

**3** (6)　$-p+3=-(p-3)$ とすれば，乗法の公式が使える。

**4** (2)　$3a$ を $x$ とみて，$(x+a)(x+b)$ の乗法の公式を使う。

**5** 次の計算をしなさい。

(1) $\left(x-\dfrac{1}{4}\right)\left(x-\dfrac{3}{4}\right)$ 　　(2) $\left(a+\dfrac{1}{2}\right)\left(a-\dfrac{1}{3}\right)$ 　　(3) $\left(\dfrac{1}{2}x-4\right)^2$

(4) $\left(3x+\dfrac{2}{5}\right)^2$ 　　(5) $\left(x-\dfrac{1}{2}\right)\left(x+\dfrac{1}{2}\right)$ 　　(6) $(3x+0.2)(0.2-3x)$

**6** 次の計算をしなさい。

(1) $(x+2)(x-7)+(x+1)(x+4)$ 　　(2) $(x-4)(x-9)-(x+6)(x-6)$

(3) $(3x-2)(3x+2)-(x+1)(x-4)$ 　　(4) $2(x+3)^2-(x+3)(x+9)$

(5) $(x+2y)^2+(x-2y)^2$ 　　(6) $(3x-y)^2-(x+3y)(x-3y)$

**7** 次の計算をしなさい。

(1) $(x-2y+3)(x-2y-3)$ 　　(2) $(a+3b-1)^2$

(3) $(x-y)(x-y+6)$ 　　(4) $(3x+y-4)(3x+y+5)$

**入試問題を　やってみよう！**

**①** 次の計算をしなさい。

(1) $5x(y-6)$ 　〔山口〕　(2) $(9a^2b-15a^3b)\div 3ab$ 　〔滋賀〕

**②** 次の計算をしなさい。

(1) $(x+9)^2-(x-3)(x-7)$ 　〔神奈川〕　(2) $(2x-3)(x+2)-(x-2)(x+3)$ 　〔愛知〕

**5** 分数や小数の場合でも，今までと同じように公式にあてはめる。
**6** (4) まず，$2(x+3)^2$ と $(x+3)(x+9)$ をそれぞれ展開する。

確認のワーク　ステージ1

**1節　式の展開と因数分解**
**3 因数分解(1)**

---

**例1 共通因数をくくり出す因数分解**　　　教 p.21〜22 → 基本問題 ❶

次の式を因数分解しなさい。

(1)　$3ax+6x$　　　　　　　　　　　　(2)　$8a^2-4a$

**考え方** 共通因数をくくり出して因数分解する。

$$Ma+Mb=M(a+b)$$
共通因数

**たいせつ**

多項式をいくつかの**因数**の積の形に表すことを，その多項式を **因数分解** するという。

$$(a+5)(a-5) \underset{因数分解}{\overset{展開}{\rightleftarrows}} a^2-25$$

因数（数や式の積で表された式の，1つ1つの数や式）

**解き方** (1)　$3ax+6x$

$\quad = 3x\times a+3x\times 2$

$\quad = \boxed{①\phantom{xxx}}(a+2)$

$3ax\cdots 3\times a\times x$
$6x\cdots 2\times 3\times x$

(2)　$8a^2-4a$

$\quad = 4a\times 2a-4a\times 1$

$\quad = 4a(\boxed{②\phantom{xxx}})$

$8a^2\cdots 4\times 2\times a\times a$
$4a\ \cdots 4\times a$

(2)では，
$4a=4a\times 1$
の1に着目しよう。

---

**例2 和と差の積，平方の公式を使った因数分解**　　教 p.22〜23 → 基本問題 ❷ ❸

次の式を因数分解しなさい。

(1)　$16x^2-49$　　　　(2)　$x^2+12x+36$　　　　(3)　$9x^2-12x+4$

**考え方** 因数分解は式の展開を逆にみたものだから，乗法の公式を逆にみる。

(1)　項が2つなので，平方の差にならないか考える。

(2)　右のようにみて，平方の公式にあてはまらないか考える。

$$x^2+12x+36$$
$\uparrow\qquad\qquad\uparrow$
$x^2\qquad\qquad 6^2$

**乗法の公式を利用する因数分解①**

$$a^2-b^2=(a+b)(a-b)$$
$$a^2+2ab+b^2=(a+b)^2$$
$$a^2-2ab+b^2=(a-b)^2$$

**解き方** (1)　$16x^2=(4x)^2$，$49=7^2$ だから，

$16x^2-49=(4x)^2-7^2$

$\qquad = (4x+7)(\boxed{③\phantom{xxxx}})$

(2)　$36=6^2$，$12x=2\times x\times 6$ だから，

$x^2+12x+36=x^2+2\times x\times 6+6^2$

$\qquad = (\boxed{④\phantom{xxxx}})^2$

(3)　$9x^2=(3x)^2$，$4=2^2$，$12x=2\times 3x\times 2$ だから，

$9x^2-12x+4=(3x)^2-2\times 3x\times 2+2^2$

$\qquad = (\boxed{⑤\phantom{xxxx}})^2$

**ここがポイント**

項の数，2乗の項に注目し，あてはまる公式をさがす。

解答 p.4

**1** 共通因数をくくり出す因数分解　次の式を因数分解しなさい。　教 p.22 問1

(1)　$2ax+3bx$

(2)　$2xy-6y$

(2)　$y(2x-6)$ は不十分！
$2x-6$ には，まだ共通因数
がある。

(3)　$3a^2+a$

(4)　$10x^2y-5y^2$

(5)　$ax+bx-cx$

(6)　$6ax+12ay-15az$

**2** 和と差の積，平方の公式を使った因数分解　次の式を因数分解しなさい。　教 p.22〜23 問2〜問4

(1)　$m^2-n^2$

(2)　$x^2-9$

**ここがポイント**

(3)　$4x^2=(2x)^2$，$1=1^2$
と考えて，因数分解する。

(3)　$4x^2-1$

(4)　$9x^2-16y^2$

(5)　$x^2+18x+81$

(6)　$x^2+20x+100$

**知ってると得**

因数分解した式を展開し
て，もとの多項式にもど
るか確かめよう。

(7)　$x^2-6x+9$

(8)　$x^2-16x+64$

(9)　$25x^2+10x+1$

(10)　$16x^2-24x+9$

**3** 平方の公式を使った因数分解　次の□にあてはまる正の数を書き入れなさい。　教 p.23 問5

(1)　$x^2-\boxed{\phantom{0}}x+16=(x-\boxed{\phantom{0}})^2$

(2)　$4x^2+\boxed{\phantom{0}}x+9=(\boxed{\phantom{0}}x+3)^2$

(3)　$x^2+14x+\boxed{\phantom{0}}=(x+\boxed{\phantom{0}})^2$

(4)　$x^2-6x+\boxed{\phantom{0}}=(x-\boxed{\phantom{0}})^2$

**ここがポイント**

(1)　$x^2-\bullet x+16=(x-\blacktriangle)^2$
　　　　　$4^2$
「2倍」を忘れずに！

 **ステージ 1**　**1節　式の展開と因数分解**
**❸ 因数分解(2)**

---

**例 1**　$x^2+(a+b)x+ab$ **の因数分解**　　　　　教 p.23〜25 → 基本問題 ❶❷

次の式を因数分解しなさい。

(1)　$x^2+9x+14$　　　　　　　　　(2)　$x^2-7x-8$

**考え方**　$x^2+●x+■$ の形の式の因数分解は，まず積が ■ の2数を考え，そのうち和が ● のものを見つける。

 **乗法の公式を利用する因数分解②**
$$x^2+(a+b)x+ab=(x+a)(x+b)$$

**解き方**　(1)　右の表より，
$$x^2+9x+14$$
$$=(x+2)(x+\boxed{①}\phantom{aa})$$

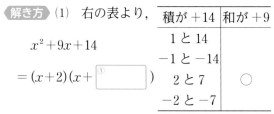

| 積が +14 | 和が +9 |
|---|---|
| 1 と 14 | |
| −1 と −14 | |
| 2 と 7 | ○ |
| −2 と −7 | |

積が正なので，2数は同符号

(2)　右の表より，
$$x^2-7x-8$$
$$=(x+1)(\boxed{②}\phantom{aaa})$$

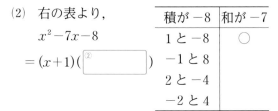

| 積が −8 | 和が −7 |
|---|---|
| 1 と −8 | ○ |
| −1 と 8 | |
| 2 と −4 | |
| −2 と 4 | |

積が負なので，2数は異符号

---

**例 2 いろいろな因数分解①**　　　　　　　教 p.26 → 基本問題 ❸

$3ax^2-9ax+6a$ を因数分解しなさい。

**考え方**　まず共通因数をくくり出し，次に公式を使って因数分解する。

**解き方**　$3ax^2-9ax+6a$　｝まず共通因数をくくり出す。
$$=\boxed{③}\phantom{a}(x^2-3x+2)$$
$$=\boxed{④}\phantom{a}(x-1)(\boxed{⑤}\phantom{aa})$$
｝かっこの中を公式を利用して因数分解する。

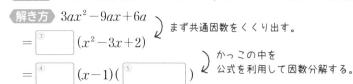 **因数分解のコツ①**
まず共通因数，次に公式。

---

**例 3 いろいろな因数分解②**　　　　　　　教 p.26〜27 → 基本問題 ❹

次の式を因数分解しなさい。

(1)　$(x+3)y-2(x+3)$　　　　　　(2)　$(x-2)^2+2(x-2)-35$

**考え方**　式の中の共通な部分を，1つの文字におきかえる。

**解き方**　(1)　$x+3$ を $M$ とすると，
$$(x+3)y-2(x+3)=My-2M$$
$$=M(y-2)$$
｝共通因数をくくり出す。
$$=(\boxed{⑥}\phantom{aa})(y-2)$$
｝$M$をもとにもどす。

 **因数分解のコツ②**
共通な部分に注目！
1つの文字におきかえると先が見えてくる。

(2)　$x-2$ を $M$ とすると，
$$(x-2)^2+2(x-2)-35=M^2+2M-35=(M+7)(M-5)$$
$$=\{(x-2)+7\}\{(x-2)-5\}=(x+5)(\boxed{⑦}\phantom{aa})$$

基本問題 ･･････････････････････････････････ 解答 p.4

**1** $x^2+(a+b)x+ab$ の因数分解　次の式を因数分解しなさい。

(1)　$x^2+4x+3$　　　　　　(2)　$x^2+6x+5$

**ここがポイント**

(1)　積が3で，和が4になる2数を見つける。

(3)　$x^2+9x+18$　　　　　　(4)　$x^2-5x+4$

(5)　$x^2-5x+6$　　　　　　(6)　$x^2-10x+24$

**2** $x^2+(a+b)x+ab$ の因数分解　次の式を因数分解しなさい。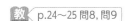

(1)　$x^2+2x-3$　　　　　　(2)　$x^2-3x-10$

(3)　$x^2+x-12$　　　　　　(4)　$x^2-4x-5$

**ここがポイント**

(3)　2数の和は1

(6)　2数の和は $-1$

(5)　$a^2-2a-15$　　　　　　(6)　$y^2-y-42$

**3** いろいろな因数分解①　次の式を因数分解しなさい。

(1)　$3x^2-12$　　　　　　(2)　$5x^2-20x+15$

(3)　$ax^2+ax-30a$　　　　　(4)　$2x^2y+8xy+8y$

**4** いろいろな因数分解②　次の式を因数分解しなさい。

(1)　$(a-1)b+3(a-1)$　　　(2)　$(x+y)^2+3(x+y)-4$

慣れてきたら
おきかえをせずに直接
(3)　$\{(x+1)-2\}\{(x+1)-6\}$
のようにしてもいいね。

(3)　$(x+1)^2-8(x+1)+12$　(4)　$(a-5)^2+12(a-5)+36$

解答 ▶ p.5

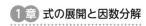
## 1節　式の展開と因数分解

**❶** 次の式を因数分解しなさい。

(1) $a^2 - 10a - 24$　　　　(2) $x^2 y - 4xy^2$　　　　(3) $-4x^2 + 1$

(4) $2x - 8 + x^2$　　　　(5) $5 - 6x + x^2$　　　　(6) $25a^2 + 10ab + b^2$

(7) $-4x^2 - 6xy + 2x$　　　(8) $\dfrac{1}{9}x^2 - y^2$　　　(9) $a^2 - a + \dfrac{1}{4}$

**❷** 次の式を因数分解しなさい。

(1) $x^2 y - yz^2$　　　　(2) $8a^2 b - 18b$　　　　(3) $4x^2 y + 16xy - 48y$

(4) $-x^2 + x + 20$　　　(5) $-2ax^2 + 12ax - 18a$　　(6) $ab^3 - 3ab^2 + 2ab$

**❸** 次の式を因数分解しなさい。

(1) $(x+3)^2 + 4(x+3) - 21$　　　　(2) $(a+b)^2 - 16$

(3) $(x-y)^2 - 12(x-y) + 36$　　　(4) $(2a+b)^2 - (2a+b) - 30$

**❹** 次の式を因数分解しなさい。

(1) $(x+1)y - (x+1)$　　　　(2) $(a-2)b - 3(a-2)$

**❶** (3)(4)(5)　項の順番を入れかえてから公式にあてはめる。
**❷** (4)　まず $x^2$ の係数が1になるように $-(\quad)$ の形にして，かっこの中を因数分解する。

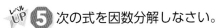 **5** 次の式を因数分解しなさい。

(1) $(x-2)y+3x-6$

(2) $3a(b-2)-2+b$

(3) $2x(y-4)-y+4$

(4) $(a-5)b+10-2a$

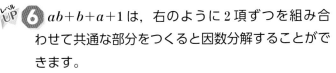 **6** $ab+b+a+1$ は，右のように2項ずつを組み合わせて共通な部分をつくると因数分解することができます。

　同様にして，次の式を因数分解しなさい。

(1) $xy+2y+x+2$

$ab+b+a+1$
$=(ab+b)+(a+1)$
$=b(a+1)+(a+1)$ ⎫ $a+1$を$M$とする。
$=bM+M$
$=M(b+1)$ ⎫ $M$を
$=(a+1)(b+1)$ ⎭ $a+1$にもどす。

(2) $2ab-2b+a-1$

(3) $3xy-x-3y+1$

 入試問題を **やってみよう！**

**1** 次の式を因数分解しなさい。

(1) $a^2+2a-15$ 〔鳥取〕

(2) $6x^2-24$ 〔三重〕

(3) $ax^2-12ax+27a$ 〔京都〕

(4) $(x+3)(x-5)+2(x+3)$ 〔千葉〕

(5) $(a+2b)^2+a+2b-2$ 〔大阪〕

(6) $(x+1)(x+4)-2(2x+3)$ 〔愛知〕

**5** (1) $3x-6$ を $3(x-2)$ とくくる。　(3) $-y+4$ を $-(y-4)$ とくくる。
**6** 2項ずつを組み合わせる方法は2通り考えられるが，結果は同じになる。
**1** (4)(5) 共通な部分に着目する。　(6) まず展開し，整理してから因数分解する。

確認のワーク　ステージ1　2節　式の計算の利用
**1 式の計算の利用**

**例1 数の性質の証明**　　　　　　　　　　　教 p.29〜30 → 基本問題 1

　連続する2つの奇数の積に1をたした数は，4の倍数になります。このことを証明しなさい。

**証明** $n$ を整数とすると，連続する2つの奇数は，$2n-1$，[①□] と表される。

それらの積に1をたした数は，$(2n-1)(2n+1)+1=4n^2-1+1=$ [②□]

となり，$4\times(整数)$ の形になるから，4の倍数になる。

　　　　　　$n$は整数だから$n^2$も整数。

**例2 因数分解や展開を利用した計算，式の値の計算**　　教 p.30〜31 → 基本問題 2 3

　次の問いに答えなさい。

(1) 因数分解や展開を利用して，次の計算をしなさい。
　① $38^2-32^2$　　　　　② $29^2$　　　　　③ $57\times63$

(2) $x=26$ のとき，$(x+1)^2-(x+3)(x-3)$ の値を求めなさい。

**考え方** (1) ①は2乗の差，②は $29=30-1$，③は $57=60-3$，$63=60+3$ に注目する。

(2) 式を計算してから代入する。

**解き方** (1)① 因数分解を利用。　　　② 展開を利用。　　　③ 展開を利用。

$\quad 38^2-32^2$　　　　　　　　　$29^2$　　　　　　　　　　$57\times63$
$=(38+32)\times(38-32)$ 因数分解　$=(30-1)^2$　　　　　　$=(60-3)\times(60+3)$
$=70\times$ [③□]　　　　　　　　$=30^2-2\times30\times1+1^2$ 展開　$=60^2-3^2$
$=$ [④□]　　　　　　　　　　　$=$ [⑤□]　　　　　　　　$=$ [⑥□]

(2) $(x+1)^2-(x+3)(x-3)=x^2+2x+1-(x^2-9)=x^2+2x+1-x^2+9$
　　　　　　　　　　　　　　　　　$=2x+$ [⑦□]
　　　　　　　　　　　　　　　　　この式に代入。

だから，求める値は，$2\times26+10=$ [⑧□]

**例3 図形の性質への利用**　　　　　　　　　教 p.31〜32 → 基本問題 4

　右の図のように，Oを中心とする2つの円があります。この2つの円にはさまれた部分の面積を $a$, $b$ を使って表しなさい。

**解き方** 大きい円の面積は $\pi(a+b)^2$，小さい円の面積は $\pi b^2$ だから，

$\pi(a+b)^2-\pi b^2=\pi(a^2+2ab+b^2)-\pi b^2=\pi a^2+2\pi ab+\pi b^2-\pi b^2=\pi a^2+$ [⑨□]

## 基本問題 解答 ▶ p.6

**1** **数の性質の証明** 連続する2つの偶数で，大きい方の数の2乗から小さい方の数の2乗をひいた差は4の倍数になります。このことを証明しなさい。 教 p.29〜30 問1, 問2

**覚えておこう**

$n$ を整数として，

偶数…$2n$

奇数…$2n-1$ や $2n+1$

連続する2つの整数

$n,\ n+1$

連続する3つの整数

$n-1,\ n,\ n+1$

$a$ の倍数…$an$

**2** **因数分解や展開を利用した計算** くふうして，次の計算をしなさい。 教 p.30 問3, 問4

(1) 因数分解を利用

① $73^2-27^2$

② $101^2-99^2$

(2) 展開を利用

① $98^2$

② $68\times72$

**3** **式の値の計算** 次の式の値を求めなさい。 教 p.31 問5

(1) $x=27$ のとき，$x^2-4x-21$ の値

(2) $x=38$，$y=36$ のとき，$x^2-2xy+y^2$ の値

(3) $x=12$ のとき，$(x+7)(x-1)-(x+9)(x-4)$ の値

(1), (2)は因数分解！

**4** **図形の性質への利用** 右の図のように，1辺の長さが$b$の正方形の土地のまわりに幅$a$の道がついているとき，次の問いに答えなさい。 教 p.32 問6

(1) この道の面積を$a$と$b$を使った式で表しなさい。

(2) この道のまん中を通る線の長さを$\ell$とするとき，$\ell$を$a$と$b$を使った式で表しなさい。

(3) この道の面積を$S$とするとき，$S=a\ell$となることを証明しなさい。

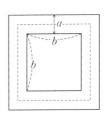

**ここがポイント**

(1) 2つの正方形の面積の差で求められる。

(2) 点線（道のまん中を通る線）も正方形で，1辺の長さは，

$b+\dfrac{a}{2}+\dfrac{a}{2}=b+a$

解答 ▶ p.6

定着のワーク　ステージ2　**2節　式の計算の利用**

**❶** 次の式を，展開や因数分解を利用して計算しなさい。

(1)　$164 \times 166 - 163 \times 167$

(2)　$36^2 - 35^2 + 34^2 - 33^2 + 32^2 - 31^2$

**❷** 次の式の値を求めなさい。

(1)　$x = 28$，$y = 3$ のとき，$(x-3y)(x+2y) - x(x-2y)$ の値

(2)　$x = 96$，$y = 43$ のとき，$x^2 - 4xy + 4y^2$ の値

(3)　$x = 2.7$，$y = 2.3$ のとき，$x^2 - y^2$ の値

(4)　$a = 19$，$b = 9$ のとき，$(a+b)^2 + 4(a+b) + 4$ の値

レベルUP (5)　$a + b = 6$，$ab = -3$ のとき，$(a+5)(b+5)$ の値

**❸** 連続する2つの奇数で，大きい方の数の2乗から小さい方の数の2乗をひいた差は8の倍数になります。このことを証明しなさい。

**❹** 大，中，小の3つの整数があり，大の数と中の数の差，中の数と小の数の差は，どちらも $a$ です（$a > 0$）。このとき，中の数の2乗から大の数と小の数の積をひいた差は $a^2$ となります。中の数を $n$ として，このことを証明しなさい。

❶ (1) 各数を 165 を使って表す。　(2) 2つずつ組み合わせて，それぞれを因数分解する。
❷ (5) $(a+5)(b+5)$ をまず展開する。
❹ 大の数は $n+a$，小の数は $n-a$ と表される。

**5** 右の図は，円と2つの半円を組み合わせたものです。色のついた部分の面積を $S\,\mathrm{cm}^2$ とするとき，$S = \pi a(a+b)$ となることを証明しなさい。

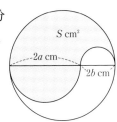

**6** 右の図で，色のついた部分は，長方形とおうぎ形からできています。このとき，次の問いに答えなさい。

(1) 色のついた部分の面積を $S$ として，$S$ を $p$ と $a$ を使った式で表しなさい。

(2) 色のついた部分のまん中を図のように通る太線の長さを $\ell$ とするとき，$\ell$ を $p$ と $a$ を使った式で表しなさい。

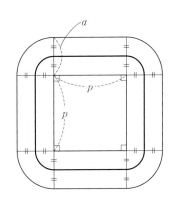

(3) $S = a\ell$ となることを証明しなさい。

## 入試問題を やってみよう！

**1** $a = \dfrac{1}{7}$，$b = 19$ のとき，$ab^2 - 81a$ の式の値を求めなさい。〔静岡〕

**2** 小さい順に並べた連続する3つの奇数3，5，7において，$5 \times 7 - 5 \times 3$ を計算すると20となり，中央の奇数5の4倍になっています。このように，「小さい順に並べた連続する3つの奇数において，中央の奇数ともっとも大きい奇数の積から，中央の奇数ともっとも小さい奇数の積をひいた差は，中央の奇数の4倍に等しくなる」ことを文字 $n$ を使って説明しなさい。ただし，説明は「$n$ を整数とし，中央の奇数を $2n+1$ とする。」に続けて完成させなさい。〔長崎〕

**5** 外側の円の半径は $(a+b)\,\mathrm{cm}$ である。
**6** (1) 4つの長方形の面積と半径 $a$ の円の面積の和で求められる。

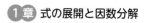
 ステージ **3** 式の展開と因数分解

 /100

**1** 次の計算をしなさい。　　　　　　　　　　　　　　　　　　　　　　　3点×2（6点）

(1)　$6a\left(\dfrac{1}{3}a - \dfrac{3}{2}b\right)$

(2)　$(6x^2y - 8xy^2 + 10xy) \div \left(-\dfrac{2}{3}xy\right)$

（　　　　　　　）　　　　　　　　（　　　　　　　）

**2** 次の計算をしなさい。　　　　　　　　　　　　　　　　　　　　　　　3点×6（18点）

(1)　$\left(x + \dfrac{1}{2}y\right)\left(2x - \dfrac{3}{4}y\right)$

(2)　$\left(x + \dfrac{1}{3}y\right)^2$

（　　　　　　　）　　　　　　　　（　　　　　　　）

(3)　$(x + 8y)(x - 5y)$

(4)　$(7x - 3)(7x + 2)$

（　　　　　　　）　　　　　　　　（　　　　　　　）

(5)　$(-4a + 3b)(4a + 3b)$

(6)　$(-3x + 1)(3x - 1)$

（　　　　　　　）　　　　　　　　（　　　　　　　）

**3** 次の計算をしなさい。　　　　　　　　　　　　　　　　　　　　　　　3点×2（6点）

(1)　$(2x + 1)(2x - 1) - (2x - 3)^2$

(2)　$(x - y)(x + 2y) - x(x - 3y)$

（　　　　　　　）　　　　　　　　（　　　　　　　）

**4** 次の計算をしなさい。　　　　　　　　　　　　　　　　　　　　　　　4点×2（8点）

(1)　$(3x + y - 1)(3x + y + 2)$

(2)　$(a + 3b - 4)^2$

（　　　　　　　）　　　　　　　　（　　　　　　　）

**5** 次の式を因数分解しなさい。　　　　　　　　　　　　　　　　　　　　3点×6（18点）

(1)　$12a^2b - 6ab$

(2)　$16x^2 - \dfrac{1}{4}y^2$

（　　　　　　　）　　　　　　　　（　　　　　　　）

(3)　$9x^2 - 6x + 1$

(4)　$4x^2 - 20xy + 25y^2$

（　　　　　　　）　　　　　　　　（　　　　　　　）

(5)　$a^2 - 11a + 18$

(6)　$6x - 7 + x^2$

（　　　　　　　）　　　　　　　　（　　　　　　　）

| 目標 | 公式をきちんと覚え，計算や因数分解を速く正確にできるようになろう。式の形に着目して要領よく計算しよう。 |
|---|---|

**自分の得点まで色をぬろう!**

😤がんばろう　😺もう一歩　😆合格!

0　　　　　　　60　　80　100点

**6** 次の式を因数分解しなさい。　　　　　　　　　　　　　　　　　　　　　　4点×4（16点）

(1)　$-3x^2+12x+96$

(2)　$2a^2b-8b$

(　　　　　　　　　）　　　　　　　　　（　　　　　　　　　）

(3)　$(a-b)^2-4(a-b)+4$

(4)　$(x+1)^2+4(x+1)-5$

(　　　　　　　　　）　　　　　　　　　（　　　　　　　　　）

**7** 展開や因数分解を使って，次の計算をしなさい。　　　　　　　　　　　　3点×2（6点）

(1)　$129^2-29^2$

(2)　$201^2-203\times198$

(　　　　　　　　　）　　　　　　　　　（　　　　　　　　　）

**8** 次の式の値を求めなさい。　　　　　　　　　　　　　　　　　　　　　　3点×2（6点）

(1)　$x=97$ のとき，$x^2+6x+9$ の値

(　　　　　　　　　）

(2)　$a=83$，$b=23$ のとき，$a^2-2ab+b^2$ の値

(　　　　　　　　　）

**9** 次の問いに答えなさい。　　　　　　　　　　　　　　　　　　　　　　　6点×2（12点）

(1)　連続する3つの整数で，最小の数の2乗からまん中の数の2乗をひき，さらに最大の数の2乗を加えたものは，まん中の数の2乗より2大きいことを証明しなさい。

(2)　十の位の数が $a$ で一の位の数が $b$ と $c$ である2つの自然数 $10a+b$，$10a+c$ の積は，$b+c=10$ のとき，百以上の位には □① の値を，十と一の位には □② の値を書くことで求めることができます。□にあてはまる式を答えなさい。

①（　　　　　　　　　）　②（　　　　　　　　　）

**10** 右の図は，半径 19 cm の円から半径 11 cm の円を切り取ったものです。円周率を $\pi$ として，色のついた部分の面積を求めなさい。　　（4点）

(　　　　　　　　　）

**確認のワーク** **ステージ 1** **1節　平方根**
**❶ 平方根**

**例 1 平方根** 　　　　　　　　　　　　　教 p.40〜42 → 基本問題 ❶ ❷

次の数の平方根を求めなさい。

(1)　81　　　　　　　　　　　　　　(2)　15

**考え方** 2乗して 81 や 15 になる数を考える。今までに習っ
た数にそのような数がないときは $\sqrt{\phantom{x}}$ をつけて表す。

**平方根**

2乗すると $a$ になる数を，$a$ の平方
根という。正の数 $a$ の平方根は，正
の数と負の数の2つあって，それら
の絶対値は等しい。
また，記号 $\sqrt{\phantom{x}}$ を根号という。

**解き方** (1)　$9^2 = 81$，$(-9)^2 = 81$ だから，

81 の平方根は 9 と ①□□□。

これらを1つにまとめると，± ②□□
　　　　　　　　　　　　　プラスマイナス9

(2)　2乗して 15 になる整数はないので，

15 の平方根は $\sqrt{15}$ と $-\sqrt{15}$，1つにまとめて，③□□
　　　　　　ルート15　　　　　　　　プラスマイナスルート15

$$\sqrt{a} \xrightarrow{\ 2乗\ } a$$
$$-\sqrt{a} \xleftarrow{\ 平方根\ } a$$

**例 2** $(\sqrt{a})^2$，$(-\sqrt{a})^2$，$\sqrt{a^2}$，$-\sqrt{a^2}$ 　　教 p.41〜42 → 基本問題 ❸ ❹

次の問いに答えなさい。

(1)　$(-\sqrt{8})^2$ の値を求めなさい。

(2)　$-\sqrt{25}$ を，$\sqrt{\phantom{x}}$ を使わずに表しなさい。

**考え方** (1)　$-\sqrt{8}$ は，8 の平方根の1つだから，
　　　2乗すると 8 になる。

(2)　$25 = 5^2$ より，$-\sqrt{25}$ の $\sqrt{\phantom{x}}$ がとれる。

**解き方** (1)　$(-\sqrt{8})^2 = $ ④□□

(2)　$\sqrt{25} = 5$ だから，$-\sqrt{25} = $ ⑤□□

**ここがポイント**

$a$ が正の数のとき，
$(\sqrt{a})^2 = a$，$(-\sqrt{a})^2 = a$
さらに，
$\sqrt{a^2} = a$，$-\sqrt{a^2} = -a$

**例 3 平方根の大小** 　　　　　　　　　教 p.43 → 基本問題 ❺

次の各組の数の大小を，不等号を使って表しなさい。

(1)　$\sqrt{5}$，$\sqrt{6}$　　　　　　　　　　(2)　6，$\sqrt{35}$

**考え方** 根号の中の数の大小を比べる。$\sqrt{\phantom{x}}$ のつかない数がある場合は，$\bigcirc = \sqrt{\bigcirc^2}$ を利用し
て $\sqrt{\phantom{x}}$ のついた数になおして考える。

**解き方** (1)　5 < 6 だから，　　　　　(2)　$6 = \sqrt{36}$ で，$\sqrt{36} > \sqrt{35}$ だから，

　　　$\sqrt{5}$ ⑥□ $\sqrt{6}$ 　　　　　　　　6 ⑦□ $\sqrt{35}$

# 基本問題 ........................................ 解答 p.9

**1 平方根** 次の数の平方根を求めなさい。

教 p.40 問1, p.42 問5

(1) 36

(2) 64

(3) $\dfrac{1}{49}$

(4) 0.16

**覚えておこう**

0の平方根は0。
2乗して負になる数はないので，負の数の平方根は考えない。

**2章**

**2 平方根** 次の数の平方根を，$\sqrt{\phantom{0}}$ を使って表しなさい。

教 p.41 問2, p.42 問5

(1) 11

(2) 0.2

(3) $\dfrac{6}{7}$

**3** $(\sqrt{a})^2$, $(-\sqrt{a})^2$ 次の値を求めなさい。

教 p.41 問3

(1) $(\sqrt{15})^2$

(2) $(-\sqrt{3})^2$

(3) $(-\sqrt{21})^2$

**4** $\sqrt{a^2}$, $-\sqrt{a^2}$ 次の数を，$\sqrt{\phantom{0}}$ を使わずに表しなさい。

教 p.42 問4

(1) $\sqrt{4}$

(2) $-\sqrt{25}$

(3) $-\sqrt{1}$

(4) $\sqrt{0.64}$

(5) $-\sqrt{0.49}$

(6) $-\sqrt{0.09}$

(7) $\sqrt{\dfrac{1}{16}}$

(8) $-\sqrt{\dfrac{25}{36}}$

(9) $-\sqrt{\dfrac{81}{100}}$

**5 平方根の大小** 次の各組の数の大小を，不等号を使って表しなさい。

教 p.43 問6

(1) $\sqrt{14}$, $\sqrt{15}$

(2) 3, $\sqrt{6}$

**知ってると得**

(2) 2つの数を2乗し，
$3^2 = 9$, $(\sqrt{6})^2 = 6$ として比べてもよい。

(3) $\sqrt{0.6}$, 0.6

(4) $\sqrt{1.5}$, 1.5

(5) $-\sqrt{6}$, $-\sqrt{7}$

(6) $-\sqrt{5}$, $-5$

**思い出そう**

(5) 負の数は絶対値が大きいほど小さい。

**確認のワーク** **ステージ 1**　1節　平方根　**2** 平方根の値
**3** 有理数と無理数　**4** 真の値と近似値

## 例 1 平方根のおよその値

教 p.44 → 基本 問題 ❶ ❷

$\sqrt{6}$ の値を小数第1位まで求めると 2.4 です。$2.41^2$, $2.42^2$, …を順に計算し，$\sqrt{6}$ の小数第2位の数を求めなさい。

**考え方** 2乗した数で6をはさむようなものをさがす。

**解き方** $2.41^2 = 5.8081$, $2.42^2 = 5.8564$, $2.43^2 = 5.9049$,

$2.44^2 =$ ①〔　　　〕, $2.45^2 = 6.0025$　　　0.01きざみで2乗を計算。

この計算結果から，$5.9536 < 6 < 6.0025$ より，$2.44 < \sqrt{6} <$ ②〔　　〕

↑─差を0.01にする。─↑

したがって，$\sqrt{6}$ の小数第2位の数は ③〔　　　〕である。
$2.44…$

## 例 2 有理数と無理数

教 p.46〜47 → 基本 問題 ❸

次の数のうち，有理数はどれですか。

$\sqrt{15}$, $0.6$, $\sqrt{\dfrac{1}{3}}$, $-\sqrt{3}$, $\sqrt{\dfrac{9}{16}}$, $-\sqrt{49}$

**考え方** まず，$\sqrt{\phantom{x}}$ がとれるかどうかを考える。

**解き方** $\sqrt{\dfrac{9}{16}} = \dfrac{3}{4}$, $-\sqrt{49} =$ ④〔　　〕

一方，$\sqrt{15}$, $\sqrt{\dfrac{1}{3}}$, $-\sqrt{3}$ は $\sqrt{\phantom{x}}$ を使わずに表すことが

できない。

したがって，有理数は，$0.6$, $\sqrt{\dfrac{9}{16}}$, ⑤〔　　　　〕

↑────── 0.6，$-7$も分数で表せる。$0.6 = \dfrac{3}{5}$, $-7 = \dfrac{-7}{1}$

> **有理数と無理数**
>
> 整数 $m$ と，0でない整数 $n$ を使って，分数 $\dfrac{m}{n}$ の形に表される数を**有理数**という。有理数でない数を**無理数**という。

## 例 3 有効数字をはっきりさせた表し方

教 p.48〜49 → 基本 問題 ❹ ❺

ある森林の面積の近似値 59000 m² で，有効数字が3けたであるとき，整数部分が1けたの小数と，10の何乗かの積の形に表しなさい。

**考え方** 上から3けたの数字に意味がある。

**解き方** $59000 = 5.90 \times 10000$
有効数字3けた　　↑─整数部分を1けたに。

より，⑥〔　　　　〕$\times 10^4 (\mathrm{m}^2)$
↑─3けた目の0を忘れない！

> **近似値と有効数字**
>
> ・測定して得られた値などのように，真の値に近い値のことを**近似値**という。
> ・近似値を表す数で，意味のある数字を**有効数字**という。

# 基本問題 解答 p.9

**① 平方根のおよその値** $\sqrt{10}$ のおよその値を次のように調べました。□にあてはまる数を書き入れなさい。 教 p.44 問1

(1) $3^2 = 9$, $4^2 = 16$ で, $9 < 10 < 16$ だから, $3 < \sqrt{10} < \boxed{\phantom{①}}$

したがって, $\sqrt{10}$ の整数部分は $\boxed{\phantom{②}}$ である。

(2) $3.1^2 = \boxed{\phantom{③}}$ , $3.2^2 = 10.24$ で, $\boxed{\phantom{④}} < 10 < 10.24$ だから,

$\boxed{\phantom{⑤}} < \sqrt{10} < 3.2$

したがって, $\sqrt{10}$ の小数第1位の数は $\boxed{\phantom{⑥}}$ である。

(3) $3.11^2 = 9.6721$, $\cdots$, $3.15^2 = 9.9225$, $3.16^2 = 9.9856$, $3.17^2 = 10.0489$ だから,

$\boxed{\phantom{⑦}} < \sqrt{10} < \boxed{\phantom{⑧}}$

したがって, $\sqrt{10}$ の小数第2位の数は $\boxed{\phantom{⑨}}$ である。

**② 電卓を使っておよその値を求める** 面積が $30\,\text{m}^2$ の正方形の砂場をつくるには, 1辺の長さを何mにすればよいでしょうか。この問題を解くために, 電卓のキーを $\boxed{3}$, $\boxed{0}$, $\boxed{\sqrt{\phantom{x}}}$ の順に押すと, $5.4772255\cdots$ という値が得られました。これを利用して, 1辺の長さを, 四捨五入によって, 小数第2位まで求めなさい。 教 p.45 問2, 問3

**③ 有理数と無理数** 次の数を, 有理数と無理数に分けなさい。 教 p.46 問1

$$\sqrt{\frac{3}{5}}, \quad -\sqrt{7}, \quad 0, \quad \sqrt{64}, \quad \frac{\sqrt{2}}{3}, \quad -0.16, \quad \pi, \quad \sqrt{\frac{1}{9}}$$

**覚えておこう**

有理数…分数で表される数

無理数…分数で表されない数

（円周率 $\pi$ は無理数）

**④ 真の値の範囲** ある数 $a$ の小数第2位を四捨五入した近似値が $2.7$ であるとき, $a$ の範囲を, 不等号を使って表しなさい。また, このとき, 誤差の絶対値はいくら以下といえますか。 教 p.48, p.49 問1

**ここがポイント**

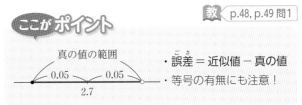

・誤差 ＝ 近似値 － 真の値

・等号の有無にも注意！

**⑤ 有効数字をはっきりさせた表し方** 次の近似値で, 有効数字が3けたであるとき, 整数部分が1けたの小数と, 10の何乗かの積の形に表しなさい。 教 p.49 問2

(1) ある猫の体重 $3260\,\text{g}$

(2) ある2地点間の道のり $47000\,\text{m}$

解答 p.10

**1節　平方根**

**1** 次の数の平方根を求めなさい。

(1) 900

(2) 0.81

(3) 2.5

(4) $\dfrac{36}{121}$

**2** 次の数を，$\sqrt{\phantom{x}}$ を使わずに表しなさい。

(1) $\sqrt{400}$

(2) $-\sqrt{1.21}$

(3) $\sqrt{\dfrac{25}{144}}$

(4) $\sqrt{7^2}$

**3** 次の値を求めなさい。

(1) $(-\sqrt{21})^2$

(2) $(\sqrt{16})^2$

(3) $\left(\sqrt{\dfrac{3}{4}}\right)^2$

(4) $(-\sqrt{0.1})^2$

**4** 次の(1)〜(4)の下線部の誤りをなおして正しくしなさい。正しくない理由も簡潔に書きなさい。

(1) 81 の平方根は $\underline{9}$ である。

(2) $\sqrt{169}$ は $\underline{\pm 13}$ である。

(3) $\sqrt{(-5)^2}$ は $\underline{-5}$ である。

(4) $\underline{\sqrt{0.1}}$ は 0.1 である。

**5** 次の各組の数の大小を，不等号を使って表しなさい。

(1) 15, $\sqrt{221}$

(2) $-6$, $-\sqrt{38}$

(3) $\sqrt{0.5}$, 0.7

(4) $-\dfrac{1}{3}$, $-\sqrt{\dfrac{1}{3}}$

**6** 次の数を，小さい方から順に並べなさい。

(1) $-\sqrt{6}$, $\sqrt{2}$, $-\sqrt{3}$, $\sqrt{5}$, 0

(2) $-5$, $\sqrt{22}$, $-\sqrt{23}$, $-\sqrt{29}$, 4

**4** (3) $\sqrt{(-5)^2} = \sqrt{25}$ として，$\sqrt{\phantom{x}}$ を使わずに表す。

**5** (4) $\dfrac{1}{3} = \sqrt{\left(\dfrac{1}{3}\right)^2} = \sqrt{\dfrac{1}{9}}$, $\dfrac{1}{9} < \dfrac{1}{3}$ より，$\dfrac{1}{3} < \sqrt{\dfrac{1}{3}}$

**7** 次の問いに答えなさい。

(1) $1 < \sqrt{a} < 2$ にあてはまる自然数 $a$ を，すべて求めなさい。

(2) $3.5 < \sqrt{a} < 6$ にあてはまる自然数 $a$ はいくつありますか。

(3) $\sqrt{11}$ より大きく $\sqrt{51}$ より小さい整数はいくつありますか。

(4) $a < \sqrt{80} < a+1$ となる整数 $a$ を求めなさい。

**8** $\sqrt{18a}$ の値が自然数となるような自然数 $a$ のうち，もっとも小さいものを求めなさい。

**9** 次の問いに答えなさい。

(1) 窓の横幅を測り，その小数第3位を四捨五入した近似値が，2.53 m になりました。この窓の横幅の真の値を $a$ m とするとき，$a$ の値の範囲を，不等号を使って表しなさい。また，このとき，誤差の絶対値は何 m 以下といえますか。

(2) 九州の面積の近似値 36780 km² で，有効数字が4けたであるとき，整数部分が1けたの小数と，10の何乗かの積の形に表しなさい。

### 入試問題を やってみよう！

**1** $4.5^2 = 20.25$ であり，$4.6^2 = 21.16$ です。これらのことから，$\sqrt{21}$ を小数で表したときの小数第1位の数は ☐ であることがわかります。 〔大阪〕

**2** 次の問いに答えなさい。

(1) $\sqrt{24n}$ の値が自然数となるような自然数 $n$ のうち，もっとも小さいものを求めなさい。 〔滋賀〕

(2) $n$ は自然数で，$8.2 < \sqrt{n+1} < 8.4$ です。このような $n$ をすべて求めなさい。 〔愛知〕

レベル
UP (3) $\sqrt{53-2n}$ が整数となるような正の整数 $n$ の個数を求めなさい。 〔神奈川〕

**8** $18a$ が，ある自然数の2乗になればよい。18を素因数分解して考える。
**2** (2) $8.2^2 < n+1 < 8.4^2$ となる。
(3) $53-2n$ は，1以上51以下の奇数。その中で $(整数)^2$ となる数をさがす。

**確認のワーク** **ステージ1**

## 2節 根号をふくむ式の計算
## ❶ 根号をふくむ式の乗法，除法(1)

### 例1 √ のついた数の積と商 — 教 p.52 →基本問題❶

次の計算をしなさい。

(1) $\sqrt{27} \times \sqrt{3}$ (2) $\sqrt{21} \div \sqrt{14}$

**考え方** √ の中の数の乗除の計算をする。

**解き方** (1) $\sqrt{27} \times \sqrt{3} = \sqrt{27 \times 3} = \sqrt{81} = $ ①□

√ の中で，かけ算。

> **たいせつ**
>
> 正の数 $a$, $b$ について，
> $$\sqrt{a} \times \sqrt{b} = \sqrt{a \times b}$$
> $$\frac{\sqrt{a}}{\sqrt{b}} = \sqrt{\frac{a}{b}}$$

(2) $\sqrt{21} \div \sqrt{14} = \frac{\sqrt{21}}{\sqrt{14}} = \sqrt{\frac{21}{14}} = \sqrt{\phantom{xx}}$ ②

√ の中で，わり算。

### 例2 $\sqrt{a}$ の形にする，√ の中を簡単な数にする — 教 p.52〜53 →基本問題❷❸

次の問いに答えなさい。

(1) 次の数を $\sqrt{a}$ の形にしなさい。

① $3\sqrt{6}$ ② $\frac{\sqrt{48}}{2}$

(2) 次の数の √ の中をできるだけ簡単な数にしなさい。

① $\sqrt{28}$ ② $\sqrt{\frac{3}{25}}$ ③ $\sqrt{180}$

**考え方** (1)①では，$3\sqrt{6} = \sqrt{3^2} \times \sqrt{6} = \sqrt{3^2 \times 6}$ のようにする。(2)では，これを逆にみる。

**解き方** (1)① $3\sqrt{6} = \sqrt{9} \times \sqrt{6} = \sqrt{9 \times 6} = $ ③□

(2)③は素因数分解！

② $\frac{\sqrt{48}}{2} = \frac{\sqrt{48}}{\sqrt{4}} = \sqrt{\frac{48}{4}} = $ ④□

(2)① $\sqrt{28} = \sqrt{4 \times 7}$ ←$4 = 2^2$ がポイント。
$= \sqrt{4} \times \sqrt{7}$
$= $ ⑤□

② $\sqrt{\frac{3}{25}} = \frac{\sqrt{3}}{\sqrt{25}}$
$= \frac{\sqrt{3}}{⑥}$

③ $\sqrt{180} = \sqrt{2^2 \times 3^2 \times 5}$
$= \sqrt{2^2} \times \sqrt{3^2} \times \sqrt{5}$
$= $ ⑦□

### 例3 くふうして積を計算する — 教 p.53〜54 →基本問題❹

$\sqrt{90} \times \sqrt{35}$ を計算しなさい。

**考え方** かけ算する前に，それぞれの √ の中を簡単な数にする。

**解き方** $\sqrt{90} \times \sqrt{35} = 3\sqrt{10} \times \sqrt{35} = 3 \times \sqrt{5 \times 2} \times \sqrt{5 \times 7}$ ←√の中を素因数分解するとよい。

まず$a\sqrt{b}$に。 $= 3 \times \sqrt{5^2 \times 2 \times 7}$
$= 3 \times 5 \times \sqrt{2 \times 7} = $ ⑧□

 解答 p.10

**1** $\sqrt{\phantom{0}}$ のついた数の積と商　次の計算をしなさい。  教 p.52 問2

(1) $\sqrt{10}\times\sqrt{7}$

(2) $\sqrt{5}\times\sqrt{20}$

(3) $\sqrt{5}\times(-\sqrt{7})$

(4) $\sqrt{21}\div\sqrt{7}$

(5) $\sqrt{54}\div\sqrt{6}$

(6) $(-\sqrt{18})\div\sqrt{15}$

**知ってると得**

(4) $\sqrt{21}\div\sqrt{7}=\sqrt{21\div7}$ のように考えてよい。

**2** $\sqrt{a}$ の形にする　次の数を $\sqrt{a}$ の形にしなさい。  教 p.52 問3

(1) $3\sqrt{5}$

(2) $6\sqrt{2}$

(3) $\dfrac{\sqrt{28}}{2}$

**覚えておこう**

$3\times\sqrt{5}$ や $\sqrt{5}\times3$ のような積は、記号×を省いて、$3\sqrt{5}$ と書く。

**3** $\sqrt{\phantom{0}}$ の中を簡単な数にする　次の数の $\sqrt{\phantom{0}}$ の中をできるだけ簡単な数にしなさい。

 教 p.53 問4, 問5

(1) $\sqrt{12}$

(2) $\sqrt{32}$

(3) $\sqrt{63}$

(4) $\sqrt{98}$

(5) $\sqrt{200}$

(6) $\sqrt{336}$

(7) $\sqrt{540}$

(8) $\sqrt{\dfrac{19}{81}}$

(9) $\sqrt{\dfrac{57}{100}}$

(10) $\sqrt{0.06}$

**テストに出る！**

$\sqrt{\phantom{0}}$ の計算の基本になるたいせつな変形。

**4** くふうして積を計算する　次の計算をしなさい。  教 p.54 問6

(1) $\sqrt{8}\times\sqrt{63}$

(2) $\sqrt{27}\times\sqrt{20}$

(3) $\sqrt{6}\times\sqrt{30}$

(4) $\sqrt{15}\times\sqrt{21}$

(5) $\sqrt{35}\times\sqrt{10}$

(6) $\sqrt{3}\times4\sqrt{6}$

(7) $2\sqrt{10}\times3\sqrt{5}$

(8) $\sqrt{48}\times\sqrt{21}$

(9) $\sqrt{90}\times\sqrt{24}$

**ここがポイント**

かけ算する前に $\begin{cases} a\sqrt{b}\ \text{の形にする。} \\ \sqrt{\phantom{0}}\ \text{の中を素因数分解。} \end{cases}$

左ページの 例 の答え ① 9　② $\dfrac{3}{2}$　③ $\sqrt{54}$　④ $\sqrt{12}$　⑤ $2\sqrt{7}$　⑥ 5　⑦ $6\sqrt{5}$　⑧ $15\sqrt{14}$

2 章

# 確認のワーク　ステージ1　2節　根号をふくむ式の計算
# ■ 根号をふくむ式の乗法，除法(2)

## 例1 分母の有理化
教 p.54 →基本問題❶❷

次の数の分母を有理化しなさい。

(1) $\dfrac{\sqrt{6}}{\sqrt{7}}$　　　　　　　　　　　　　(2) $\dfrac{18}{\sqrt{12}}$

**考え方** (1) $\sqrt{7} \times \sqrt{7} = 7$ なので，分母と分子に $\sqrt{7}$ をかける。
(2) まず $\sqrt{\phantom{0}}$ の中の数を簡単にする。

**解き方** (1) $\dfrac{\sqrt{6}}{\sqrt{7}} = \dfrac{\sqrt{6} \times \boxed{①\phantom{00}}}{\sqrt{7} \times \sqrt{7}}$ ←分母と分子に$\sqrt{7}$をかける。分子にも忘れずに！

$= \dfrac{\sqrt{42}}{\boxed{②}}$

(2) $\dfrac{18}{\sqrt{12}} = \dfrac{18}{2\sqrt{3}} = \dfrac{9}{\sqrt{3}}$ ←$\sqrt{\phantom{0}}$の中を簡単な数にして，約分。

$= \dfrac{9 \times \sqrt{3}}{\sqrt{3} \times \sqrt{3}}$ ←分母を有理化。

$= \dfrac{9\sqrt{3}}{\boxed{③}} = \boxed{④}$ ←約分。

**覚えておこう**
分母に $\sqrt{\phantom{0}}$ をふくまない形にすることを，**分母を有理化する**という。

**ミス注意**
(2) $\dfrac{18 \times \sqrt{12}}{\sqrt{12} \times \sqrt{12}} = \dfrac{18\sqrt{12}}{12}$

$= \dfrac{3\sqrt{12}}{2}$

では，$\sqrt{\phantom{0}}$ の中がまだ簡単にできる。

## 例2 $\sqrt{\phantom{0}}$ をふくむ式の値
教 p.55 →基本問題❸❹

$\sqrt{6} = 2.449$ として，次の値を求めなさい。

(1) $\sqrt{24}$　　　　　　(2) $\dfrac{30}{\sqrt{6}}$　　　　　　(3) $\sqrt{0.06}$

**考え方** まず，$\sqrt{\phantom{0}}$ の中をできるだけ簡単な数にしたり，分母を有理化したりする。

**解き方** (1) $\sqrt{24} = 2\sqrt{6}$ ←まず，$\sqrt{\phantom{0}}$の中を簡単な数に。

$= 2 \times 2.449 = \boxed{⑤}$

(2) $\dfrac{30}{\sqrt{6}} = \dfrac{30 \times \sqrt{6}}{\sqrt{6} \times \sqrt{6}} = \dfrac{30\sqrt{6}}{6} = 5\sqrt{6}$ ←まず，分母を有理化。

$= 5 \times 2.449 = \boxed{⑥}$

**ミス注意**
(2) 直接代入すると，
$\dfrac{30}{\sqrt{6}} = \dfrac{30}{2.449}$
となって計算が大変！

(3) $\sqrt{0.06} = \sqrt{\dfrac{6}{100}} = \dfrac{\sqrt{6}}{\sqrt{10^2}} = \dfrac{\sqrt{6}}{10}$ ←$\sqrt{6}$が出てくるように変形。

$= \dfrac{2.449}{10} = \boxed{⑦}$

解答 p.11

**1 分母の有理化** 次の数の分母を有理化しなさい。

教 p.54 問7

(1) $\dfrac{1}{\sqrt{7}}$　　　　(2) $\dfrac{\sqrt{3}}{\sqrt{2}}$　　　　(3) $\dfrac{3}{\sqrt{6}}$

(4) $\dfrac{3}{4\sqrt{5}}$　　　　(5) $\dfrac{\sqrt{7}}{2\sqrt{6}}$　　　　(6) $\dfrac{8}{3\sqrt{2}}$

(7) $\dfrac{1}{\sqrt{12}}$　　　　(8) $\dfrac{\sqrt{5}}{\sqrt{8}}$　　　　(9) $\dfrac{6}{\sqrt{18}}$

> **知ってると得**
>
> $\sqrt{\phantom{x}}$ をふくむ分数では，$\sqrt{\phantom{x}}$ の中の数どうし，$\sqrt{\phantom{x}}$ の外の数どうしは約分できるが，中と外では約分できない。

**2 わり算と分母の有理化** 次の計算をしなさい。

教 p.54 問8

(1) $\sqrt{2} \div \sqrt{7}$　　　　(2) $3\sqrt{5} \div \sqrt{3}$

> **ここがポイント**
>
> 分数の形にして，分母を有理化。

**3 $\sqrt{\phantom{x}}$ をふくむ式の値** $\sqrt{7} = 2.646$ として，次の値を求めなさい。

教 p.55 問9

(1) $\sqrt{28}$　　　　(2) $\sqrt{63}$　　　　(3) $\sqrt{700}$

(4) $\sqrt{\dfrac{7}{4}}$　　　　(5) $\dfrac{28}{\sqrt{7}}$　　　　(6) $\dfrac{7}{3\sqrt{7}}$

**4 $\sqrt{\phantom{x}}$ をふくむ式の値** 次の問いに答えなさい。

教 p.55 問9

(1) $\sqrt{3} = 1.732$ として，次の値を求めなさい。

　① $\sqrt{300}$　　　　② $\sqrt{30000}$　　　　③ $\sqrt{0.03}$

(2) $\sqrt{30} = 5.477$ として，次の値を求めなさい。

　① $\sqrt{3000}$　　　　② $\sqrt{0.3}$　　　　③ $\sqrt{0.003}$

> **知ってると得**
>
> $\sqrt{\phantom{x}}$ の中の数の小数点の位置が2けたずれるごとに，その数の平方根の小数点の位置は，同じ向きに1けたずつずれる。
>
> $\sqrt{3.0000.} = 1.73.2$

2節　根号をふくむ式の計算
**❷ 根号をふくむ式の計算**

---

**例 1** √ をふくむ式の和と差　　　　　教 p.56〜57 → 基本問題 ❶❷

次の計算をしなさい。

(1) $6+\sqrt{3}-4\sqrt{3}$

(2) $4\sqrt{7}+\sqrt{5}-3\sqrt{7}$

(3) $\sqrt{18}-\sqrt{32}+2\sqrt{2}$

(4) $\sqrt{24}+\dfrac{18}{\sqrt{6}}$

**考え方** $\sqrt{\phantom{a}}$ の部分が同じ項を，右のように同類項の
要領でまとめる。また，$\sqrt{\phantom{a}}$ の中の数をできるだけ
簡単にしたり，分母の有理化をしたりする。

**たいせつ**

$3\sqrt{5}+4\sqrt{5}=(3+4)\sqrt{5}=7\sqrt{5}$

**解き方** (1) $6+\sqrt{3}-4\sqrt{3}=6+(1-4)\sqrt{3}$　←$\sqrt{3}$ の項をまとめる。

$\qquad\qquad =6-\boxed{①}$　←6と$-3\sqrt{3}$ は，まとめられない。

(2) $4\sqrt{7}+\sqrt{5}-3\sqrt{7}=(4-3)\sqrt{7}+\sqrt{5}=\boxed{②}$

(3) $\sqrt{18}-\sqrt{32}+2\sqrt{2}=3\sqrt{2}-4\sqrt{2}+2\sqrt{2}$　←$\sqrt{\phantom{a}}$ の中の数を簡単にする。

$\qquad\qquad =(3-4+2)\sqrt{2}=\boxed{③}$

(4) $\sqrt{24}+\dfrac{18}{\sqrt{6}}=2\sqrt{6}+\dfrac{18\times\sqrt{6}}{\sqrt{6}\times\sqrt{6}}$　←分母を有理化。

$\qquad =2\sqrt{6}+\dfrac{18\sqrt{6}}{6}=2\sqrt{6}+3\sqrt{6}=\boxed{④}$

最後は
同類項をまとめる
ように計算！

---

**例 2** √ をふくむ式の計算　　　　　教 p.57〜58 → 基本問題 ❸❹

次の計算をしなさい。

(1) $\sqrt{6}(\sqrt{6}-2)$

(2) $(\sqrt{10}+\sqrt{6})\div\sqrt{2}$

(3) $(\sqrt{3}+\sqrt{5})^2$

(4) $(\sqrt{7}+2)(\sqrt{7}+4)$

**考え方** 式の展開と同じように，分配法則や乗法の公式を利用する。

**解き方** (1) $\sqrt{6}(\sqrt{6}-2)=\sqrt{6}\times\sqrt{6}-\sqrt{6}\times2=\boxed{⑤}$

(2) $(\sqrt{10}+\sqrt{6})\div\sqrt{2}=\dfrac{\sqrt{10}}{\sqrt{2}}+\dfrac{\sqrt{6}}{\sqrt{2}}=\boxed{⑥}$　←$(\sqrt{10}+\sqrt{6})\div\sqrt{2}=(\sqrt{10}+\sqrt{6})\times\dfrac{1}{\sqrt{2}}$

(3) $(\sqrt{3}+\sqrt{5})^2=(\sqrt{3})^2+2\times\sqrt{3}\times\sqrt{5}+(\sqrt{5})^2=3+2\sqrt{15}+5=\boxed{⑦}$

　　　　　　　↑ ─── 乗法の公式を適用。　↓

(4) $(\sqrt{7}+2)(\sqrt{7}+4)=(\sqrt{7})^2+(2+4)\sqrt{7}+2\times4=7+6\sqrt{7}+8=\boxed{⑧}$

 解答 p.12

**1** √ をふくむ式の和と差　次の計算をしなさい。

教 p.56 問1

(1) $5\sqrt{3} - \sqrt{3}$

(2) $-\sqrt{7} + 9\sqrt{7} - 6\sqrt{7}$

√ の部分が同じ項をまとめるよ！

(3) $4 - 2\sqrt{6} + 3\sqrt{6}$

(4) $2\sqrt{5} + 4\sqrt{2} - 8\sqrt{5}$

**2** √ をふくむ式の和と差　次の計算をしなさい。

教 p.57 問2, 問3

(1) $\sqrt{50} + \sqrt{8}$

(2) $\sqrt{12} - \sqrt{75} + \sqrt{3}$

ス注意

(1) $\sqrt{50} + \sqrt{8}$ は,

$\sqrt{50+8}$ とはできない！

(3) $\sqrt{5} + \dfrac{15}{\sqrt{5}}$

(4) $\dfrac{12}{\sqrt{6}} - \sqrt{54}$

**3** √ をふくむ式の積と商　次の計算をしなさい。

教 p.58 問4

(1) $\sqrt{7}(4 - \sqrt{7})$

(2) $\sqrt{3}(\sqrt{12} + 1)$

(3) $\sqrt{2}(\sqrt{6} - \sqrt{3})$

(4) $(\sqrt{15} - \sqrt{5}) \div \sqrt{5}$

(5) $(\sqrt{12} + \sqrt{6}) \div \sqrt{3}$

**4** √ をふくむ式の計算　次の計算をしなさい。

教 p.58 問5, 問6

(1) $(\sqrt{2} + 3)(\sqrt{5} + 4)$

(2) $(\sqrt{3} - 2)(2\sqrt{3} - 1)$

思い出そう

・多項式の乗法

$(a+b)(c+d)$

$= ac + ad + bc + bd$

(3) $(\sqrt{5} + 3)^2$

(4) $(\sqrt{7} - \sqrt{6})^2$

・乗法の公式

① $(x+a)(x+b)$

$= x^2 + (a+b)x + ab$

② $(a+b)^2$

$= a^2 + 2ab + b^2$

(5) $(\sqrt{10} + \sqrt{3})(\sqrt{10} - \sqrt{3})$

(6) $(\sqrt{6} - 2)(\sqrt{6} + 2)$

③ $(a-b)^2$

$= a^2 - 2ab + b^2$

(7) $(\sqrt{2} - 3)(\sqrt{2} - 4)$

(8) $(\sqrt{5} + 2)(\sqrt{5} - 6)$

④ $(a+b)(a-b)$

$= a^2 - b^2$

左ページの 例 の答え　① $3\sqrt{3}$　② $\sqrt{7} + \sqrt{5}$　③ $\sqrt{2}$　④ $5\sqrt{6}$　⑤ $6 - 2\sqrt{6}$　⑥ $\sqrt{5} + \sqrt{3}$　⑦ $8 + 2\sqrt{15}$

⑧ $15 + 6\sqrt{7}$

## 確認のワーク　ステージ 1　3節　平方根の利用　❶ 平方根の利用

### 例 1 円の半径　　　　　　　　　　　　教 ▶ p.59〜60 → 基本問題 ❶

面積が，半径 4 cm の円の面積の 3 倍である円をつくります。

(1) この円の半径を求めなさい。

(2) $\sqrt{3} = 1.73$ として，(1)の長さを四捨五入によって小数第 1 位まで求めなさい。

**考え方** (1) 円の半径を $x$ cm として，面積の関係を等式に表し，$x$ の値を求める。

**解き方** (1) 円の半径を $x$ cm とすると，$\pi x^2 = \pi \times 4^2 \times 3$

よって，$x^2 = 48$ ←両辺を π でわった。　　　　　半径 r の円の面積は $\pi r^2$

円の半径は正の数だから，48 の平方根のうち，正の方で，

$x = \sqrt{48} = \boxed{①\phantom{xxxxx}}$ ←√の中を簡単にしよう。　　**答** $\boxed{②\phantom{xxxx}}$ cm

(2) $\sqrt{3} = 1.73$ より，$4\sqrt{3} = 4 \times 1.73 = 6.92$　　小数第 2 位は 2 なので切り捨てる。

四捨五入によって小数第 1 位まで求めると，$6.92 \rightarrow 6.9$　　**答** $\boxed{③\phantom{xxxx}}$ cm

### 例 2 正方形の 1 辺の長さ　　　　　　　教 ▶ p.61 → 基本問題 ❷ ❸ ❹

右の図のように，直径 10 cm の円の形をした紙があります。この紙から，できるだけ大きな正方形を切り取ります。

(1) 正方形の 1 辺の長さは何 cm になりますか。

(2) $\sqrt{2} = 1.41$ として，(1)の長さを四捨五入によって小数第 1 位まで求めなさい。

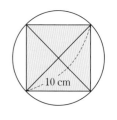

**考え方** (1) まず，対角線の長さから正方形の面積を求める。
正方形の 1 辺の長さは，面積の平方根のうちの正の方。

**解き方** (1) 正方形の対角線が円の直径になる場合に，もっとも大きな正方形を切り取ることができる。

この正方形の面積は，$10 \times 10 \times \dfrac{1}{2} = 50$ (cm²)

1 辺の長さは，この値の平方根のうち，正の方で，

$\sqrt{50} = \boxed{④\phantom{xxx}}$ (cm)　　　**答** $\boxed{⑤\phantom{xxx}}$ cm

√の中を簡単な数に。

**思い出そう**
正方形の面積
$= (\text{対角線の長さ})^2 \times \dfrac{1}{2}$

(2) $\sqrt{2} = 1.41$ より，$5\sqrt{2} = 5 \times 1.41 = 7.05$　　小数第 2 位は 5 なので切り上げる。

四捨五入によって小数第 1 位まで求めると，$7.05 \rightarrow 7.1$　　**答** $\boxed{⑥\phantom{xxx}}$ cm

解答 p.12

**基本問題**

**1 円の半径** 半径 10 cm の円の 5 倍の面積になる円をつくります。

(1) この円の半径を求めなさい。

(2) $\sqrt{5} = 2.236$ として，(1)の長さを四捨五入によって小数第 1 位まで求めなさい。

2章

**2 正方形の 1 辺の長さ** 右の図のように，対角線 AC の長さが 8 cm
の正方形 ABCD があります。

(1) 正方形 ABCD の面積を求めなさい。

(2) 正方形 ABCD の 1 辺の長さは何 cm になりますか。

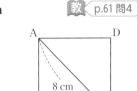

(3) $\sqrt{2} = 1.41$ として，(2)の長さを四捨五入によって小数第 1 位まで求めなさい。

**3 正方形の 1 辺の長さ** 縦 12 cm，横 20 cm の長方形と面積が等しい
正方形の 1 辺の長さを求めなさい。

**4 のりしろの長さ** 右の図 1 のような正方形 ABCD を，図 2 のよう
に 3 枚つなぎ合わせて，かざりをつくります。のりをつける部分も正
方形になるようにして，このかざり全体の長さを 18 cm にします。

(1) 図 1 のように，AC = $a$ cm，
図 2 のように，のりをつける
部分の長さを $b$ cm として，
$a$ と $b$ の関係を式に表しなさい。

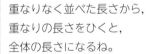
重なりなく並べた長さから，
重なりの長さをひくと，
全体の長さになるね。

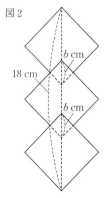

(2) $a$ の値，$b$ の値をそれぞれ求めなさい。

(3) $\sqrt{2} = 1.41$ として，$b$ の値を，四捨五入によって小数第 1 位まで
求めなさい。

解答 p.13

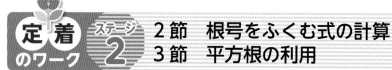

定着のワーク　ステージ2

**2節　根号をふくむ式の計算**
**3節　平方根の利用**

**❶** 次の数の分母を有理化しなさい。

(1) $\sqrt{\dfrac{3}{5}}$　　　　(2) $\dfrac{\sqrt{8}}{\sqrt{27}}$　　　　(3) $\dfrac{6\sqrt{2}}{\sqrt{24}}$

**❷** 次の計算をしなさい。

(1) $\sqrt{18} \times \sqrt{24}$　　(2) $2\sqrt{3} \times \sqrt{75}$　　(3) $\sqrt{27} \div \sqrt{12}$

(4) $10\sqrt{3} \div \sqrt{5}$　　(5) $\sqrt{90} \div \sqrt{12} \times \sqrt{8}$　　(6) $\left(-\sqrt{42}\right) \div \sqrt{14} \div \sqrt{6}$

**❸** $\sqrt{5} = 2.236$ として，次の値を求めなさい。

(1) $\sqrt{180}$　　　　(2) $\dfrac{15}{4\sqrt{5}}$　　　　(3) $\sqrt{\dfrac{1}{20}}$

**❹** 次の計算をしなさい。

(1) $\sqrt{12} + \sqrt{24} - \sqrt{27}$　　　　(2) $3\sqrt{8} - \sqrt{98} + 2\sqrt{2}$

(3) $\dfrac{\sqrt{27}}{4} - \dfrac{\sqrt{3}}{2}$　　(4) $\dfrac{\sqrt{20}}{5} - \dfrac{1}{\sqrt{5}}$　　(5) $\dfrac{6}{\sqrt{6}} - \sqrt{\dfrac{2}{3}}$

**❺** 次の計算をしなさい。

(1) $\sqrt{7}\left(\sqrt{28} - \sqrt{14}\right)$　　　　(2) $\left(\sqrt{63} - \sqrt{14}\right) \div \left(-\sqrt{7}\right)$

(3) $\left(4\sqrt{3} + 1\right)\left(2 - \sqrt{3}\right)$　　　　(4) $\left(\sqrt{5} - \sqrt{3}\right)\left(\sqrt{6} + \sqrt{10}\right)$

❶ (1) $\sqrt{\dfrac{3}{5}} = \dfrac{\sqrt{3}}{\sqrt{5}}$ と変形してから，分母の有理化をする。

❹ (2) $3\sqrt{8} = 3 \times \sqrt{8} = 3 \times 2\sqrt{2} = 6\sqrt{2}$

**6** 次の計算をしなさい。

(1) $(2\sqrt{5}+3)(2\sqrt{5}-4)$

(2) $(\sqrt{7}-3)(6-\sqrt{7})$

(3) $(\sqrt{10}-\sqrt{6})^2$

(4) $(2\sqrt{6}-3\sqrt{2})(3\sqrt{2}+2\sqrt{6})$

**7** $x=\sqrt{5}-\sqrt{3}$, $y=\sqrt{5}+\sqrt{3}$ のとき，次の式の値を求めなさい。

(1) $(x+y)^2$

(2) $xy$

(3) $x^2-y^2$

**8** $\sqrt{6}$ の整数部分を $a$，小数部分を $b$ として，次の値を求めなさい。

(1) $a$

(2) $b$

(3) $b^2+2b$

**9** 連立方程式 $\begin{cases}\sqrt{5}\,x+5y=6 &\cdots\cdots① \\ 5x-\sqrt{5}\,y=6 &\cdots\cdots②\end{cases}$ を次のそれぞれの方法で解きなさい。

(1) 加減法

(2) ②を $x$ について解き，代入法

## 入試問題をやってみよう！

**1** 次の計算をしなさい。

(1) $\sqrt{6}(\sqrt{6}-7)-\sqrt{24}$  〔静岡〕

(2) $(\sqrt{7}-2\sqrt{5})(\sqrt{7}+2\sqrt{5})$  〔三重〕

(3) $(3\sqrt{2}-1)(2\sqrt{2}+1)-\dfrac{4}{\sqrt{2}}$  〔愛媛〕

(4) $(\sqrt{2}-\sqrt{6})^2+\dfrac{12}{\sqrt{3}}$  〔長崎〕

**2** $x=4\sqrt{3}+3\sqrt{5}$, $y=\sqrt{3}+\sqrt{5}$ のとき，$x^2-8xy+16y^2$ の値を求めなさい。  〔大阪〕

**7** (3) $x^2-y^2=(x+y)(x-y)$ と因数分解してから代入する。
**8** $2<\sqrt{6}<3$ から $a$ の値がわかる。また，$a+b=\sqrt{6}$ から $b$ の値がわかる。
**9** (1) まず，①$\times\sqrt{5}$ または②$\times\sqrt{5}$ をつくってみる。

実力判定テスト　ステージ 3　平方根　　　　/100

**1** 次の問いに答えなさい。　　　　　　　　　　　　　　　　　　　　　3点×7（21点）

(1) $\dfrac{121}{169}$ の平方根を求めなさい。　　　(2) $-\sqrt{(-6)^2}$ を $\sqrt{\phantom{0}}$ を使わずに表しなさい。

（　　　　　　　）　　　　　　　　　　　　　（　　　　　　　）

(3) $(-\sqrt{25})^2$ の値を求めなさい。

（　　　　　　　）

(4) $-0.6$ と $-\sqrt{0.6}$ の大小を不等号を使って表しなさい。

（　　　　　　　）

(5) 右の数を，小さい方から順に書きなさい。　$\dfrac{3}{5}$, $\sqrt{\dfrac{3}{5}}$, $\dfrac{\sqrt{3}}{5}$, $\dfrac{3}{\sqrt{5}}$

（　　　　　　　）

(6) $2.5 < \sqrt{a} < 3.2$ にあてはまる自然数 $a$ を，すべて求めなさい。

（　　　　　　　）

(7) ある数 $a$ の小数第 2 位を四捨五入した近似値が 8.1 であるとき，$a$ の範囲を，不等号を使って表しなさい。

（　　　　　　　）

**2** 次の問いに答えなさい。　　　　　　　　　　　　　　　　　　　　　3点×5（15点）

(1) $5\sqrt{6}$ を変形して，$\sqrt{a}$ の形にしなさい。

（　　　　　　　）

(2) 次の数の $\sqrt{\phantom{0}}$ の中をできるだけ簡単な数にしなさい。

① $\sqrt{720}$　　　　　　　　　　　　② $\sqrt{\dfrac{14}{81}}$

（　　　　　　　）　　　　　　　　　　　　　（　　　　　　　）

(3) $\dfrac{\sqrt{10}}{\sqrt{54}}$ の分母を有理化しなさい。　　(4) $\sqrt{3} = 1.732$ として，$\dfrac{3}{\sqrt{12}}$ の値を求めなさい。

（　　　　　　　）　　　　　　　　　　　　　（　　　　　　　）

**3** 次の問いに答えなさい。　　　　　　　　　　　　　　　　　　　　　4点×2（8点）

(1) $\sqrt{135a}$ の値が自然数となるような自然数 $a$ のうち，もっとも小さいものを求めなさい。

（　　　　　　　）

(2) 1 辺の長さが 10 cm の正方形と 1 辺の長さが 20 cm の正方形があります。面積が，この 2 つの正方形の面積の和になる正方形をつくるとき，その 1 辺の長さは何 cm になりますか。$\sqrt{5} = 2.236$ として，四捨五入によって小数第 1 位まで求めなさい。

（　　　　　　　）

**目標** 平方根の意味を理解し，$\sqrt{\phantom{0}}$ のついた数に慣れ，$\sqrt{\phantom{0}}$ のついた数の計算が速く正確にできるようになろう。

**自分の得点まで色をぬろう!**

| 😣かんばろう | 😊もう一歩 | 😄合格! |
|---|---|---|

0　　　　　　　　　　　60　　80　100点

**2章**

**4** 次の計算をしなさい。　　　　　　　　　　　　　　　　　　　3点×4（12点）

(1) $\sqrt{48} \times \sqrt{3}$

(2) $\sqrt{15} \div \sqrt{6}$

(3) $3\sqrt{5} \div (-\sqrt{10}) \times \sqrt{14}$

(4) $\sqrt{18} \div \sqrt{6} \div (-\sqrt{12})$

**5** 次の計算をしなさい。　　　　　　　　　　　　　　　　　　　3点×6（18点）

(1) $3\sqrt{12} - \sqrt{75} + 4\sqrt{3}$

(2) $2\sqrt{18} + 3\sqrt{24} - \sqrt{50}$

(3) $\dfrac{15}{\sqrt{6}} - \dfrac{\sqrt{54}}{6}$

(4) $\sqrt{\dfrac{5}{3}} - \sqrt{\dfrac{3}{5}}$

(5) $\sqrt{63} - \sqrt{2} \times \sqrt{14}$

(6) $\sqrt{10} \times 2\sqrt{5} - 6 \div \sqrt{2}$

**6** 次の計算をしなさい。　　　　　　　　　　　　　　　　　　　3点×6（18点）

(1) $2\sqrt{3}(\sqrt{12} - \sqrt{6})$

(2) $(\sqrt{14} + \sqrt{24}) \div \sqrt{2}$

(3) $(3 + \sqrt{6})(-5 + \sqrt{6})$

(4) $(2\sqrt{2} - \sqrt{5})(2\sqrt{2} + \sqrt{5})$

(5) $(\sqrt{15} + \sqrt{10})^2$

(6) $(\sqrt{6} - 1)^2 + \dfrac{12}{\sqrt{6}}$

**7** $x = \sqrt{7} + \sqrt{3}$，$y = \sqrt{7} - \sqrt{3}$ のとき，次の式の値を求めなさい。　　4点×2（8点）

(1) $x^2 - y^2$

(2) $x^2 + 2xy + y^2$

アプリ【どこでもワーク計算編】をやって，さらに力をつけよう！

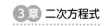

## 確認のワーク ステージ1

### 1節 二次方程式
### ❶ 二次方程式とその解き方

### 例1 $ax^2=b$ の解き方

教 p.69 → 基本問題❷

次の二次方程式を解きなさい。

(1) $5x^2=30$

(2) $9x^2-5=0$

**考え方** $x^2=k$ の形に変形して，平方根を考えて解を求める。

**解き方** (1) 両辺を5でわって，$x^2=6$

これを成り立たせる $x$ の値は，$\sqrt{6}$ と $\boxed{\phantom{0}}^{①}$ だから，

$x=\pm\sqrt{6}$ ←解が2つある。

(2) $-5$ を移項して，

$9x^2=5,\ x^2=\dfrac{5}{9},\ x=\pm\sqrt{\dfrac{5}{9}},\ x=\boxed{\phantom{0}}^{②}$

> **二次方程式**
>
> 移項して整理すると，
> $(x$の二次式$)=0$ という形に
> なる方程式を，$x$ についての
> **二次方程式**という。

### 例2 $(x+m)^2=n$ の解き方

教 p.70 → 基本問題❸

次の二次方程式を解きなさい。

(1) $(x-4)^2=9$

(2) $(x+2)^2=3$

**考え方** $x+m$ を $X$ とすれば，例1の形になる。

**解き方** (1) $x-4$ を $X$ とすると，$X^2=9,\ X=\pm3$

$X$ をもとにもどすと，$x-4=\pm3$

$x-4=3$ から $x=7$，$x-4=-3$ から $x=\boxed{\phantom{0}}^{③}$

よって，$x=7,\ 1$ ←「$x=7,\ x=1$」をまとめて表した。

(2) $(x+2)^2=3,\ x+2=\boxed{\phantom{0}}^{④},\ x=-2\pm\sqrt{3}$ ←「$x=-2+\sqrt{3},\ x=-2-\sqrt{3}$」をまとめた。

2を移項。

どちらも
平方根の意味に
もとづいて
解いているね。

### 例3 $x^2+px+q=0$ の解き方

教 p.71 → 基本問題❹❺

二次方程式 $x^2+8x-5=0$ を解きなさい。

**考え方** まず数の項を移項する。そのあと右のように考えて，

「$x$ の係数8の半分の2乗」である $4^2$ を両辺にたす。

**解き方** 数の項 $-5$ を移項して，$x^2+8x=5$

$4^2$ を両辺にたすと，$\quad x^2+8x+4^2=5+4^2$

$x$の係数8の半分の2乗。$\qquad (x+4)^2=21$

$x+4=\pm\sqrt{21},\quad x=\boxed{\phantom{0}}^{⑤}$

> **ここがポイント**
>
> $x^2+8x+\underline{4^2}=(x+\boxed{4})^2$
>
> 2乗
> 半分

# 基本問題 ……………………… 解答 p.16

**❶ 二次方程式の解** 1, 2, 3, 4 のうち，

$x^2-6x+8=0$ の解であるものをすべて選びなさい。

教 p.68 問1

**覚えておこう**

二次方程式を成り立たせる文字の値を，その方程式の解という。

**❷ $ax^2=b$ の解き方** 次の二次方程式を解きなさい。

(1) $4x^2=28$ (2) $5x^2=20$

(3) $6x^2-18=0$ (4) $2x^2-98=0$

(5) $3x^2-54=0$ (6) $16x^2-5=0$

教 p.69 問2, 問3

**ここがポイント**

$x^2=k$
↓
$x=\pm\sqrt{k}$

3章

**❸ $(x+m)^2=n$ の解き方** 次の二次方程式を解きなさい。

(1) $(x-2)^2=1$ (2) $(x+3)^2-16=0$

(3) $(x+5)^2=5$ (4) $(x-1)^2-6=0$

(5) $(x-6)^2=12$ (6) $(x+4)^2-20=0$

教 p.70 問4, 問5

(1) $x-2$ を $X$ とすれば，$X^2=1$ となるね。

**❹ $x^2+px+q=0$ の解き方** 次の □ にあてはまる数を書き入れなさい。

(1) $x^2+6x+\boxed{\phantom{0}}=(x+\boxed{\phantom{0}})^2$

(2) $x^2-12x+\boxed{\phantom{0}}=(x-\boxed{\phantom{0}})^2$

教 p.71

**思い出そう**

(1) $x^2+6x+\square=(x+\square)^2$

**❺ $x^2+px+q=0$ の解き方** 次の二次方程式を解きなさい。

(1) $x^2+4x=7$ (2) $x^2-2x-5=0$

教 p.71 問6

**ここがポイント**

(1) $x$ の係数の半分の2乗を両辺にたす。
(2) まず数の項を移項。

## 確認のワーク ステージ1

### 1節 二次方程式
### ❷ 二次方程式の解の公式

---

**例1 解の公式を使って二次方程式を解く①** —— 教 p.72〜73 → 基本問題 ❶

二次方程式 $5x^2-x-2=0$ を解きなさい。

**考え方** $a$, $b$, $c$ の値を確認して，解の公式に代入する。

**解き方** 解の公式で，$a=5$, $b=-1$, $c=-2$ の
場合だから，

符号に注意！

$$x=\frac{-(-1)\pm\sqrt{(-1)^2-4\times5\times(-2)}}{2\times5}$$

$$=\frac{\boxed{①}}{10}$$ ←√ の中の計算は，$(-1)^2-4\times5\times(-2)=1+40=41$

> **二次方程式の解の公式**
>
> 二次方程式 $ax^2+bx+c=0$ の解は，
> $$x=\frac{-b\pm\sqrt{b^2-4ac}}{2a}$$

---

**例2 解の公式を使って二次方程式を解く②** —— 教 p.73〜74 → 基本問題 ❷❸

次の二次方程式を解きなさい。

(1) $3x^2-4x+1=0$ 　　　　　　(2) $x^2+6x-5=0$

**考え方** 解の公式で計算したあと，さらに √ の変形をして計算する。

**解き方** (1) 解の公式で，$a=3$, $b=-4$, $c=1$ の場合だから，

$$x=\frac{-(-4)\pm\sqrt{(-4)^2-4\times3\times1}}{2\times3}=\frac{4\pm\sqrt{4}}{6}=\frac{4\pm2}{6}$$ ←$\frac{4+2}{6}$ と $\frac{4-2}{6}$ を計算する。

√ がはずれる。

よって，$x=1$, $\boxed{②}$

(2) 解の公式で，$a=1$, $b=6$, $c=-5$ の場合だから，

$$x=\frac{-6\pm\sqrt{6^2-4\times1\times(-5)}}{2\times1}=\frac{-6\pm\sqrt{56}}{2}=\frac{-6\pm2\sqrt{14}}{2}=\boxed{③}$$

√ の中を簡単な数に。　約分する。

> 約分注意！
> $$\frac{-6\pm2\sqrt{14}}{2}$$

---

**例3 二次方程式の解き方（解の公式を使って）** —— 教 p.74 → 基本問題 ❹

次の二次方程式を解きなさい。
$$x^2+3x=2(x+2)$$

**考え方** $ax^2+bx+c=0$ の形にしてから，解の公式を使う。

**解き方** かっこをはずして移項する。$x^2+3x=2x+4$, $x^2+x-4=0$

$$x=\frac{-1\pm\sqrt{1^2-4\times1\times(-4)}}{2\times1}=\boxed{④}$$

解答 p.16

**1** 解の公式を使って二次方程式を解く① 次の二次方程式を解きなさい。 教 p.73 問1

(1) $x^2 + 5x + 3 = 0$　　　　(2) $x^2 - 7x - 2 = 0$

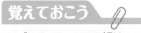

覚えておこう

$ax^2 + bx + c = 0$ の解は,

$$x = \frac{-b \pm \sqrt{b^2 - 4ac}}{2a}$$

負の数には（ ）をつけて
代入し，符号に気をつけて
計算する。

(3) $3x^2 - 7x + 1 = 0$　　　　(4) $2x^2 + x - 4 = 0$

**2** 解の公式を使って二次方程式を解く② 次の二次方程式を解きなさい。 教 p.73 問2

(1) $3x^2 + 7x + 4 = 0$　　　　(2) $5x^2 - 6x + 1 = 0$

3
章

(3) $2x^2 + 3x - 2 = 0$　　　　(4) $3x^2 - 5x - 2 = 0$

**3** 解の公式を使って二次方程式を解く② 次の二次方程式を解きなさい。 教 p.74 問3

(1) $x^2 + 10x + 6 = 0$　　　　(2) $x^2 - 2x - 5 = 0$

知ってると得

$x$ の係数が偶数である
二次方程式
$ax^2 + 2px + c = 0$ の解は,

$$x = \frac{-p \pm \sqrt{p^2 - ac}}{a}$$

(3) $3x^2 + 6x - 2 = 0$　　　　(4) $5x^2 - 8x + 2 = 0$

**4** 二次方程式の解き方（解の公式を使って） 次の二次方程式を解きなさい。 教 p.74 問4

(1) $x^2 - x = 6$　　　　(2) $5x - 3 = x - x^2$

ここがポイント

かっこがあればはずし，
移項して，
$ax^2 + bx + c = 0$ の形に
整理してから解の公式を
使う。

(3) $x^2 + 4 = 3(x + 1)$　　　　(4) $x(x - 4) = 2x + 3$

左ページの
例の答え ① $1 \pm \sqrt{41}$　② $\frac{1}{3}$　③ $-3 \pm \sqrt{14}$　④ $\frac{-1 \pm \sqrt{17}}{2}$

確認のワーク ステージ **1**

**1節　二次方程式**
**❸ 二次方程式と因数分解**

例 **1** $(x+a)(x+b)=0$ の解き方　　　　教 p.75 →基本問題❶

　二次方程式 $(x+2)(x-7)=0$ を解きなさい。

考え方　$x+2$ と $x-7$ をかけて $0$ になるから，どちらか一方が $0$ である。

解き方　$(x+2)(x-7)=0$ であるから，

$x+2=0$　または　$x-7=0$

$x+2=0$ のとき $x=-2$，

$x-7=0$ のとき $x=7$

よって，$x=-2$, ①□

**覚えておこう**

$A\times B=0$ ならば，
$A=0$　または　$B=0$

積＝0から
解がわかるんだ。

例 **2** 因数分解を使った二次方程式の解き方　　教 p.75〜76 →基本問題❷❸

　次の二次方程式を解きなさい。

(1)　$x^2-8x+12=0$　　　　　　(2)　$x^2+3x=0$

(3)　$4x^2=9x$　　　　　　　　(4)　$x^2+6x+9=0$

考え方　左辺を因数分解する。(3)は移項して，右辺を $0$ にする。

解き方　(1)　$(x-2)(x-6)=0$，$x-2=0$ または $x-6=0$　よって，$x=2$, ②□

(2)　$x(x+3)=0$，$x=0$ または ③□$=0$　よって，$x=$④□, $-3$

(3)　$\underline{4x^2-9x=0}$，$x(4x-9)=0$，$x=0$ または $4x-9=0$　よって，$x=0$, ⑤□
　　　　移項した。

(4)　$(x+3)^2=0$，$x+3=0$　よって，$x=$⑥□　←二次方程式の解が1つになることもある。

例 **3** 二次方程式の解き方（因数分解を使って）　　教 p.76〜77 →基本問題❹

　次の二次方程式を解きなさい。

(1)　$(x-4)(x+3)=2x+6$　　　　(2)　$8x-6=2x^2$

考え方　式を，$ax^2+bx+c=0$ の形にしてから，左辺を因数分解する。

解き方　(1)　展開して，$x^2-x-12=2x+6$

$x^2-3x-18=0$

$(x+3)(x-6)=0$

$x=-3$, ⑦□

(2)　移項して，$-2x^2+8x-6=0$

両辺を $-2$ でわって，$x^2-4x+3=0$

$x^2$ の係数を
1にしたい。

$(x-1)(x-3)=0$

$x=1$, ⑧□

解答 p.17

**① $(x+a)(x+b)=0$ の解き方**　次の二次方程式を解きなさい。

 p.75 問1

(1)　$(x-3)(x+6)=0$　　　　(2)　$(x-5)(x-10)=0$

**② 因数分解を使った二次方程式の解き方**　次の二次方程式を解きなさい。

 p.76 問2

(1)　$x^2+8x+7=0$　　　　(2)　$x^2+2x-8=0$

> **得点力をUP**
> (6)　2乗の差だから，和と差
> の積に因数分解する。
> $x^2=25$ として 25 の平方根
> を求める方法で解くことも
> できる。

(3)　$x^2-6x+8=0$　　　　(4)　$x^2-2x-15=0$

3
章

(5)　$x^2-7x+12=0$　　　　(6)　$x^2-25=0$

**③ 因数分解を使った二次方程式の解き方**　次の二次方程式を解きなさい。

 p.76 問3, 問4

(1)　$x^2+4x=0$　　　　(2)　$x^2=12x$

> **ミス注意**
> (1)　$x^2+4x=0$ の両辺を $x$ で
> わって，解を $x=-4$ だけと
> してはいけない。$x=0$ のと
> きは，$x$ でわることができ
> ないからである。
> 数でわるときと区別しよう。

(3)　$x^2+2x+1=0$　　　　(4)　$x^2-18x+81=0$

**④ 二次方程式の解き方（因数分解を使って）**　次の二次方程式を解きなさい。

 p.76 問5, p.77 問6

(1)　$x^2+10=7x$　　　　(2)　$3x^2+3x-18=0$

> （二次式）＝0 の形に整理して，
> 左辺を因数分解！
> (2)　両辺を3でわって，係数
> を小さくしてから解くよ。

(3)　$(x+1)(x-5)=7$　　　　(4)　$x(20-x)=100$

解答 ▶ p.17

 **1節　二次方程式**

**1** 次の二次方程式を解きなさい。

(1)　$16x^2 = 25$

(2)　$9x^2 - 13 = 0$

(3)　$3x^2 - 2 = 0$

(4)　$(x-1)^2 = \dfrac{1}{9}$

(5)　$3(x-4)^2 = 18$

(6)　$6(x+1)^2 - 54 = 0$

**2** 次の二次方程式を $(x+m)^2 = n$ の形に変形して解きなさい。

(1)　$x^2 + 2x - 7 = 0$

(2)　$x^2 - 8x + 7 = 16$

**3** 次の二次方程式を解きなさい。

(1)　$6x^2 - x - 3 = 0$

(2)　$2x^2 - 7x + 5 = 0$

(3)　$3x^2 + 4x - 2 = 0$

(4)　$4x^2 + 1 = 4x$

(5)　$x^2 - x = x + 6$

(6)　$5x^2 + 5x = 40$

**4** 次の二次方程式を解きなさい。

(1)　$(x-2)(3x+5) = 0$

(2)　$x^2 + 20x + 36 = 0$

(3)　$x^2 + 2x - 80 = 0$

(4)　$x^2 + 8 = 6x$

(5)　$2x + 60 = 2x^2$

(6)　$2x^2 = 3x$

(7)　$5x^2 - 20x = 0$

(8)　$x^2 + 22x + 121 = 0$

(9)　$a^2 = 2a - 1$

 **1** (5), (6) かっこの前の数で両辺をわれば，$(x+m)^2 = n$ の形になる。

**3** (4) 解の公式を使うと，$\sqrt{\phantom{0}}$ の中が $0$ になる。因数分解を利用することもできる。

(6) 両辺を同じ数でわって係数を小さくしてから解く。

**5** 次の二次方程式を解きなさい。

(1) $x(x-2)=3(x+2)$

(2) $2(x^2+2x-1)=5x+2$

(3) $x(2x-3)=6-x^2$

(4) $(x-2)(x+8)=6x$

(5) $(x-3)^2=2x-3$

(6) $(x+1)(x-4)=2(x^2-11)$

**6** 次の問いに答えなさい。

(1) 二次方程式 $x^2-ax+12=0$ の解の 1 つが 2 であるとき，次の問いに答えなさい。

① $a$ の値を求めなさい。

② もう 1 つの解を求めなさい。

(2) 二次方程式 $x^2+6x-3a=0$ の解の 1 つが 3 であるとき，もう 1 つの解を求めなさい。

3
章

**入試問題を やってみよう！**

**①** 次の二次方程式を解きなさい。

(1) $x^2-7x+12=0$　〔滋賀〕

(2) $x^2-5x-3=0$　〔神奈川〕

(3) $2x^2+x=4x+1$　〔大分〕

(4) $(x-6)(x+6)=20-x$　〔静岡〕

**②** $a$，$b$ を定数とします。二次方程式 $x^2+ax+15=0$ の解の 1 つは $-3$ で，もう 1 つの解は一次方程式 $2x+a+b=0$ の解にもなっています。このとき，$a$，$b$ の値を求めなさい。

〔愛知〕

**5** $ax^2+bx+c=0$ の形にして，因数分解か解の公式，または平方根の考え方を利用して解く。

**6** 解を二次方程式に代入して，$a$ についての方程式をつくる。
別解として，二次方程式の左辺を因数分解した形を考えてもよい。

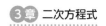

## 確認のワーク　ステージ 1　2節　二次方程式の利用　❶ 二次方程式の利用

### 例 1 整数の問題　　　　教 p.82 → 基本 問題 ❶ ❷

連続する2つの正の整数があります。それぞれを2乗した数の和が61になるとき, これら2つの整数を求めなさい。

**考え方** 一方の数を $x$ とおき, 方程式をつくって解く。方程式の解が, 問題にあっているかどうかを調べて, 答えを書く。

**解き方** 2つの正の整数のうち, 小さい方の整数を $x$ とすると, 大きい方の整数は $x+1$ となり,
$$x^2+(x+1)^2=61$$
これを解くと, $x=-6,\ 5$

$x$ は正の整数だから, $x=$ ①□ は問題にあわない。

$\overset{\uparrow}{\text{方程式の解であっても, 問題の条件にあてはまらない。}}$

答　5と ②□　　$\overset{x+1の値}{\downarrow}$

### 例 2 図形の問題　　　　教 p.83 → 基本 問題 ❸

横が縦より6cm長い長方形の紙があります。この四すみから1辺が2cmの正方形を切り取り, ふたのない直方体の容器をつくると, その容積は64cm³になりました。はじめの紙の縦と横の長さを求めなさい。

**解き方** はじめの紙の縦の長さを $x$ cm とすると, 右の図から, $2(x-4)(x+2)=64$
これを解くと, $x=1\pm\sqrt{41}$

$x>4$ だから, $x=1-\sqrt{41}$ は問題にあわない。

$\overset{\uparrow}{\text{四すみから1辺が2cmの正方形を切り取るためには, 縦は4cmより長くなければならない。}}$

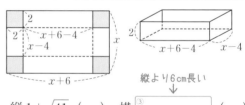

縦より6cm長い
↓

答　縦 $1+\sqrt{41}$ (cm), 横 ③□ (cm)

### 例 3 動く点の問題　　　　教 p.84〜85 → 基本 問題 ❹

右の図の長方形 ABCD で, 点 P は, 辺 AB 上を毎秒1cmの速さで A から B まで動き, 点 Q は, 辺 BC 上を毎秒2cmの速さで B から C まで動きます。P, Q が同時に出発するとき, △PBQ の面積が15cm²になるのは何秒後ですか。

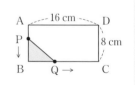

**解き方** P, Q が出発してから $t$ 秒後に △PBQ の面積が15cm²になったとすると,

$$\frac{1}{2}\times 2t\times(8-t)=15 \quad これを解くと, \ t=3,\ 5$$

$0\leqq t\leqq 8$ だから, $t=3$ も $t=5$ も問題にあっている。

$\overset{\uparrow}{\text{PがAからBまで, QがBからCまで動くのにかかる時間は, どちらも8秒。}}$

答　3秒後と ④□ 秒後

**基本問題** ................................................... 解答 p.18

**1** 整数の問題　連続する2つの正の整数があります。小さい方を2乗した数に大きい方の数を加えた和が21になるとき，これら2つの整数を求めなさい。　教 p.82問2

**2** 整数の問題　下の □ は，「連続する3つの正の整数があります。大きい方の2つの数の積が，3つの数の和に等しいとき，これら3つの整数を求めなさい。」という問題の解答です。□ にあてはまるものを書き入れなさい。　教 p.82問3

> 3つの正の整数のまん中の数を $x$ とすると，3つの整数は
> $x-1$, $x$, [①＿＿＿] となる。
> $$x(x+1)=(x-1)+x+(x+1)$$
> これを解くと，$x^2+x=3x$, $x^2-2x=0$
> $$x(x-2)=0$$
> $$x=0,\ [②\_\_\_]$$
> $x$ は正の整数だから，$x=$ [③＿＿＿] は問題にあわない。
> $x=$ [④＿＿＿] のとき，3つの整数は
> [⑤＿＿＿＿＿＿] となり，問題にあっている。
> <u>3つの整数は，1，2，3</u>

**解答を書くポイント**

①何を文字で表すかを決める。
②方程式をつくる。
③方程式を解く。
④求めた解が，問題にあっているかどうかを調べる。
⑤答えを書く。

**たいせつ**

二次方程式では，方程式の解であっても，問題の条件にあわないものがある。そのときには，問題の条件にあうかどうかを確かめた結果を，解答の中で示しておく必要がある。

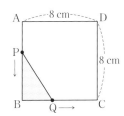

**3** 図形の問題　周の長さが30cmで，面積が54cm² の長方形の縦と横の長さを求めなさい。　教 p.83問5

**ここがポイント**

縦と横の長さの和は，$30 \div 2 = 15$ (cm)
縦を $x$ cm とすると，横は $(15-x)$ cm

**4** 動く点の問題　右の図のような1辺の長さが8cmの正方形ABCDで，点Pは辺AB上を毎秒1cmの速さでAからBまで動き，点Qは辺BC上を毎秒1cmの速さでBからCまで動きます。P，Qが同時に出発するとき，次の問いに答えなさい。　教 p.85問6

（1）P，Qが出発してから2秒後の△PBQの面積は何cm²ですか。

（2）△PBQの面積が正方形の面積の $\dfrac{1}{8}$ になるのは，P，Qが出発してから何秒後ですか。

解答 p.18

**2節　二次方程式の利用**

❶ 次の問いに答えなさい。

(1)　大小2つの数があります。その差は5で，積は84です。この2つの数を求めなさい。

(2)　ある正の数 $x$ を，2乗しなければならないところを，間違えて2倍したため，計算の結果は80だけ小さくなりました。この正の数 $x$ を求めなさい。

(3)　連続する3つの正の整数があります。小さい方の2つの数の積が，もっとも大きい数より14大きくなるとき，これら3つの整数を求めなさい。

❷ 右の図のように，正方形の縦を2cm短くし，横を3cm長くして長方形をつくったら，面積が104cm² になりました。もとの正方形の1辺の長さを求めなさい。

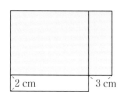

❸ 横が縦より4cm長い長方形の紙があります。この四すみから1辺が3cmの正方形を切り取り，ふたのない直方体の容器をつくると，その容積が108cm³ になりました。はじめの紙の縦と横の長さを求めなさい。

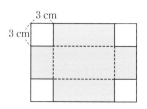

❹ 縦の長さが15m，横の長さが18mの長方形の土地があります。これに右の図のように，縦と横に同じ幅の道をつくり，残りを花だんにします。花だんの面積が180m² になるようにするには，道幅を何mにすればよいですか。

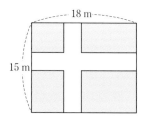

❶ (3)　もっとも小さい数を $x$ とすると，3つの整数は $x$，$x+1$，$x+2$ となる。
❸　紙の縦を $x$ cm とすると，容器の縦は $(x-6)$ cm，横は $(x-2)$ cm，高さは 3 cm
❹　道を土地の端によせ，花だんを1つの長方形にまとめて考えるとよい。

**5** 1辺の長さが 14 cm の正方形 ABCD があります。右の図のように，この正方形の 4 つの辺上に，点 E，F，G，H を，AE＝BF＝CG＝DH となるようにとり，この 4 点を結ぶと，正方形 EFGH ができます。この正方形 EFGH の面積が 100 cm² となるのは，AE が何 cm のときですか。

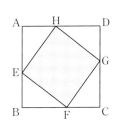

**6** 右の図のような長方形 ABCD で，辺 BC の中点を M とします。いま，点 P は辺 AB 上を A から B まで，点 Q は線分 MC 上を M から C まで，同時に出発して，どちらも毎秒 1 cm の速さで進みます。このとき，PB，BQ を 2 辺とする長方形 PBQR の面積が 84 cm² になるのは，出発してから何秒後ですか。

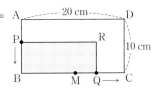

**7** 多角形の対角線の本数を考えます。

(1) 右の七角形では，頂点 A から 4 本の対角線をひくことができます。これを使うと，七角形の対角線の本数は全部で $\dfrac{7 \times 4}{2}$ 本と求めることができます。その理由を説明しなさい。

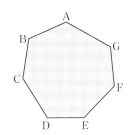

(2) 対角線の本数が 90 本の多角形は何角形ですか。

入試問題を やってみよう！

**1** ある素数 $x$ を 2 乗したものに 52 を加えた数は，$x$ を 17 倍した数に等しくなります。このとき，素数 $x$ を求めなさい。　　〔佐賀〕

**2** 商品 A は，1 個 120 円で売ると 1 日あたり 240 個売れ，1 円値下げするごとに 1 日あたり 4 個多く売れるものとします。　　〔岐阜〕

(1) $x$ 円値下げするとき，1 日あたり何個売れるかを，$x$ を使った式で表しなさい。

(2) 1 個 120 円で売るときよりも，1 日で売れる金額の合計を 3600 円増やすためには，1 個何円で売るとよいかを求めなさい。

**5** 4 つの直角三角形の面積の合計が 2 つの正方形の面積の差に等しい。
**6** BQ＝BM＋MQ であり，BM＝20÷2＝10（cm）
**2** (1) 1 日に売れる個数は $4x$ 個増える。

実力判定テスト　ステージ 3　二次方程式　　40分　　/100

解答 p.20

**1** 次の二次方程式を解きなさい。　　　　　　　　　　　　　　　4点×8（32点）

(1)　$9x^2 - 14 = 0$

(2)　$(x-4)^2 = 25$

$($　　　　　$)$　　　　　　　　$($　　　　　$)$

(3)　$4x^2 + x - 2 = 0$

(4)　$x^2 - 4x - 7 = 0$

$($　　　　　$)$　　　　　　　　$($　　　　　$)$

(5)　$2x^2 - 7x + 6 = 0$

(6)　$x^2 - x - 30 = 0$

$($　　　　　$)$　　　　　　　　$($　　　　　$)$

(7)　$t^2 - 8t = 0$

(8)　$y^2 + 18y + 81 = 0$

$($　　　　　$)$　　　　　　　　$($　　　　　$)$

**2** 次の二次方程式を解きなさい。　　　　　　　　　　　　　　　4点×6（24点）

(1)　$x^2 - x + 2 = 2(x+6)$

(2)　$10x^2 = 5x$

$($　　　　　$)$　　　　　　　　$($　　　　　$)$

(3)　$(x+1)(x-4) = 2$

(4)　$(x-2)^2 = 4x - 11$

$($　　　　　$)$　　　　　　　　$($　　　　　$)$

(5)　$(x-3)(x+1) = 3(x^2 - 5)$

(6)　$\dfrac{1}{2}x^2 = x + 4$

$($　　　　　$)$　　　　　　　　$($　　　　　$)$

**3** 二次方程式 $x^2 - ax + 10 = 0$ の解の1つが $-5$ であるとき，$a$ の値を求めなさい。また，もう1つの解を求めなさい。　　　　　　　　　　3点×2（6点）

$a$ の値 $($　　　　　　　$)$，もう1つの解 $($　　　　　　　$)$

**4** 連続する2つの正の整数があります。小さい方の数を2乗した数が，大きい方の数の4倍より8大きくなるとき，これら2つの整数を求めなさい。 （6点）

( )

**5** 縦の長さが12m，横の長さが21mの長方形の土地があります。これに右の図のように，縦と横に同じ幅の道をつくり，残りを畑にします。畑の面積が190m² になるようにするには，道幅を何mにすればよいですか。 （8点）

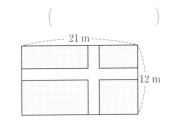

( )

**6** 縦の長さが20cm，横の長さが30cmの長方形の厚紙があります。右の図のように，この厚紙のまん中を長方形に切り取って，縦と横の幅が等しい長方形のワクをつくります。ワクの内側の長方形（切り取った部分）の面積が200cm² になるようにするには，ワクの幅を何cmにすればよいですか。 （8点）

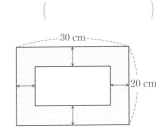

( )

**7** ある正方形の縦を2cm，横を3cmそれぞれのばして長方形をつくると，その面積がもとの正方形の面積の2倍になりました。もとの正方形の1辺の長さを求めなさい。 （8点）

( )

**8** AB = 10cm，BC = 10cm，∠B = 90° の直角二等辺三角形があります。点P，Qは，点Bを同時に出発し，それぞれ毎秒1cmの速さで，Pは辺AB上をAまで，Qは辺BC上をCまで動きます。△PQCの面積が12cm² になるのは，P，QがBを出発してから何秒後ですか。 （8点）

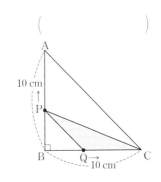

( )

確認のワーク ステージ **1** 1節 関数とグラフ

❶ 関数 $y = ax^2$

### 例 1 2乗に比例する関数

教 p.92〜93 → 基本問題 ❶ ❷

底面の半径が $x$ cm，高さが 5 cm の円柱の体積を $y$ cm³ とするとき，次の問いに答えなさい。

(1) $x$ と $y$ の関係を式に表しなさい。ただし，円周率は $\pi$ とします。

(2) $y$ は $x$ の 2 乗に比例するといえますか。また，2 乗に比例するといえるとき，比例定数を答えなさい。

**考え方** (1) 円柱の体積＝底面積×高さ

(2) $y = ax^2$ の形になっているかどうかを見る。

**解き方** (1) 底面は半径 $x$ cm の円だから，底面積は，

$\pi x^2$ (cm²) ←円の面積は，π×(半径)²

したがって，$y = \pi x^2 \times 5$ より，
　　　　　　　　底面積 高さ

$y = $ ①⬜

(2) (1)の式は $y = ax^2$ の形だから，

⬆5π。πは数字と同じあつかい。

$y$ は $x$ の 2 乗に比例すると ②⬜ 。

また，比例定数は $a$ にあたる部分で，③⬜

**覚えておこう**

$x$ と $y$ の関係が，

$$y = ax^2 \quad a \text{ は定数}$$

で表されるとき，

$y$ は $x$ の 2 乗に比例するといい，$a$ を比例定数という。

$y$ は $x$ の 2 乗に比例
$$y = ax^2$$
⬆
比例定数

### 例 2 関数 $y = ax^2$ の式を求める

教 p.94 → 基本問題 ❸ ❹

$y$ は $x$ の 2 乗に比例し，$x = 2$ のとき $y = 12$ です。

(1) $x$ と $y$ の関係を式に表しなさい。

(2) $x = -4$ のとき，$y$ の値を求めなさい。

(3) $y = 6$ のとき，$x$ の値を求めなさい。

**考え方** (1) $y$ は $x$ の 2 乗に比例するから，$y = ax^2$ と表し，$x$，$y$ の値を代入して $a$ の値を求める。

**解き方** (1) 比例定数を $a$ とすると，$y = ax^2$

$x = 2$ のとき $y = 12$ だから，$12 = a \times 2^2$，$a = 3$

したがって，④⬜

(2) (1)で求めた式に $x = -4$ を代入して，$y = 3 \times (-4)^2 = $ ⑤⬜

(3) (1)で求めた式に $y = 6$ を代入して，$6 = 3x^2$，$x^2 = 2$，$x = $ ⑥⬜

(3) $x$ の値は 2 つあるよ。

# 基本問題

解答 p.21

**1** **2乗に比例する関数** 次の場合，$x$ と $y$ の関係を式に表しなさい。また，$y$ が $x$ の2乗に比例するときは○，そうでないときは×をつけなさい。

教 p.93 問1

(1) 半径 $x$ cm の円の周の長さ $y$ cm

(2) 底辺の長さが $x$ cm，高さが $x$ cm の三角形の面積 $y$ cm²

(3) 半径が $x$ cm，中心角が 90° のおうぎ形の面積 $y$ cm²

**思い出そう**

(3) 半径 $r$，中心角 $a°$ のおうぎ形の面積を $S$ とすると，

$$S = \pi r^2 \times \frac{a}{360}$$

**2** **2乗に比例する関数** ボールを落下させるとき，ボールが落下しはじめてからの時間を $x$ 秒，その間に落下する距離を $y$ m とすると，$x$ と $y$ の間には，$y = 5x^2$ の関係が成り立つとします。

教 p.93 問2

(1) $x$ と $y$ の関係について，次の表の空欄（くうらん）をうめなさい。

| $x$ | 0 | 1 | 2 | 3 | 4 | 5 | 6 |
|---|---|---|---|---|---|---|---|
| $y$ | 0 | | | | | | |

**覚えておこう**

関数 $y = ax^2$ では，$x$ の値が $n$ 倍になると，$y$ の値は $n^2$ 倍になる。

(2) $x$ の値が2倍になると，$y$ の値は何倍になりますか。
また，$x$ の値が3倍になると，$y$ の値は何倍になりますか。

**3** **関数 $y = ax^2$ の式を求める** 次の問いに答えなさい。

教 p.94 問3

(1) 関数 $y = ax^2$ で，$x = -5$ のとき $y = 75$ です。$x$ と $y$ の関係を式に表しなさい。

「$y$ は $x$ の2乗に比例」といえば，$y = ax^2$

(2) $y$ は $x$ の2乗に比例し，$x = 2$ のとき $y = 36$ です。$x = -3$ のとき，$y$ の値を求めなさい。

(3) $y$ は $x$ の2乗に比例し，$x = 4$ のとき $y = -32$ です。$y = -8$ のとき，$x$ の値を求めなさい。

**4** **関数 $y = ax^2$ の式を求める** 関数 $y = ax^2$ で，$x$ と $y$ の関係が次の表のようになるとき，表の空欄をうめなさい。

教 p.94 練習問題3

| $x$ | 0 | 0.5 | 1 | 2 | |
|---|---|---|---|---|---|
| $y$ | | $-1$ | | $-16$ | $-100$ |

**ここがポイント**

・まず $a$ の値を求める。
または
・$x$ の値が何倍になっているか考える。

4章

確認のワーク　ステージ **1**　　1節　関数とグラフ
## ❷ 関数 $y = ax^2$ のグラフ

### 例 **1** $y = ax^2$ のグラフ

教 p.95〜100 → 基本問題 ❶❷

次の関数のグラフをかきなさい。

(1) 　$y = \dfrac{1}{2}x^2$　　　　　　　　　　　(2) 　$y = -x^2$

**解き方** $x$ と $y$ の対応する値の組を表にまとめ，それぞれの値の組を座標とする点をとり，なめらかな曲線で結ぶ。

(1)

| $x$ | … | $-4$ | $-3$ | $-2$ | $-1$ | 0 | 1 | 2 | 3 | 4 | … |
|---|---|---|---|---|---|---|---|---|---|---|---|
| $y$ | … | ① | $\dfrac{9}{2}$ | 2 | ② | 0 | $\dfrac{1}{2}$ | ③ | ④ | 8 | … |

↑ $\dfrac{1}{2} \times (-4)^2 = \dfrac{1}{2} \times 16$

(2)

| $x$ | … | $-3$ | $-2$ | $-1$ | 0 | 1 | 2 | 3 | … |
|---|---|---|---|---|---|---|---|---|---|
| $y$ | … | $-9$ | ⑤ | $-1$ | 0 | ⑥ | $-4$ | ⑦ | … |

↑ $-(-2)^2$

(1)

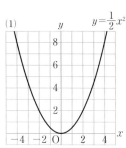

$y = \dfrac{1}{2}x^2$ のグラフとの関係

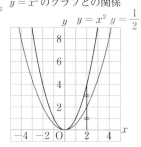

(2)

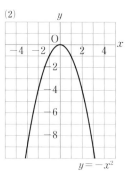

$y = x^2$ のグラフとの関係

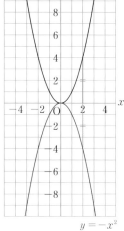

$y = -x^2$

👉 **$y = ax^2$ のグラフ**

放物線という線対称な曲線で，対称の軸を放物線の軸といい，軸と放物線の交点を，放物線の頂点という。

軸　放物線　頂点

### 例 **2** $y = ax^2$ のグラフの特徴

教 p.100〜101 → 基本問題 ❸❹

下の⑦〜㋒の関数のグラフについて，次の問いに答えなさい。

㋐ $y = 3x^2$　　㋑ $y = 2x^2$　　㋒ $y = -3x^2$　　㋓ $y = \dfrac{1}{4}x^2$　　㋔ $y = -\dfrac{1}{4}x^2$

(1) 　グラフが上に開いた放物線になるのはどれですか。

(2) 　グラフが $x$ 軸について線対称であるのはどれとどれですか。

**解き方** (1) 　$a > 0$ のグラフであるから，⑧ [　　　　　　　]

(2) 　$a$ の絶対値が等しく，符号が反対の場合である。

㋐と ⑨ [　　　]，⑩ [　　　] と㋔

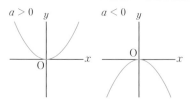

$a > 0$　$y$　　　$a < 0$　$y$

# 基本問題

解答 p.21

**1** $y = ax^2$ **のグラフ** 関数 $y = x^2$ について，次の表の空欄(くうらん)をうめて，グラフをかきなさい。

教 p.95 問1, 問2

| $x$ | $\cdots$ | $-3$ | $-2$ | $-1$ | $0$ | $1$ | $2$ | $3$ | $\cdots$ |
|---|---|---|---|---|---|---|---|---|---|
| $y$ | $\cdots$ | | | | | | | | $\cdots$ |

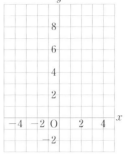

**知ってると得**

$y = ax^2$ のグラフは，$y$ 軸について線対称であるから，$x$ の絶対値が等しく，符号が反対の 2 点に対応する $y$ の値は等しくなる。

**2** $y = ax^2$ **のグラフ** 次の問いに答えなさい。

教 p.98 問3, p.99 問4

(1) 関数 $y = \dfrac{1}{4}x^2$ について，次の表の空欄をうめて，グラフをかきなさい。

| $x$ | $\cdots$ | $-6$ | $-5$ | $-4$ | $-3$ | $-2$ | $-1$ |
|---|---|---|---|---|---|---|---|
| $y$ | $\cdots$ | | | | | | |

| $0$ | $1$ | $2$ | $3$ | $4$ | $5$ | $6$ | $\cdots$ |
|---|---|---|---|---|---|---|---|
| | | | | | | | $\cdots$ |

(2) 関数 $y = -\dfrac{1}{4}x^2$ のグラフをかきなさい。

**ここがポイント**

(2) (1)のグラフと $x$ 軸について対称なグラフをかく。

**3** $y = ax^2$ **のグラフの特徴** $y = ax^2$ のグラフについて，次のことがいえます。□ にあてはまるものを書き入れなさい。

教 p.101 関数 $y = ax^2$ のグラフ

(1) ▢ という ▢ 対称な曲線で，その軸は ▢ 軸であり，頂点は ▢ である。

(2) $a > 0$ のとき，$x$ 軸の ▢ 側にあり，▢ に開いている。

(3) $a < 0$ のとき，$x$ 軸の ▢ 側にあり，▢ に開いている。

(4) グラフが $y = 4x^2$ と $x$ 軸について線対称である関数の式は，$y = $ ▢ である。

**たいせつ**

$y = ax^2$ のグラフの形
…$a > 0$ のとき，上に開いた放物線
$a < 0$ のとき，下に開いた放物線
$y = ax^2$ の軸…$y$ 軸
$y = ax^2$ の頂点…原点

**4** $y = ax^2$ **のグラフの特徴** 右の図は，6 つの関数 $y = 2x^2$，$y = \dfrac{1}{2}x^2$，$y = x^2$，$y = -\dfrac{1}{2}x^2$，$y = -2x^2$，$y = -x^2$ のグラフを，同じ座標軸を使ってかいたものです。

①〜⑥は，それぞれどの関数のグラフになっていますか。

教 p.101 関数 $y = ax^2$ のグラフ

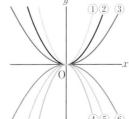

**覚えておこう**

$y = ax^2$ のグラフの開き方は，$a$ の絶対値が大きいほど小さく，$a$ の絶対値が小さいほど大きい。

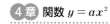
 **ステージ 1** 2節 関数 $y = ax^2$ の値の変化
**1 関数 $y = ax^2$ の値の増減と変域**

**例 1 関数 $y = ax^2$ の値の増減** ───── 教 p.104 → 基本問題 1

関数 $y = 2x^2$ のグラフについて,次の問いに答えなさい。

(1) $x \leqq 0$ の範囲,$x \geqq 0$ の範囲では,$x$ の値が増加するにつれて,$y$ の値はそれぞれどのように変化しますか。

(2) $y$ の値が最小になるときの $x$ の値と,$y$ の最小値を求めなさい。

 グラフをもとにして考える。

**解き方** (1) $y = 2x^2$ では,$x$ の値が増加するにつれて,$y$ の値は,

$x \leqq 0$ の範囲では [①⬚] し, ←グラフの⑦

$x \geqq 0$ の範囲では [②⬚] する。 ←グラフの④

(2) $y$ の値が最小になるとき, ←グラフの⑰

$x = $ [③⬚]

また,このとき,

$y$ の最小値は [④⬚]

$a > 0$ と $a < 0$ では,ようすがちがうよ。

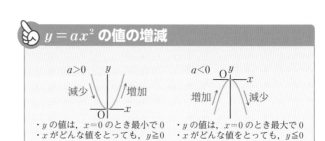

**☝ $y = ax^2$ の値の増減**

$a > 0$ 減少 増加

$a < 0$ 増加 減少

・$y$ の値は,$x = 0$ のとき最小で 0
・$x$ がどんな値をとっても,$y \geqq 0$

・$y$ の値は,$x = 0$ のとき最大で 0
・$x$ がどんな値をとっても,$y \leqq 0$

**例 2 変域とグラフ** ───── 教 p.105 → 基本問題 2 3

関数 $y = \dfrac{1}{2}x^2$ について,$x$ の変域が $-2 \leqq x \leqq 4$ のときの $y$ の変域を求めなさい。

**考え方** グラフをかき,$x$ の変域の中で $y$ の値が最小のところと,最大のところを見つける。

**解き方** グラフは,右の図の放物線の実線部分になる。グラフから,

$-2 \leqq x \leqq 0$ では,

$y$ の値は 2 から 0 まで減少し,

$0 \leqq x \leqq 4$ では,

$y$ の値は 0 から [⑤⬚] まで

増加する。

だから,$y$ の変域は,

[⑥⬚] $\leqq y \leqq$ [⑦⬚]

**🔍 ミス注意**

$x = -2$ のとき $y = 2$
$x = 4$ のとき $y = 8$
だから,$2 \leqq y \leqq 8$ とすると,まちがい。

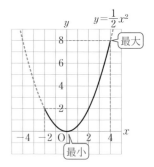

$y = \dfrac{1}{2}x^2$ 最大

最小

# 基本問題 ···················· 解答 p.22

**1** **関数 $y = ax^2$ の値の増減**　下の関数のグラフについて，次の問いに記号で答えなさい。

教 p.104

⑦ $y = -3x^2$　　　　⑦ $y = \dfrac{3}{2}x^2$　　　　⑦ $y = \dfrac{1}{3}x^2$

㋓ $y = -\dfrac{1}{4}x^2$　　　　㋔ $y = -x^2$　　　　㋕ $y = -\dfrac{1}{3}x^2$

(1)　$x \geqq 0$ の範囲では，$x$ の値が増加すると，$y$ の値が減少する
　　ものはどれですか。

(2)　$x = 0$ のとき $y$ の値が最大になるものはどれですか。

(3)　$x$ がどんな値をとっても，$y \geqq 0$ であるものはどれですか。

**ここがポイント**

まず，比例定数の符号に
注目する。
$a > 0$ のとき，
　　上に開いた放物線，
$a < 0$ のとき，
　　下に開いた放物線。

**2** **変域とグラフ**　次の問いに答えなさい。

教 p105 問1, 問2

(1)　関数 $y = -\dfrac{1}{4}x^2 (-4 \leqq x \leqq 2)$
　　のグラフをかきなさい。

(2)　関数 $y = \dfrac{1}{3}x^2 (-3 \leqq x \leqq 6)$ の
　　グラフをかき，$y$ の変域を求めな
　　さい。

(3)　関数 $y = -\dfrac{3}{2}x^2 (-2 \leqq x \leqq 2)$
　　の $y$ の変域を求めなさい。

(4)　関数 $y = \dfrac{1}{2}x^2 (-4 \leqq x \leqq -2)$
　　の $y$ の変域を求めなさい。

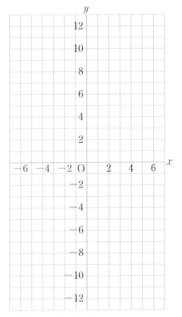

(3)，(4)も
簡単なグラフ
をかいて
考えよう。

**3** **変域とグラフ**　次の問いに答えなさい。

教 p.118 ④

(1)　関数 $y = ax^2$ について，$x$ の変域が
　　$-1 \leqq x \leqq 2$ のとき，$y$ の変域が
　　$0 \leqq y \leqq 1$ です。$a$ の値を求めなさい。

(2)　関数 $y = ax^2$ について，$x$ の変域が
　　$-2 \leqq x \leqq 3$ のとき，$y$ の変域が
　　$-3 \leqq y \leqq 0$ です。$a$ の値を求めなさい。

**得点力を UP**

(1)　$y$ の変域が 0 以上なので，　$a > 0$
　　したがって，グラフは下の図のようになり，
　　$y$ が最大値 1 をとるのは，$x = 2$ のときで
　　ある。

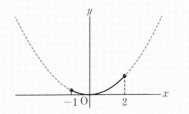

**4**
**章**

## 確認のワーク　ステージ1　2節　関数 $y = ax^2$ の値の変化
## ❷ 関数 $y = ax^2$ の変化の割合

### 例 1　関数 $y = ax^2$ の変化の割合を求める　教 p.107 → 基本問題 ❶

関数 $y = x^2$ について，$x$ の値が1から4まで増加するときの変化の割合を求めなさい。

**考え方** $x$ の増加量と $y$ の増加量を求め，右の式を使って計算する。

**解き方** $x$ の増加量は，$4 - 1 = 3$

$y$ の増加量は，$4^2 - 1^2 = 16 - 1 = 15$

$\underbrace{\phantom{}}_{x=4 \text{ のときの } y \text{ の値}}$　$\underbrace{\phantom{}}_{x=1 \text{ のときの } y \text{ の値}}$

求める変化の割合は，$\dfrac{15}{3} = $ ⬜①

**覚えておこう**

変化の割合 $= \dfrac{y \text{ の増加量}}{x \text{ の増加量}}$

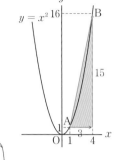

グラフでは
直線 AB の傾き
を表すよ。

### 例 2　平均の速さ　教 p.108 → 基本問題 ❷

ある斜面で，ボールがころがりはじめてからの時間を $x$ 秒，その間にころがる距離を $y$ m とすると，$y = 3x^2$ という関係がありました。このとき，ボールがこの斜面をころがり始めてから1秒後から2秒後までの平均の速さを求めなさい。

**考え方** かかった時間は $x$ の増加量，進んだ距離は $y$ の増加量だから，$x$ の値が1から2まで増加するときの変化の割合が平均の速さになる。

**解き方** $x = 1$ のとき，$y = 3 \times 1^2 = 3$

$x = 2$ のとき，$y = 3 \times 2^2 = 12$

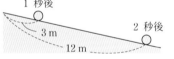

1秒後　2秒後　3 m　12 m

よって，平均の速さ $= \dfrac{\boxed{②} - \boxed{③}}{2 - 1} = \boxed{④}$

**答** 秒速 ⬜⑤ m

### 例 3　一次関数と関数 $y = ax^2$　教 p.109 → 基本問題 ❸

2つの関数 $y = x^2$ と $y = 2x + 3$ で，変化の割合が一定であるものはどちらですか。

**解き方** 右のグラフのように，$y = x^2$ では，$x$ の値が0から1ずつ増加するとき，$y$ の増加量は 1，3，⬜⑥，……と変わるので，変化の割合は一定ではない。

一方，$y = 2x + 3$ では，変化の割合は ⬜⑦ で一定である。

**思い出そう**

一次関数 $y = ax + b$ では，変化の割合は一定で，$a$ に等しい。

**答** 関数 ⬜⑧

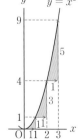

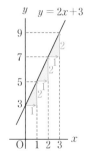

# 基本問題 解答 p.23

**1** 関数 $y = ax^2$ の変化の割合を求める　次のそれぞれの関数について，$x$ の値が，次のように増加するときの変化の割合を求めなさい。 教 p107 問1, 問2

(1)　関数 $y = 2x^2$

　① 3から5まで

　② −3から−1まで

(2)　関数 $y = -3x^2$

　① 2から4まで

　② −3から−1まで

**2** 平均の速さ　ある斜面で，ボールがころがりはじめてからの時間を $x$ 秒，その間にころがる距離を $y$ m とすると，$y = 2x^2$ という関係がありました。このとき，次の場合の平均の速さを求めなさい。 教 p109 問3

(1)　ころがりはじめてから7秒後まで

(2)　3秒後から6秒後まで

**ここがポイント**

平均の速さ $= \dfrac{進んだ道のり}{かかった時間}$

道のり $y$ が時間 $x$ の関数であるとき，かかった時間は $x$ の増加量，進んだ道のりは $y$ の増加量なので，
平均の速さ $=$ 変化の割合

**4章**

**3** 一次関数と関数 $y = ax^2$　下の⑦〜㊂の関数のグラフについて，次にあてはまるものを，すべて記号で答えなさい。 教 p.109

　⑦　$y = 3x - 2$　　　①　$y = 4x^2$　　　⑦　$y = -5x$　　　㊂　$y = -4x^2$

(1)　グラフが $y$ 軸について線対称である。

(2)　グラフが下に開いた放物線である。

(3)　グラフが原点を通る。

(4)　変化の割合が一定ではない。

(5)　$x$ の値が増加するにつれて，$y$ の値もつねに増加する。

(6)　$x \leqq 0$ の範囲で，$x$ の値が増加するにつれて，$y$ の値は増加する。

**たいせつ**

$x \geqq 0$ のときのグラフ
$y = ax^2$　$y = ax$

$x \leqq 0$ のときのグラフ
$y = ax^2$　$y = ax$

**定着のワーク** **ステージ2**

**1節 関数とグラフ**
**2節 関数 $y = ax^2$ の値の変化**

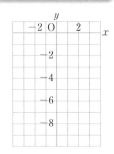

**1** $y$ は $x$ の2乗に比例し，$x = -4$ のとき $y = -32$ です。

(1) $x$ と $y$ の関係を式に表しなさい。

(2) 右の図に，この関数のグラフをかき入れなさい。

(3) $x = -\dfrac{1}{2}$ のときの $y$ の値を求めなさい。

(4) $y = -24$ のときの $x$ の値を求めなさい。

**2** 右の図は，3つの関数 $y = \dfrac{1}{3}x^2$，$y = -x^2$，$y = 3x^2$ のグラフを，

同じ座標軸を使ってかいたものです。

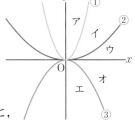

(1) ①〜③は，それぞれどの関数のグラフになっていますか。

(2) 右の図に，関数 $y = \dfrac{1}{2}x^2$，$y = -2x^2$，$y = 4x^2$ のグラフをかくと，

それぞれア〜オのどの部分を通りますか。

**3** 右のグラフについて，次の問いに答えなさい。

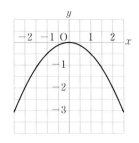

(1) このグラフの関数の式を求めなさい。

(2) $x = -6$ のときの $y$ の値を求めなさい。

(3) $y = -8$ のときの $x$ の値を求めなさい。

**4** 関数 $y = -2x^2$ について，$x$ の変域が次のときの $y$ の変域を求めなさい。

(1) $-1 \leqq x \leqq 3$             (2) $-5 \leqq x \leqq -2$

**5** 次の関数について，$x$ の変域が $-4 \leqq x \leqq 3$ のときの $y$ の変域を求めなさい。

(1) $y = -2x + 1$             (2) $y = \dfrac{3}{4}x^2$

**2** (2) $y = ax^2$ のグラフは，$a > 0$ のとき上に開き，$a < 0$ のとき下に開く。また，$a$ の絶対値が大きいほど開き方は小さくなる。

**3** (1) グラフ上の点で，$x$ 座標，$y$ 座標ともに整数である点を見つけて，$y = ax^2$ に代入する。

**⑥** 次の問いに答えなさい。

(1) 関数 $y = -\dfrac{1}{2}x^2$ について，$x$ の変域が $-3 \leqq x \leqq a$ のとき，$y$ の変域が $-8 \leqq y \leqq 0$ です。

このとき，$a$ の値を求めなさい。

(2) 2つの関数 $y = ax^2$ と $y = -x + 4$ について，$x$ の変域が $-2 \leqq x \leqq 4$ のとき，$y$ の変域が同じになります。$a$ の値を求めなさい。

**⑦** 次の問いに答えなさい。

(1) 関数 $y = -3x^2$ について，$x$ の値が，次のように増加するときの変化の割合を求めなさい。

① 4から6まで 　　　　　　　② $-5$ から $-2$ まで

(2) 関数 $y = \dfrac{1}{2}x^2$ について，$x$ の値が，次のように増加するときの変化の割合を求めなさい。

① 3から5まで 　　　　　　　② $-4$ から $-1$ まで

(3) 2つの関数 $y = ax^2$ と $y = 2x + 1$ について，$x$ の値が3から5まで増加するときの変化の割合が等しいとき，$a$ の値を求めなさい。

## 入試問題を やってみよう！

**①** 関数 $y = ax^2 \cdots\cdots$① について，(1)，(2)の問いに答えなさい。　　　　〔佐賀〕

(1) 関数①のグラフが点 $(3, 18)$ を通るとき，$a$ の値を求めなさい。

(2) 関数①について，$x$ の値が1から3まで増加するときの変化の割合が $-2$ となるとき，$a$ の値を求めなさい。

**②** 右の図において，$m$ は $y = ax^2$ ($a$ は正の定数) のグラフを表します。A は $x$ 軸上の点であり，A の $x$ 座標は $-5$ です。B，C は $m$ 上の点であり，B の $x$ 座標は A の $x$ 座標と等しく，C の $y$ 座標は B の $y$ 座標と等しくなっています。$\ell$ は2点 A，C を通る直線で，その傾きは $\dfrac{3}{5}$ です。$a$ の値を求めなさい。　　　　〔大阪〕

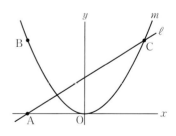

**⑥** (2) $y = -x + 4$ について，$-2 \leqq x \leqq 4$ のときの $y$ の変域をまず求める。

**②** 点 B の座標は $(-5, 25a)$ と表されることから，点 C の座標を表す。それを使って直線 AC の傾きを $a$ の式で表す。

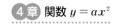
 確認のワーク ステージ 1

### 3節 いろいろな事象と関数
### ❶ 関数 $y = ax^2$ の利用　❷ いろいろな関数

---

**例 1 関数 $y = ax^2$ の利用**　 教 p.110〜111 → 基本問題 ❶ ❷

時速 $x$ km で走る自動車の，ブレーキがききはじめてから停止するまでの制動距離（せいどうきょり）を $y$ m とすると，$y$ は $x$ の 2 乗に比例します。ある自動車が時速 40 km で走るときの制動距離が 8 m であるとき，この自動車が時速 60 km で走るときの制動距離を求めなさい。

**考え方** $y = ax^2$ と表されるので，$x$，$y$ の値を代入して，まず $a$ の値を求める。

**解き方** $y$ は $x$ の 2 乗に比例するので，$y = ax^2$ と表される。

$x = 40$ のとき $y = 8$ だから，$8 = a \times 40^2$

したがって，$a = \boxed{①}$ より，← $a = \dfrac{8}{40^2}$. 分数か小数で表そう。

$y = \boxed{②} x^2$

この式に $x = 60$ を代入して，$y = \boxed{③}$　**答** $\boxed{④}$ m

**別解** 関数 $y = ax^2$ では，$x$ の値が $n$ 倍になると，$y$ の値は $n^2$ 倍になる。

$x$ の値が 40 から 60 に，$\dfrac{60}{40} = \dfrac{3}{2}$（倍）になっているので，$y$ の値は $\left(\dfrac{3}{2}\right)^2$ 倍になる。

よって，$y = 8 \times \left(\dfrac{3}{2}\right)^2 = \boxed{⑤}$　**答** $\boxed{⑥}$ m

---

**例 2 いろいろな関数**　 教 p.114〜115 → 基本問題 ❸

次の表は，ある荷物の運賃表です。荷物の重さが $x$ kg のときの料金を $y$ 円とするとき，$x$ と $y$ の関係をグラフに表しなさい。

| 重さ | 2 kg まで | 5 kg まで | 10 kg まで | 15 kg まで | 20 kg まで |
|------|-----------|-----------|------------|------------|------------|
| 料金 | 700 円 | 1000 円 | 1200 円 | 1400 円 | 1600 円 |

**考え方** 表から $x$ の変域ごとに $y$ の値を考えて，グラフに表す。

**解き方** $0 < x \leqq 2$ のとき，$y = 700$

荷物の重さは正の数。$x = 2$ をふくむ。　この変域で $y$ の値は一定。

$2 < x \leqq 5$ のとき，$y = \boxed{⑦}$

$\boxed{⑧} < x \leqq \boxed{⑨}$ のとき，$y = 1200$

$10 < x \leqq 15$ のとき，$y = 1400$

$15 < x \leqq 20$ のとき，$y = 1600$

よって，グラフは右の図のようになる。

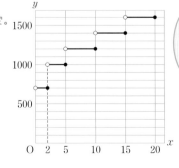

端（はし）の点をふくむ場合は●　ふくまない場合は○で表すよ。

## 基本問題 ⋯⋯⋯⋯⋯⋯⋯⋯⋯⋯⋯⋯⋯⋯⋯⋯⋯ 解答 p.25

**1** **ふりこの長さと周期** ふりこが1往復するのにかかる時間を周期と 教 p.112 問3, 問4

いいます。周期が $x$ 秒のふりこの長さを $y$ m とすると，およそ $y = \dfrac{1}{4}x^2$ の関係があります。

⑴ 周期が4秒のふりこの長さは何mですか。

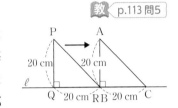
ミス注意

⑵ 長さが9mのふりこの周期は何秒ですか。

⑵ $x$ の値は2つあるが，周期は正の数である。

**2** **図形の移動** 右の図のように，合同な2つの直角二等辺三角 教 p.113 問5
形 △ABC と △PQR が直線 $\ell$ 上に並んでいて，点Rと点Bは
重なっています。△PQR は，直線 $\ell$ にそって矢印の方向に毎
秒4cmの速さで，点Rが点Cに重なるまで動きます。動きは
じめてから $x$ 秒後に，△PQR と △ABC が重なってできる部
分の面積を $y$ cm² として，$x$ と $y$ の関係を式に表しなさい。ま
た，$x$ の変域も求めなさい。

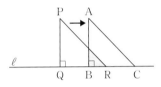

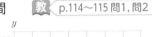

**3** **いろいろな関数** 下の表は，ある駐車場Aで，駐車の利用時間 教 p.114〜115 問1, 問2
$x$ 時間とその料金 $y$ 円の関係を示した表です。

| 利用時間 | 料金（円） |
|---|---|
| 2時間まで | 400 |
| 3時間まで | 500 |
| 4時間まで | 600 |
| 5時間まで | 700 |
| 6時間まで | 800 |

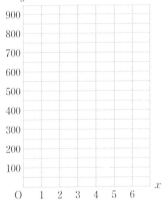

⑴ $x$ と $y$ の関係をグラフに表しなさい。

⑵ 駐車場Aで4時間20分駐車したとき，料金はいくらになりますか。

⑶ 駐車場Aの近所にある別の駐車場Bの料金は，4時間までが
450円，4時間をこえると750円です。6時間までの利用時間に
ついて，駐車場Aを利用した方が料金が安くすむ時間の範囲を
答えなさい。

ここがポイント

⑶ 駐車場Bの利用
時間と料金の関係
もグラフに表すと
比較しやすい。

確認のワーク　ステージ **1**　学びをいかそう
発展 **グラフの交点の座標**

発展 例 **1** グラフの交点の座標 ── 教 巻末p.39〜40 → 基本問題 ❶

関数 $y = x^2$ と関数 $y = x + 6$ のグラフの交点の座標を求めなさい。

考え方 2つの関数の式を連立方程式とみて解く。

解き方 2つの式から $y$ を消去すると，$x^2 = x + 6$

$$\underset{y = x^2}{\uparrow} \qquad \underset{y = x+6}{\uparrow}$$

$x^2 - x - 6 = 0$ であるから，この方程式を解くと，$x = -2$, $\boxed{①\phantom{xxx}}$

右の図の点Aの $x$ 座標　点Bの $x$ 座標

$x = -2$ のとき $y = 4$，$x = 3$ のとき $y = 9$

$y = x^2$ または $y = x + 6$ に代入。

求める交点の座標は，$(-2, 4)$, $(\boxed{②\phantom{xx}}, \boxed{③\phantom{xx}})$

発展 例 **2** グラフの交点と三角形の面積 ── 教 p.119，巻末p.39〜40 → 基本問題 ❷ ❸

右の図で，①は関数 $y = x^2$，②は関数 $y = -x + 2$ のグラフです。①，②のグラフの交点のうち，$x$ 座標が小さい方の点を A，もう一方の点を B とします。

また，②と $y$ 軸との交点を C とします。

(1)　2点 A，B の座標を求めなさい。

(2)　△OAB の面積を求めなさい。

考え方 (2)　$y$ 軸で2つの三角形に分け，底辺を OC として求める。

解き方 (1)　2つの式から $y$ を消去すると，$x^2 = -x + 2$

$x^2 + x - 2 = 0$ より，$x = -2, 1$

$x = -2$ のとき $y = 4$，$x = 1$ のとき $y = 1$ より，A $\boxed{④\phantom{xxx}}$，B $\boxed{⑤\phantom{xxx}}$

(2)　△OAC と △OBC の底辺を OC とすると，

点Cの $y$ 座標は2であるから，OC $= \boxed{⑥\phantom{xx}}$

②の切片

このとき，△OAC の高さは2，△OBC の高さは $\boxed{⑦\phantom{xx}}$

$x$ 座標の絶対値

であるから，

$$\triangle OAB = \triangle OAC + \triangle OBC = \frac{1}{2} \times 2 \times 2 + \frac{1}{2} \times 2 \times 1 = \boxed{⑧\phantom{xx}}$$

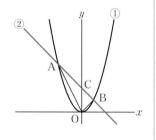

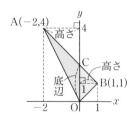

基本問題 ................................................ 解答 p.25

発展 **1** グラフの交点の座標　次の2つの関数のグラフの
交点の座標を求めなさい。

教 巻末p.39〜40 **1**, **2**

(1)　$y = x^2$, $y = 2x + 3$

(2)　$y = x^2$, $y = -3x - 2$

(3)　$y = 2x^2$, $y = -x$

(4)　$y = -\dfrac{1}{3}x^2$, $y = -x - 6$

☞ **放物線と直線の交点の座標**

関数 $y = ax^2$ と一次関数
$y = bx + c$ のグラフの交点の座
標は、2つの式を連立方程式と
みたときの解になる。

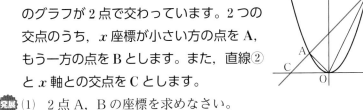

**2** グラフの交点と三角形の面積　右の図のように、

関数 $y = \dfrac{1}{2}x^2 \cdots ①$

関数 $y = x + 4 \cdots ②$

のグラフが2点で交わっています。2つの
交点のうち、$x$ 座標が小さい方の点を A、
もう一方の点を B とします。また、直線②
と $x$ 軸との交点を C とします。

教 巻末p.39〜40 **2**, **3**, p.119 ⑦

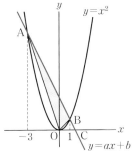

**ここがポイント**

(2)　底辺を OC とすると、
△COB の高さは、点
B の $y$ 座標に等しく
なる。

(3)　△AOB
　　 = △COB − △COA

発展 (1)　2点 A, B の座標を求めなさい。

(2)　△COB の面積を求めなさい。

(3)　△AOB の面積を求めなさい。

**3** グラフの交点と三角形の面積　右の図
のように、関数 $y = x^2$ のグラフと2点
A, B で交わる直線の式を $y = ax + b$ と
します。また、その直線が $x$ 軸と交わ
る点を C とします。

教 p.119 ⑦

(1)　2点 A, B の座標を求めなさい。

(2)　$a$, $b$ の値を求めなさい。

(3)　△OAC の面積を求めなさい。

(4)　△OAB の面積を求めなさい。

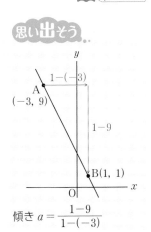

**思い出そう**

傾き $a = \dfrac{1-9}{1-(-3)}$

4
章

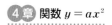
 解答 p.26

# 3節　いろいろな事象と関数

**❶** Aさんはある坂の上からボールをころがし，ボールがころがりは
じめると同時に，Aさんも毎秒3mの速さで坂を下りはじめました。
また，ボールがころがりはじめてから $x$ 秒間に進む距離を $y$ mとし
て，ボールのころがるようすをグラフに表すと，右の図のような放物
線になりました。

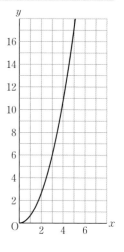

(1)　右のグラフは点 $(3, 6)$ を通っています。このグラフについて $x$
　と $y$ の関係を式に表しなさい。ただし，$x$ の変域は $x \geqq 0$ とします。

(2)　Aさんが坂を下りはじめてから $x$ 秒間に進む距離を $y$ mとして，
　Aさんが坂を下るようすを表すグラフを，右の図にかき入れなさい。

**発展** (3)　Aさんは何秒後にボールに追いつかれますか。

**❷** ある数 $x$ について，$x$ の小数第1位を四捨五入した
数を $y$ とします。

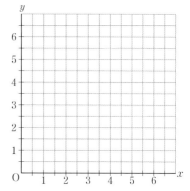

(1)　$x$ の値が次のときの $y$ の値を求めなさい。
　　① $x = 0.2$　　② $x = 1.6$　　③ $x = 2.5$

(2)　$0 \leqq x \leqq 6$ の数 $x$ について，$x$ と $y$ の関係を表すグ
　ラフを右の図にかきなさい。

**❸** 右の図のように，関数 $y = -\dfrac{1}{2}x^2$ のグラフと直線 $\ell$ が2点A，

B で交わっています。A，B の $x$ 座標は，それぞれ $-4$，$2$ です。
また，直線 $\ell$ と $x$ 軸との交点を C とします。

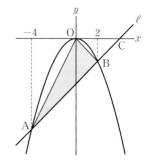

(1)　直線 $\ell$ の式を求めなさい。

(2)　△OAB の面積を求めなさい。

(3)　△OAB：△OBC を求めなさい。

**❶** (3)　ボールについてのグラフ（放物線）と，Aさんについてのグラフ（直線）が交わ
　るところが，Aさんがボールに追いつかれるところである。

**❷** (2)　例えば小数第1位を四捨五入して2になる数 $a$ は，$1.5 \leqq a < 2.5$ の範囲にある。

**4** 右の図のように，直角をはさむ 2 辺の長さが
それぞれ 6 cm の合同な 2 つの直角二等辺三角
形 △ABC と △PQR があります。

　△ABC は，直線 $\ell$ にそって矢印の方向に毎
秒 1 cm の速さで動きます。

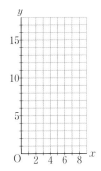

(1)　点 C が点 Q の位置にきたときから $x$ 秒後の，△ABC と △PQR が
重なった部分の面積を $y$ cm$^2$ とします。点 C が点 Q から点 R まで動
くとき，$x$ と $y$ の関係を式に表しなさい。また，$x$ の変域を求めなさい。

(2)　(1)の関数のグラフをかきなさい。

(3)　(1)の関数について，$y$ の変域を求めなさい。

(4)　重なってできる部分の面積が，△ABC の面積の半分になるのは，点 C が点 Q の位置に
きてから何秒後ですか。答えを求める過程も簡潔に書きなさい。

![入試問題をやってみよう！]

**1** 右の図のように，2 つの関数 $y = x^2 \cdots\cdots$①，

$y = \dfrac{1}{3}x^2 \cdots\cdots$②　の 2 つのグラフがあります。②のグラフ上
に点 A があり，点 A の $x$ 座標を正の数とします。点 A を通り，
$y$ 軸に平行な直線と①のグラフとの交点を B とし，点 A と $y$
軸について対称な点を C とします。点 O は原点とします。

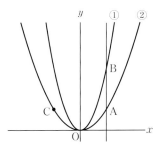

〔北海道〕

(1)　点 A の $x$ 座標が 2 のとき，点 C の座標を求めなさい。

(2)　点 B の $x$ 座標が 6 のとき，2 点 B，C を通る直線の傾きを求めなさい。

(3)　点 A の $x$ 座標を $t$ とします。△ABC が直角二等辺三角形となるとき，$t$ の値を求めな
さい。

**4** (4)　△ABC の面積は 18 cm$^2$ だから，$y = 9$ となるときの $x$ の値を求める。

**1** (3)　AC，AB の長さを，それぞれ $t$ の式で表してみよう。

**実力判定テスト** **ステージ3** 　関数 $y = ax^2$

/100

**1** 次の問いに答えなさい。　　　　　　　　　　　　　　　　　　　　　4点×2（8点）

(1) $y$ は $x$ の2乗に比例し，$x = -2$ のとき $y = 28$ です。$x$ と $y$ の関係を式に表しなさい。

（　　　　　　　　）

(2) 関数 $y = ax^2$ で，$x = 3$ のとき $y = -27$ です。$y = -48$ のときの $x$ の値を求めなさい。

（　　　　　　　　）

**2** 右の曲線は，関数 $y = ax^2$ のグラフです。　　　　　　　　　　　4点×4（16点）

(1) $a$ の値を求めなさい。

（　　　　　　　　）

(2) $x = -\dfrac{3}{2}$ のときの $y$ の値を求めなさい。

（　　　　　　　　）

(3) この関数のグラフと $x$ 軸について線対称な関数のグラフを
右の図にかき入れ，その関数の式を求めなさい。

（　　　　　　　　）

**3** 下の⑦〜㋺の関数について，次にあてはまるものを記号で答えなさい。　　3点×4（12点）

⑦　$y = x^2$　　㋑　$y = -\dfrac{2}{3}x^2$　　㋒　$y = \dfrac{3}{2}x^2$　　㋓　$y = \dfrac{2}{3}x^2$　　㋔　$y = -2x^2$

(1) グラフが $x$ 軸について線対称である。　　(2) グラフが点 $(3, 6)$ を通る。

（　　　　　と　　　　　）　　　　　　　　　　　　　（　　　　　　　　）

(3) $x \leqq 0$ の範囲で，$x$ の値が増加するにつれて，$y$ の値は増加する。

（　　　　　　　　）

(4) $x$ の値が $-5$ から $-1$ まで増加するときの変化の割合がもっとも大きい。

（　　　　　　　　）

**4** 次の場合について，$a$ の値をそれぞれ求めなさい。　　　　　　　　4点×4（16点）

(1) 関数 $y = ax^2$ について，$x$ の変域が $-3 \leqq x \leqq 1$ のとき，$y$ の変域が $-54 \leqq y \leqq 0$ である。

（　　　　　　　　）

(2) 関数 $y = -2x^2$ について，$x$ の変域が $2 \leqq x \leqq a$ のとき，$y$ の変域が $-32 \leqq y \leqq -8$ である。

（　　　　　　　　）

(3) 関数 $y = \dfrac{1}{4}x^2$ について，$x$ の値が $a$ から $a+1$ まで増加するときの変化の割合が $\dfrac{5}{4}$ である。

（　　　　　　　　）

(4) 2つの関数 $y = ax^2$ と $y = 4x + 1$ について，$x$ の値が $1$ から $5$ まで増加するときの変化の割合が等しい。

（　　　　　　　　）

**5** 右の図のように，関数 $y = \dfrac{1}{2}x^2$ ……① のグラフ上に，2点 A，D が

あります。また，関数 $y = ax^2 (a < 0)$ ……② のグラフ上に，2点 B，C

があります。AD は $x$ 軸に平行で，四角形 ABCD は AD ＝ 4，AB ＝ 6 の

長方形です。このとき，次のものを求めなさい。 4点×3（12点）

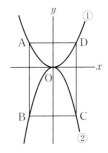

(1) 点 A の座標  (2) 点 C の座標

( ) ( )

(3) $a$ の値

( )

**6** AB ＝ 4 cm，BC ＝ 12 cm の長方形 ABCD があります。点
P は，辺 AB 上を毎秒 1 cm の速さで A から B まで動き，点
Q は，辺 AD 上を毎秒 3 cm の速さで A から D まで動きます。
P，Q が同時に A を出発してから $x$ 秒後の △APQ の面積を
$y \, \text{cm}^2$ とします。 4点×5（20点）

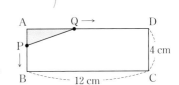

(1) $x$ と $y$ の関係を式に表しなさい。また，$x$ の変域を求めなさい。

式 ( ) 変域 ( )

(2) $x$ と $y$ の関係を表すグラフを，右の図に書きなさい。

(3) $y$ の変域を求めなさい。

( )

(4) △APQ の面積が 12 cm² になるのは，点 P が A を出発してか
ら何秒後ですか。

( )

**7** 右の図は，関数 $y = ax^2$ のグラフで，A$(-1, 2)$，B はこのグラ
フ上の点です。また，B の $x$ 座標は 2 です。 4点×4（16点）

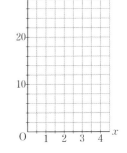

(1) $a$ の値を求めなさい。

( )

(2) 2点 A，B を通る直線の式を求めなさい。

( )

(3) △AOB の面積を求めなさい。

( )

(4) $y$ 軸上に点 C をとり，△BOC の面積が △AOB の面積と等し
くなるとき，点 C の座標をすべて求めなさい。

( )

**確認のワーク　ステージ1　1節　図形と相似　❶ 相似な図形**

**例1 相似な図形**　教 p.122〜123 → 基本問題❶❸

　右の図で，四角形 EFGH は，四角形 ABCD を2倍に拡大した四角形 A′B′C′D′ と合同です。

(1)　四角形 ABCD と四角形 EFGH が相似であることを，記号 ∽ を使って表しなさい。

(2)　AB：EF を答えなさい。

(3)　∠D と∠H の関係を答えなさい。

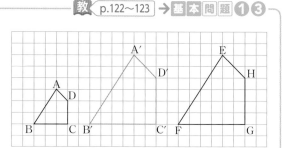

**解き方**(1)　記号 ∽ を使って相似の関係を表すときは，対応する頂点を順に並べる。

　　四角形 ABCD ∽ 四角形 ①[　　　　]

　　　A には E が対応　↑　↑
　　B には F が対応（以下同様）

(2)　EF＝2AB であるから，

　　AB：EF＝②[　　　]

(3)　∠D と∠H は等しい。

　　∠D＝∠③[　　]

**相似な図形**

2つの図形があって，一方の図形を拡大または縮小したものと，他方の図形が合同であるとき，この2つの図形は相似であるという。

四角形 ABCD と四角形 A′B′C′D′ ももちろん相似だよ。

**相似な図形の性質**

① 相似な図形では，対応する線分の長さの比は，すべて等しい。
② 相似な図形では，対応する角の大きさは，それぞれ等しい。

**例2 相似比**　教 p.124〜125 → 基本問題❷❸

　右の図で，△ABC ∽ △DEF です。

(1)　△ABC と△DEF の相似比を求めなさい。

(2)　EF の長さを求めなさい。

**考え方**(2)　AB：DE＝BC：EF である。

**解き方**(1)　AB と DE が対応するから，相似比は，

　　AB：DE＝6：9＝④[　　　]

(2)　EF＝$x$ cm とすると，6：9＝8：$x$　←相似比を使って，8：$x$＝2：3 としてもよい。

　　$6x＝72$ であるから，　$x＝$⑤[　　]

　　└ $a：b＝c：d$ ならば，$ad＝bc$

**覚えておこう**

相似な2つの図形で，対応する線分の長さの比を相似比という。

答 ⑥[　　] cm

# 基本問題

解答 p.30

**1 相似な図形** 下の図の四角形で，⑦と⑦は相似です。また，⑨は⑦を裏返したものであり，⑦と⑨も相似です。

教 p.124 問2

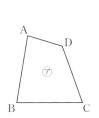
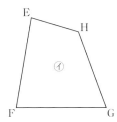
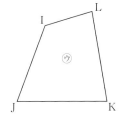

**ミス注意**

⑦と⑨の相似を表すとき，対応する頂点の順に気をつける。

(1) ⑦と⑦の相似，⑦と⑨の相似を，記号 ∽ を使って，それぞれ表しなさい。

(2) AB：EF＝3：4 のとき，BC：FG を求めなさい。

(3) ∠A＝85° のとき，∠L の大きさを求めなさい。

**2 相似比** 次の問いに答えなさい。

教 p.124 問3, p.125 問5

(1) 右の図で，四角形 ABCD ∽ 四角形 EFGH であるとき，四角形 ABCD と四角形 EFGH の相似比を求めなさい。

**相似比と比の値**

相似な 2 つの図形 P と Q の相似比が $a:b$ のとき，「P の Q に対する相似比は $\dfrac{a}{b}$」と表すこともある。

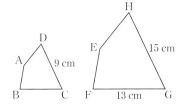

(2) 右の図で △ABC ∽ △DFE であるとき，△ABC と △DFE の相似比を求めなさい。また，辺 EF の長さを求めなさい。

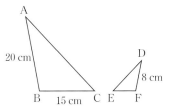

**3 相似な図形・相似比** 右の図で，四角形 ABCD ∽ 四角形 EHGF であるとき，次の問いに答えなさい。

教 p.125 問5

(1) ∠F の大きさを求めなさい。

(2) 四角形 ABCD と四角形 EHGF の相似比を求めなさい。

(3) 辺 AB，EF の長さを求めなさい。

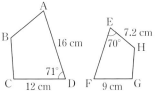

**知ってると得**

合同は，相似比が 1：1 の相似であるとも考えられる。

**5章**

確認のワーク　ステージ**1**　**1節　図形と相似**
**❷ 三角形の相似条件**

例**1** 三角形の相似条件　　　　教 p.126〜128 → 基本問題 ❶❷❸

　下の図の三角形を，相似な三角形の組に分け，記号 ∽ を使って表しなさい。また，そのとき使った相似条件をいいなさい。

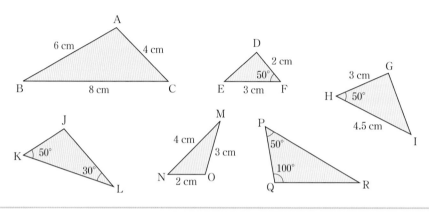

**考え方**　三角形の相似条件のどれにあてはまるか調べる。

**解き方**　・△ABC と △OMN で，

AB：OM ＝ 6：3 ＝ 2：1
BC：MN ＝ 8：4 ＝ 2：1
CA：NO ＝ 4：2 ＝ ①□
}　3組の辺の比

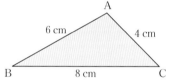

②□ がすべて等しいので，△ABC ∽ △③□

・△DEF と △GIH で，

DF：GH ＝ 2：3
EF：IH ＝ 3：4.5 ＝ ④□
}　2組の辺の比

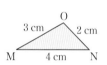

また，∠F ＝ ∠H ←その間の角

⑤□ がそれぞれ等しいので，△DEF ∽ △⑥□

・△JKL と △QPR で，

∠R ＝ 180°－（100°＋50°）＝ ⑦□ ° より，

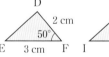
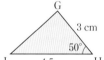

∠K ＝ ∠P，∠L ＝ ∠R ←2組の角

⑧□ がそれぞれ等しいので，

△JKL ∽ △⑨□

 **相似な図形の性質**

| 2つの三角形は，次のそれぞれの場合に相似である。 | ①　3組の辺の比が，すべて等しいとき |
|---|---|
| | ②　2組の辺の比とその間の角が，それぞれ等しいとき |
| | ③　2組の角が，それぞれ等しいとき |

**基本問題** ⋯⋯⋯⋯⋯⋯⋯⋯⋯⋯⋯⋯⋯⋯⋯⋯⋯⋯⋯⋯⋯⋯⋯⋯ 解答 **p.30**

**❶ 三角形の相似条件** 下の図の三角形を，相似な三角形の組に分け，記号 ∽ 教 p.128 問2
を使って表しなさい。また，そのとき使った相似条件をいいなさい。

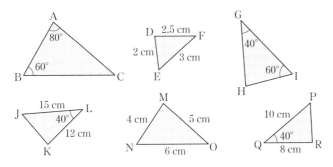

> **ミス注意**
>
> △ABC ∽ △IHG
> ではない！
> 対応する頂点の順に
> 注意しよう。

**❷ 三角形の相似条件** 下の図で，相似な三角形の組を見つけ，その関係を 教 p.128 問3
記号 ∽ を使って表しなさい。また，そのとき使った相似条件をいいなさい。

(1)

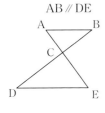

(2)

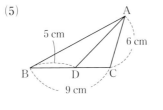

(3) C は線分 AE，BD の交点。

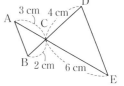

**5章**

(4) C は線分 AE，BD の交点。
AB ∥ DE

(5)

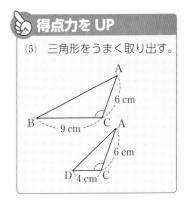

> **得点力を UP**
>
> (5) 三角形をうまく取り出す。
>
>

**❸ 三角形の相似条件** 2つの三角形 △ABC と △DEF で，AB = 12 cm， 教 p.128 練習問題①
AC = 10 cm，DE = 9 cm，DF = 7.5 cm，∠A = ∠D となっています。

(1) △ABC ∽ △DEF である理由をいいなさい。

> **ここがポイント**
>
> まず簡単な図をかき，
> 長さや等しい角を
> かきこんでみよう。

(2) △ABC と △DEF の相似比を求めなさい。

(3) BC = 8 cm のとき，EF の長さは何 cm ですか。

確認のワーク　ステージ **1**　1節　図形と相似
**❸ 三角形の相似条件と証明**

**例 ❶ 相似条件を使った証明**　　　　　　　教 p.129 →基本問題 ❶❷❸

2つの線分 AB と CD が点 O で交わっているとき，
∠OAD = ∠OBC ならば，
△AOD ∽ △BOC
であることを証明しなさい。

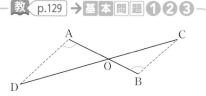

（考え方）すでに1組の角が等しいことがわかっているので，もう1組の等しい角をさがす。

（解き方）仮定　∠OAD = ∠OBC　　結論　△AOD ∽ △BOC

（証明）△AOD と △BOC で，

仮定より，

　　　　∠OAD = ∠OBC　　……①

　[①　　　　　]　は等しいから，←図形の性質を利用する。

　　　　∠AOD = ∠[②　　　]　　……②

①，②から，[③　　　　　　　]　が，それぞれ等しいので，

　　　　△AOD ∽ △BOC

**知ってると得**
錯角が等しく AD ∥ CB なので，∠D = ∠C もいえる。

**例 ❷ 相似条件を使った証明**　　　　　　　教 p.130 →基本問題 ❹❺

右の図で，
△ABC ∽ △AED
であることを証明しなさい。
また，辺 BC の長さを求めなさい。

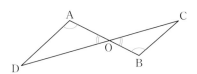

（考え方）△ABC ∽ △AED ならば，BC : ED は相似比に等しい。

（証明）△ABC と △AED で，

AB : AE = 16 : 8 = 2 : 1

AC : AD = 12 : 6 = [④　　　]

よって，AB : AE = AC : AD　　……①

また，∠BAC = ∠EAD　　……②

①，②から，[⑤　　　　　　　　　　]　が，それぞれ等しいので，△ABC ∽ △AED

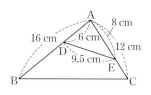

（解き方）BC = $x$ cm とすると，△ABC ∽ △AED であり，相似比が 2 : 1 より，

$\underset{\text{BC}}{x} : \underset{\text{ED}}{9.5} = 2 : 1$，　　$x = 9.5 × 2$，　　$x =$ [⑥]　　（答）[⑦] cm

└→16 : 8 や 12 : 6 でもよい。

基本問題 ⋯⋯⋯⋯⋯⋯⋯⋯⋯⋯⋯⋯⋯⋯⋯⋯⋯⋯⋯⋯⋯⋯ 解答 p.30

**1** 相似条件を使った証明　右の図の
△ABC で，B，C から辺 AC，AB に
それぞれ垂線 BD，CE をひくとき，
　　△ABD ∽ △ACE
であることを証明しなさい。

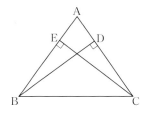

教 p.129

**知ってると得**

三角形の相似条件でもっと
もよく使われるのが，「2
組の角が，それぞれ等し
い」。2 組の等しい角をま
ずさがすとよい。

**2** 相似条件を使った証明　∠A = 90°
の △ABC で，A から斜辺 BC に垂線
AD をひくとき，
　　AB : DB = BC : BA
であることを証明しなさい。

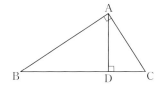

教 p.131

**ここがポイント**

この図の中には，た
がいに相似な直角三
角形が 3 つある。結
論からどの 2 つの相
似を示すか考える。

**3** 相似条件を使った証明　右の図で，
△ABC は，CA = CB の二等辺三角形
です。辺 AB 上に，DB = DC となる
ように点 D をとるとき，
　　△ABC ∽ △CBD
であることを証明しなさい。
また，AB = 5 cm，BC = 3 cm のとき，
BD の長さを求めなさい。

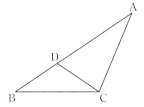

教 p.131 練習問題②

**思い出そう**

**二等辺三角形の底角**

二等辺三角形の 2 つの底角
は等しい。

**4** 相似条件を使った証明　右の図で，△ABD ∽ △ACB で
あることを証明しなさい。

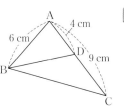

教 p.130

**5** 相似条件を使った証明　右の図の四角
形 ABCD で，点 O は，AC，BD の交点
です。このとき，
　　AD // BC
であることを証明しなさい。

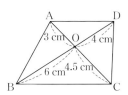

教 p.131 問2

**思い出そう**

**平行線になる条件**
❶ 同位角が等しい
❷ 錯角が等しい

解答 ▶ p.31

定着
のワーク
ステージ
2

# 1節 図形と相似

❶ 下の図の三角形を，相似な三角形の組に分け，記号 ∽ を使って表しなさい。また，その
とき使った相似条件と，その相似比をそれぞれ答えなさい。

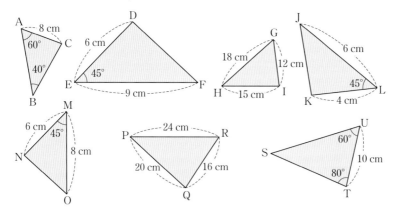

❷ 右の図で，AB⊥CD，BC⊥AE です。図の中で，△ABE
と相似な三角形を，すべて答えなさい。

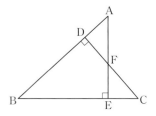

❸ 右の図の △ABC について，次の問いに答えな
さい。

⑴ 相似な三角形を，記号 ∽ を使って表しなさい。

⑵ ⑴の2つの三角形が相似であることを証明し
なさい。

⑶ AD の長さを求めなさい。

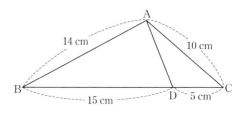

❹ 右の図で，△ABC ∽ △DCA であることを証明しなさ
い。また，AD ∥ BC であることを証明しなさい。

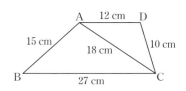

❷ 図の中に三角形は全部で4つある。それぞれの角の関係を考える。

❸ 3つある三角形について，たがいに相似かどうかを調べる。

❹ AD ∥ BC は仮定ではないことに注意して，どの相似条件を使うか考える。

**5** 下の図で，$x$ の値を求めなさい。

(1) $\angle ABD = \angle ACB$

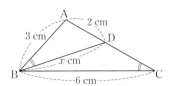

(2)

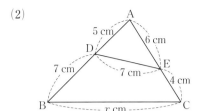

**6** $\angle A = 90°$ の △ABC で，A から斜辺 BC に垂線 AH をひくとき，次の問いに答えなさい。

(1) △ABC と相似な三角形を，すべて答えなさい。

(2) $x$，$y$，$z$ の値を求めなさい。

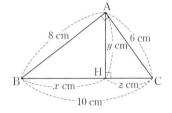
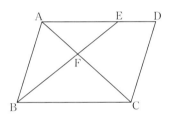

**7** 右の図の平行四辺形で，点 E は辺 AD を $2:1$ に分ける点で，AC，BE の交点を F とします。

(1) △AFE ∽ △CFB であることを証明しなさい。

(2) △ABF の面積が $12\ cm^2$ のとき，△AEF と △CBF の面積をそれぞれ求めなさい。

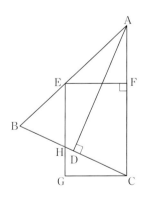

## 入試問題をやってみよう！

**1** 右の図のように，△ABC は AB = AC = 11 cm の二等辺三角形で，頂角 $\angle BAC$ は鋭角です。D は，A から辺 BC にひいた垂線と辺 BC との交点です。E は辺 AB 上にあって A，B と異なる点で，AE > EB です。F は，E から辺 AC にひいた垂線と辺 AC との交点です。G は，E を通り辺 AC に平行な直線と C を通り線分 EF に平行な直線との交点です。このとき，四角形 EGCF は長方形です。H は，線分 EG と辺 BC との交点です。このとき，4 点 B，H，D，C はこの順に一直線上にあります。 〔大阪〕

(1) △ABD ∽ △CHG であることを証明しなさい。

(2) HG = 2 cm，HC = 5 cm であるとき，線分 BD の長さを求めなさい。

**7** (2) △ABF : △AEF = BF : EF，△ABF : △CBF = AF : CF

**1** (1) 二等辺三角形の底角が等しいことと，平行線の錯角が等しいことに注目。

## 確認のワーク　ステージ 1　2節　平行線と線分の比
## ❶ 平行線と線分の比

### 例 1　平行線と線分の比　　　教 p.133〜135 → 基本 問題 ❶

右の図で，PQ // BC のとき，$x$，$y$ の値を
それぞれ求めなさい。

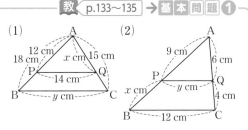

解き方 (1)　AP : AB = AQ : AC だから，

12 : 18 = $x$ : 15 より，$x =$ ①⬚

AP : AB = PQ : BC だから，

12 : 18 = 14 : $y$ より，$y =$ ②⬚

(2)　AP : PB = AQ : QC だから，

9 : $x$ = 6 : 4 より，$x =$ ③⬚

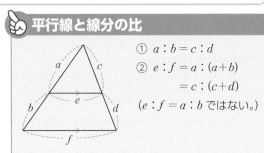

平行線と線分の比

① $a : b = c : d$
② $e : f = a : (a+b)$
　　　　$= c : (c+d)$
　　($e : f = a : b$ ではない。)

AQ : AC = PQ : BC だから，6 : (6+4) = $y$ : 12 より，$y =$ ④⬚
　　　　　　　　　　　　ここに注意！

### 例 2　平行線にはさまれた線分の比　　　教 p.136〜137 → 基本 問題 ❶

右の図で，直線 $p$，$q$，$r$ が平行のとき，$x$，$y$ の値を
求めなさい。

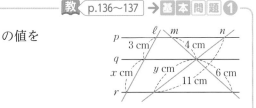

解き方 直線 $\ell$ と $m$ で，3 : $x$ = 4 : 6 より，$x =$ ⑤⬚

直線 $m$ と $n$ で，4 : 6 = (11−$y$) : $y$ より，4$y$ = 6(11−$y$)，$y =$ ⑥⬚
　　　　4 cmに対応する長さ

### 例 3　線分の比と平行線　　　教 p.139〜141 → 基本 問題 ❸❹

右の図で，点 D，E はそれぞれ △ABC の辺 AB，AC を
延長した直線上にあり，AD : AB = AE : AC です。
このとき，DE // BC であることを証明しなさい。

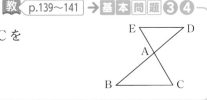

証明 △ADE と △ABC で，仮定より，AD : AB = AE : AC　　また，対頂角は等しいから，

∠DAE = ∠ ⑦⬚　　2組の辺の比とその間の角が，それぞれ等しいので，

△ADE ∽ △ABC　　よって，∠D = ∠B　⑧⬚　が等しいから，DE // BC

## 基本問題 解答 p.32

**1** 平行線と線分の比・平行線にはさまれた線分の比　下の図で, $x$, $y$, $z$ の値を求めなさい。ただし, (1)〜(3)では PQ // BC, (4)〜(6)では直線 $p$, $q$, $r$, $s$ は平行とします。

教 p.133 問1, p.135 問2, 問3, p.137 問4, 問5

(1)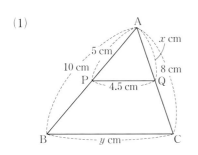

(2)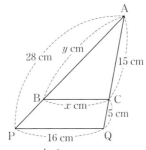

平行線にはさまれた線分の比

① $a:b=a':b'$
② $a:a'=b:b'$

(3)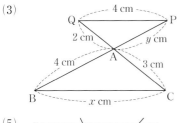

(4)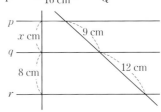

(5)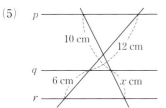

(6)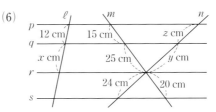

**2** 三角形の角の二等分線と線分の比　右の図で, 印をつけた角の大きさが等しいとき, $x$ の値を求めなさい。 教 p.138 問6

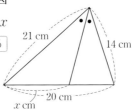

覚えておこう
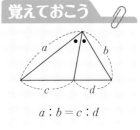
$a:b=c:d$

**3** 線分の比と平行線　右の図の線分 DE, EF, FD のうち, △ABC の辺に平行な線分はどれですか。 教 p.140 問8

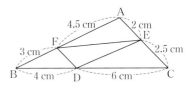

**4** 線分の比と平行線の利用　下の図で, 点Oから △ABC の各頂点を通る直線をひいて, △ABC を2倍に拡大した △DEF をかきなさい。 教 p.141 問10

ここがポイント
点 D, E, F は,
OD = 2OA,
OE = 2OB,
OF = 2OC
となるようにとる。

左ページの例の答え　① 10　② 21　③ 6　④ 7.2$\left(\frac{36}{5}\right)$　⑤ 4.5$\left(\frac{9}{2}\right)$　⑥ 6.6$\left(\frac{33}{5}\right)$　⑦ BAC　⑧ 錯角

 2節 平行線と線分の比 **2** 中点連結定理
学びをいかそう 発展 三角形の重心

**例 1 中点連結定理** 教 p.142 → 基本 問題 ❶❷

右の図の △ABC で，点 M，N は，それぞれ，辺 AB，AC の中点です。

このとき，MN の長さと ∠AMN の大きさを，それぞれ求めなさい。

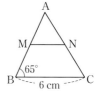

**解き方** △ABC で，AM ＝ BM，AN ＝ CN

だから，中点連結定理より，

$$MN = \frac{1}{2}BC = \frac{1}{2} \times 6 = \boxed{①} \text{ (cm)}$$

また，MN ∥ BC であるから，
↳ 同位角が等しくなる。

$$\angle AMN = \angle ABC = \boxed{②} 。$$

> **中点連結定理**
>
> △ABC の 2 辺 AB，AC の中点を，それぞれ M，N とすると，
>
> $$MN \parallel BC, \quad MN = \frac{1}{2}BC$$

**例 2 中点連結定理** 教 p.143 → 基本 問題 ❸

右の図の四角形 ABCD で，辺 AB，CD，対角線 AC，BD の中点を，それぞれ，P，Q，R，S とするとき，四角形 PRQS は，どんな四角形になりますか。

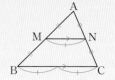

**解き方** △ABC で，中点連結定理より，PR ∥ $\boxed{③}$，PR ＝ $\frac{1}{2}\boxed{④}$

同じように，△DBC で，SQ ∥ $\boxed{⑤}$，SQ ＝ $\frac{1}{2}\boxed{⑥}$

したがって，PR ∥ SQ，PR ＝ SQ となり，1 組の向かいあう辺が，等しくて平行であるので，四角形 PRQS は $\boxed{⑦}$ である。

発展 **例 3 三角形の重心** 教 巻末p.45〜46 → 基本 問題 ❹

右の図で，点 G は △ABC の重心です。
このとき，$x$，$y$ の値を求めなさい。

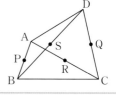

**考え方** 三角形の重心は，3 つの中線を，それぞれ 2：1 に分ける。

**解き方** AG：GL ＝ 2：1 だから，6：$x$ ＝ 2：1 より，$x$ ＝ $\boxed{⑧}$

BG：GM ＝ 2：1 だから，$y$：2 ＝ 2：1 より，$y$ ＝ $\boxed{⑨}$

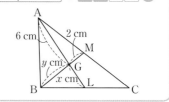

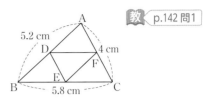

**基本問題** ·········································· 解答 p.33

**1** 中点連結定理　右の図の △ABC で，点 D，E，F は，それぞれ，辺 AB，BC，CA の中点です。△DEF の周の長さを求めなさい。

また，△DEF と △CAB はどんな関係になりますか。

教 p.142 問1

**2** 中点連結定理　下の図の四角形 ABCD は，それぞれ AD∥BC の台形で，点 E は辺 AB の中点です。また，E を通り辺 BC に平行な直線と，辺 CD との交点を F とします。このとき，$x$，$y$，$z$ の値を求めなさい。

教 p.143 練習問題①

(1)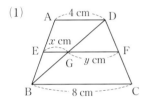

(2)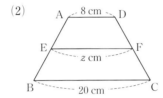

知ってると得

AD∥BC の台形 ABCD で，
AE＝BE，DF＝CF のとき，
EF∥BC，
$$EF＝\frac{1}{2}(AD＋BC)$$

**3** 中点連結定理　右の図の四角形 ABCD で，4辺 AB，BC，CD，DA の中点を，それぞれ，P，Q，R，S とします。

教 p.143 問2

(1) 四角形 PQRS はどんな四角形になりますか。

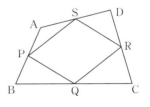

(2) 対角線 AC と BD が垂直に交わるとき，四角形 PQRS はどんな四角形になりますか。

思い出そう

(2) □EFGH で，
・EF＝FG ならば，ひし形。
・EF⊥FG ならば，長方形。

発展 **4** 三角形の重心　下の図で，点 G は △ABC の重心で，EF∥BC です。このとき，$x$，$y$ の値を求めなさい。

教 巻末p.45〜46

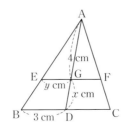

🐾 **三角形の重心**

三角形の 3 つの中線（頂点と，それに対する辺の中点とを結ぶ線分）は 1 点で交わり，この点を三角形の重心という。重心は，3 つの中線を，それぞれ，2：1 に分ける。

5章

解答 ▶ p.33

## 2節　平行線と線分の比

**❶** 下の図で，AB，CD，EF が平行のとき，$x$，$y$，$z$ の値を，それぞれ求めなさい。

(1)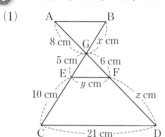

(2)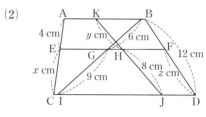

(3)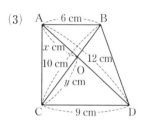

(4)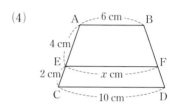

**❷** 右の図で，AB，CD，EF は平行です。

　EF = 6 cm，CD = 15 cm のとき，次の問いに答えなさい。

(1) BF：FD を求めなさい。

(2) AB の長さを求めなさい。

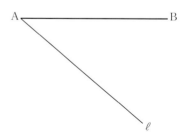

**❸** 右の図の線分 AB を，2：3 に分ける点 X を求めなさい。

A ———————————————— B

ℓ

**❶** (4)　A を通り BD に平行な直線をひく，A と D を結ぶ，などの方法がある。

**❷** (2)　(1)の結果と平行線と線分の比（または △ABD ∽ △EFD）を使う。

**❸** まず，ℓ 上に A から等間隔に 5 つの点をとり，5 つ目の点と B を結ぶ。

**4** AB ＝ CD である四角形 ABCD の辺 AD，BC，対角線 BD の中点を，それぞれ，P，Q，R とします。∠ABD ＝ 30°，∠BDC ＝ 78° のとき，∠PRQ，∠RPQ の大きさを求めなさい。

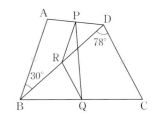

**5** 右の図のように，AD ∥ BC の台形 ABCD で，辺 AB の中点を P とします。P を通り辺 AD に平行な直線と，対角線 BD，AC，辺 CD との交点を，それぞれ，Q，R，S とするとき，QR の長さを求めなさい。

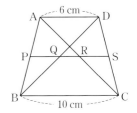

**6** 下の平行四辺形 ABCD で，点 L，M，N は，それぞれ，辺 BC，CD，AB の中点です。図のように P，Q をとるとき，BP：PQ：QD を，それぞれ求めなさい。

(1)

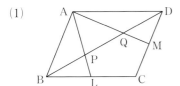

(2)

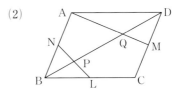

5 章

![入試問題をやってみよう！]

**1** 右の図のように，∠ABC ＝ 90°，BC ＝ 12 cm の直角三角形 ABC があり，辺 AB 上に点 P，辺 BC 上に点 Q，辺 CA 上に点 R を，四角形 PBQR が正方形になるようにとると，AP ＝ 2 cm となりました。〔佐賀〕

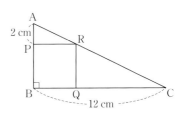

(1) △APR ∽ △ABC より，AP：AB ＝ □ が成り立ちます。□ にあてはまるものを次の①〜④の中から 1 つ選び，番号を答えなさい。

　① AC：AR　　② PR：QC　　③ PR：BC　　④ AR：RC

(2) 正方形 PBQR の 1 辺の長さを求めなさい。ただし，正方形 PBQR の 1 辺の長さを $x$ cm として $x$ についての方程式をつくり，答えを求めるまでの過程も書きなさい。

**6** (1)は平行線と線分の比，(2)は(1)で得られた DQ ＝ $\frac{1}{3}$BD を使うとよい。

**1** (2) (1)で得られた比例式から $x$ の二次方程式ができる。

確認のワーク ステージ **1** 　**3節　相似な図形の計量**
**❶ 相似な図形の面積**

**例 1 相似な図形の面積** 　　　　　　　　　　　教 p.148 ➡ 基本問題 ❶ ❷

　相似な 2 つの三角形 △ABC と △DEF があり，
その底辺の長さの比は 3 : 4 です。

(1)　△ABC の周の長さが 15 cm のとき，△DEF
　の周の長さを求めなさい。

(2)　△ABC の面積が 18 cm² のとき，△DEF の面積を求めなさい。

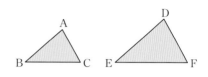

**考え方** 　相似比が $m : n$ のとき，長さの比…$m : n$，面積の比…$m^2 : n^2$

**解き方** 　(1)　△DEF の周の長さを $x$ cm とすると，

$15 : x = 3 : 4$

$3x = 15 \times 4$

$x = \boxed{①}$ 　　答 $\boxed{②}$ cm

周の長さの比は，
$(3a+3b+3c) : (4a+4b+4c)$
$= 3(a+b+c) : 4(a+b+c)$
$= 3 : 4$

(2)　△DEF の面積を $y$ cm² とすると，

$18 : y = 3^2 : 4^2$

$9y = 18 \times 16$

$y = \boxed{③}$ 　　答 $\boxed{④}$ cm²

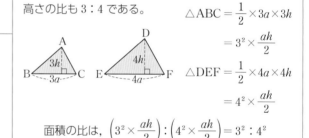

高さの比も 3 : 4 である。

$\triangle ABC = \dfrac{1}{2} \times 3a \times 3h$
$= 3^2 \times \dfrac{ah}{2}$

$\triangle DEF = \dfrac{1}{2} \times 4a \times 4h$
$= 4^2 \times \dfrac{ah}{2}$

面積の比は，$\left(3^2 \times \dfrac{ah}{2}\right) : \left(4^2 \times \dfrac{ah}{2}\right) = 3^2 : 4^2$

▶**たいせつ**

相似な 2 つの図形で，
　相似比が $m : n$ ならば，
　面積の比は $m^2 : n^2$ である。

例えば，3 倍の拡大図の面積なら，
もとの面積の $3^2 = 9$ （倍）

**例 2 図形の面積の比** 　　　　　　　　　　　教 p.148 ➡ 基本問題 ❸ ❹

　右の図の △ABC で，AD : DB = 1 : 2，AE : EC = 1 : 2 です。
台形 DBCE の面積は，△ADE の面積の何倍になりますか。

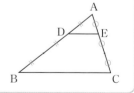

**解き方** 　△ADE ∽ △ABC で，相似比が 1 : 3 であるから，面積の比は $1^2 : 3^2 = \boxed{⑤}$

よって，△ADE の面積を $S$ とすると，△ABC の面積は $\boxed{⑥}$ となる。

このとき，台形 DBCE の面積は，$9S - S = \boxed{⑦}$

したがって，台形 DBCE の面積は，△ADE の面積の $\boxed{⑧}$ 倍である。

**基本問題** ⋯⋯⋯⋯⋯⋯⋯⋯⋯⋯⋯⋯⋯⋯⋯⋯⋯⋯⋯⋯⋯ 解答 p.35

**1** 相似な図形の面積　直径が 3 cm の
円 P と直径が 5 cm の円 Q があります。

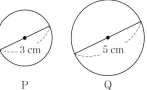

教 p.147 問1

(1)　P と Q の相似比を求めなさい。

(2)　P と Q の周の長さの比を求めなさい。

**円と相似**

円はすべて相似
な図形である。

(3)　P と Q の面積の比を求めなさい。

**2** 相似な図形の面積　相似比が 5：4 の相似な 2 つの図形 F，G が
あります。

教 p.148 問2

(1)　F の面積が 300 cm² のとき，G の面積を求めなさい。

**ここがポイント**

F と G の面積の比
は，5²：4²

(2)　G の面積が 240 cm² のとき，F の面積を求めなさい。

**3** 図形の面積の比　右の図で，
DE ∥ BC，AD：DB ＝ 2：1 です。
△ABC の面積が 63 cm² のとき，
△ADE と台形 DBCE の面積を，それ
ぞれ求めなさい。

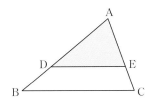

教 p.148 練習問題①

5
章

**4** 図形の面積の比　右の図で，同じ印の
線分の長さは等しくなっています。この
とき，B の部分の面積，C の部分の面積，
D の部分の面積は，それぞれ，A の部
分の面積の何倍になりますか。

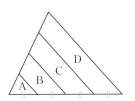

教 p.148 練習問題②

**ここがポイント**

まず，A の部分と
相似な三角形で，
面積の比を考える。

**確認のワーク** **ステージ1**

### 3節　相似な図形の計量
### ❷ 相似な立体の表面積・体積

**例1 相似な立体の表面積・体積** ────────── 教 p.151～152 → 基本問題❶❷

相似な2つの円錐 F, G があり, その高さの比は 2:3 です。

(1) F の底面の円周の長さが $8\pi$ cm のとき, G の底面の円周の長さを求めなさい。

(2) F の表面積が $36\pi$ cm² のとき, G の表面積を求めなさい。

(3) F の体積が $16\pi$ cm³ のとき, G の体積を求めなさい。

**考え方** 相似な立体では, 相似比が $m:n$ のとき, 表面積の比…$m^2:n^2$, 体積の比…$m^3:n^3$

**解き方** (1) G の底面の円周の長さを $x$ cm とすると,

$$8\pi : x = 2 : 3$$
$$2x = 8\pi \times 3$$
$$x = \boxed{①} \qquad 答 \boxed{②} \quad cm$$

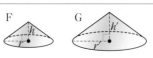

$h:h'=2:3$
三角形の相似から,
$r:r'=2:3$
底面の円周の長さの比は, $2\pi r:2\pi r'=r:r'=2:3$

(2) G の表面積を $y$ cm² とすると,

$$36\pi : y = 2^2 : 3^2$$
$$4y = 36\pi \times 9$$
$$y = \boxed{③} \qquad 答 \boxed{④} \quad cm^2$$

対応する面は,
相似比が 2:3 の相似な図形。
面積の比は $2^2:3^2$
表面積の比も $2^2:3^2$

展開図どうしが相似なんだね。

(3) G の体積を $z$ cm³ とすると,

$$16\pi : z = 2^3 : 3^3$$
$$8z = 16\pi \times 27$$
$$z = \boxed{⑤} \qquad 答 \boxed{⑥} \quad cm^3$$

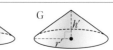

$r=2a,\ r'=3a$
$h=2b,\ h'=3b$
より, 体積の比は,
$$\left(\frac{1}{3}\times\pi r^2\times h\right):\left(\frac{1}{3}\times\pi r'^2\times h'\right)$$
$$= r^2 h : r'^2 h' = (2a)^2\times 2b : (3a)^2\times 3b = 2^3 : 3^3$$

**例2 立体の体積の比** ────────── 教 p.152 → 基本問題❸❹

図のような四角錐 OABC で, D は辺 OA の中点です。D を通って底面 ABC に平行な平面が, 辺 OB, OC と交わる点をそれぞれ E, F とします。このとき, 平面 DEF で分けられた三角錐の2つの部分 P, Q の体積の比を求めなさい。

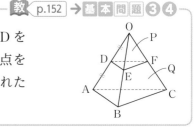

**解き方** 三角錐 ODEF (P) と三角錐 OABC (P+Q) は相似で, 相似比が 1:2 より,
体積の比は, $1^3 : 2^3 = 1 : 8$

P の体積を $V$ とすると, P と Q の体積の和が $8V$ より, Q の体積は, $8V - V = \boxed{⑦}$

よって, P と Q の体積の比は, $V : 7V = \boxed{⑧}$

# 基本問題 ······· 解答 p.35

**1** 相似な立体の表面積・体積　半径が 4 cm の球 A と半径が 10 cm
の球 B があります。

⑴　A と B の相似比を求めなさい。

⑵　A と B の表面積の比を求めなさい。

⑶　A と B の体積の比を求めなさい。

> 実際に表面積や
> 体積を計算して
> 確かめるといいよ。

思い**出**そう
半径が $r$ の球の，
表面積 $S = 4\pi r^2$
体積 $V = \dfrac{4}{3}\pi r^3$

**2** 相似な立体の表面積・体積　相似比が 3：4 の相似な 2 つの立体 F，
G があります。

⑴　F の表面積が 198 cm²，体積が 162 cm³ のとき，G の
表面積と体積を，それぞれ求めなさい。

⑵　G の表面積が 224 cm²，体積が 192 cm³ のとき，F の
表面積と体積を，それぞれ求めなさい。

**たいせつ**

相似な 2 つの立体で，
相似比が $m：n$ ならば，
　表面積の比は $m^2：n^2$
　体積の比は $m^3：n^3$
である。

**5章**

**3** 立体の体積の比　右の図のように，三角錐 OABC の
底面 ABC に平行な平面 L が，辺 OA と点 P で交わり，
OP：PA＝2：1 です。

⑴　三角錐 OPQR と三角錐 OABC の表面積の比を求めな
さい。

⑵　三角錐 OABC の体積が 54 cm³ のとき，三角錐 OPQR
の体積を求めなさい。

⑶　平面 L で分けられた上側の部分と下側の部分の体積の比を求めなさい。

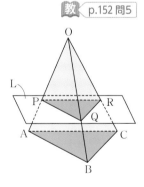

**4** 立体の体積　右の図は，底面の半径 AB が 6 cm，高さ OB が
8 cm の円錐を，OB の中点 M を通り，底面に平行な平面で 2 つ
に分けて，上部にできた小さな円錐を取り除いたものです。この
立体の体積を求めなさい。

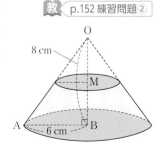

## 例1 体積の比の利用

教 p.153〜154 → 基本問題①

　同じゼリーが，AとBの円柱の形で売られ
ています。AとBは，相似比が3:4の相似な
立体です。AとBの値段は，それぞれ100円
と200円です。

　400円で，Aを4個買うのと，Bを2個買う
のとでは，どちらが割安ですか。

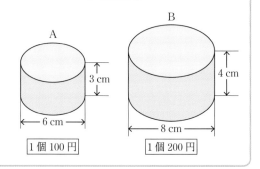

1個100円　　1個200円

**考え方** 1個の体積の比を求め，400円で買える体積の比を調べる。

**解き方** AとBの1個ずつの体積の比は，

$3^3 : 4^3 = 27 :$ ①〔　　〕　←相似な立体で，相似比が $m:n$ ならば，体積の比は $m^3 : n^3$

よって，A4個とB2個の体積の比は，

$27 \times 4 : 64 \times 2 = 27 :$ ②〔　　〕
　　　　　　　　↑同じ金額で買える
　　　　　　　　体積の比

**答** ③〔　　〕が割安。

> A2個とB1個で
> 比べても同じ結果
> になるね。

## 例2 2地点間の距離

教 p.155 → 基本問題②③

　池をはさんだ2地点間の距離ABを測定するために，
地点A，Bを見ることができる地点Cを決めたところ，
　　AC = 28 m，BC = 32 m，∠ACB = 106°
でした。△ABCの縮図をかいて，距離ABを求めなさい。

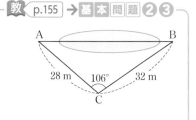

**考え方** 相似比を適当に決めて縮図をかき，長さを測って，それをもとに距離を求める。

**解き方** △ABCの $\dfrac{1}{1000}$ の縮図 △A′B′C′ をかくと，

$A'C' = 28000 \div 1000 =$ ④〔　　〕 (mm)
　　　　　28 m = 28000 mm

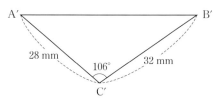

$B'C' = 32000 \div 1000 = 32$ (mm)

より，右の図のようになる。

この図で，A′B′の長さを測ると約48 mmである。距離ABを求めると，

$AB = 48 \times 1000 =$ ⑤〔　　　　〕 (mm) → ⑥〔　　　〕 (m)　　**答** 約 ⑦〔　　〕 m

# 基本問題

解答 p.36

**1** 体積の比の利用　球の形をしたAとBのチョコレートが売られています。AとBの大きさと値段は右の図のようになっています。

教 p.154 問1, 問2

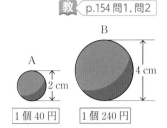

⑴　AとBを同じ金額だけ買うとき，どちらが割安ですか。

レベルUP ⑵　右の図のCのようなチョコレートの場合，値段が何円より安ければ，Bよりも割安になりますか。考えた過程も簡潔に書きなさい。

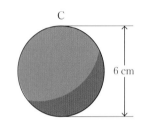

**2** 2地点間の距離　池をはさんだ2地点間の距離ABを測定するために，地点A，Bを見ることができる地点Cを決めたところ，

$AC = 25\text{ m}$，$BC = 40\text{ m}$，$\angle ACB = 60°$

でした。

教 p.155 問3

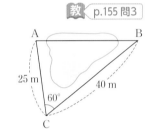

⑴　△ABCの$\dfrac{1}{1000}$の縮図をかくとき，25 mは縮図では何mmになりますか。

⑵　△ABCの$\dfrac{1}{1000}$の縮図△A′B′C′をかきなさい。

⑶　距離ABは約何mですか。

**3** 高さの測定　右の図は，地面に垂直に立った身長1.6 mのPさんとその影の長さEFを利用して，木の高さを求めようとしたものです。Pさんの影の長さが次の長さのとき，木の高さを求めなさい。

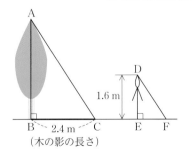

（木の影の長さ）

教 p.155 問4

**ここがポイント**
太陽光線を表す直線ACとDFは平行である。

⑴　1.2 m　　　　　　　⑵　1 m

解答 ▶ p.36

**定着のワーク　ステージ 2**

# 3節　相似な図形の計量
# 4節　相似の利用

**❶** 右の図のように，点 O を中心として，半径が 7 cm，14 cm，21 cm の 3 つのおうぎ形があります。このとき，B の部分の面積と C の部分の面積は，それぞれ，A の部分の面積の何倍になりますか。

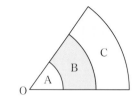

**❷** 右の図の平行四辺形 ABCD で，点 M，N はそれぞれ辺 AD，BC を 3：2 に分ける点です。対角線 AC と MN との交点を P とするとき，次の問いに答えなさい。

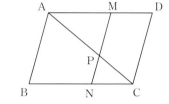

(1)　△APM と △CPN の面積の比を求めなさい。

(2)　△APM と △ACD の面積の比を求めなさい。

(3)　台形 PCDM の面積は，平行四辺形 ABCD の面積の何倍ですか。

**❸** 右の図の △ABC で，点 D，E は，それぞれ，辺 AB，AC の中点です。BE，CD の交点を P とします。

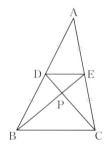

(1)　BP：PE を求めなさい。

(2)　△PDE の面積が 4 cm² のとき，△BDP，△ADE，△ABC の面積を求めなさい。

**❹** AD ∥ BC である台形 ABCD の辺 BC の中点を M とし，AM，BD の交点を E，DM，CE の交点を F とします。
　また，AD ＝ 2 cm，BC ＝ 6 cm です。

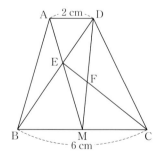

(1)　EF：CF を求めなさい。

(2)　△AED の面積が 4 cm² のとき，△EMF の面積を求めなさい。

**❹** (1) E を通り辺 BC に平行な直線をひき，DM との交点を G とすると，EF：CF ＝ EG：CM となる。EG は，△DBM に着目して考える。
　　(2) △EMF と △CMF の面積の比が(1)で求めた EF：CF に等しいことを利用する。

**5** 底面が合同な正方形で，高さが 32 cm の四角錐と四角柱の容器があります。この四角錐の容器にはいっている深さ 24 cm の水を四角柱の容器に入れると，その深さは何 cm になりますか。

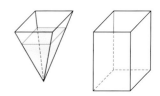

**6** 街灯 PQ の真下から 4 m のところに身長 1.5 m の人 AB が立って，影の長さを測ったところ 2 m ありました。

(1) 街灯 PQ の高さを求めなさい。

(2) この人が図のように，B から B′ まで 3 m 歩くと，影の先端は C から C′ まで移動します。CC′ の長さを求めなさい。

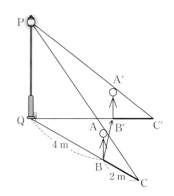

## 入試問題をやってみよう！

**1** 図 1 のような 1 辺の長さが 8 cm の立方体があります。辺 BC の中点を M とし，辺 CD 上に CN = 3 cm となる点 N をとります。図 1 の立方体を 3 点 F，M，N を通る平面で切ると，図 2 のように 2 つの立体に分かれました。点 P は，3 点 F，M，N を通る平面と辺 GH の交点です。〔沖縄〕

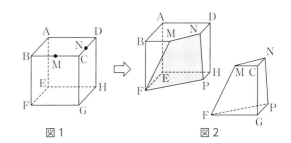

図 1    図 2

(1) 図 2 の線分 GP の長さを求めなさい。

(2) 図 2 の点 C をふくむ立体を $V_1$ として，図 3 のように，$V_1$ の辺 GC，線分 PN，線分 FM をそれぞれ延長すると点 Q で交わります。このとき，点 Q を頂点とし，三角形 MCN を底面とする三角錐を $V_2$ とします。$V_1$ と $V_2$ の体積の比を求めなさい。

(3) 図 3 において，辺 CG 上に点 R をとります。このとき，点 F を頂点とし，三角形 GPR を底面とする三角錐を $V_3$ とします。この $V_3$ と (2)の $V_2$ の体積が等しくなるときの線分 GR の長さを求めなさい。

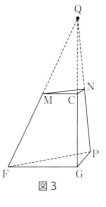

図 3

**5** 2 つの容器の容積の比は 1：3 である。水の体積との関係を考えよう。
**1** (1) △MCN ∽ △FGP である。　　(2) $V_1 + V_2$ と $V_2$ は相似な三角錐。
(3) $V_3$ の底面を △FGP とすると，$V_2$ と $V_3$ の底面積の比がわかる。

解答 ▶ p.37

 ステージ 3 　図形と相似

 40分 　/100

**1** 下の図の三角形を，相似な三角形の組に分け，記号∽を使って表しなさい。また，そのとき使った相似条件をいいなさい。　3点×6（18点）

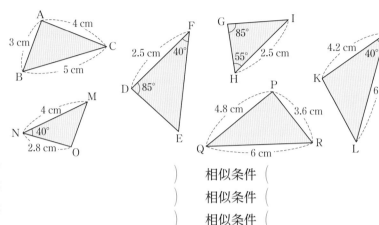

（ 　　　　　　 ） 　相似条件（ 　　　　　　 ）
（ 　　　　　　 ） 　相似条件（ 　　　　　　 ）
（ 　　　　　　 ） 　相似条件（ 　　　　　　 ）

**2** 下の図で，$x$，$y$ の値を，それぞれ求めなさい。　4点×8（32点）

(1)　BC∥ED

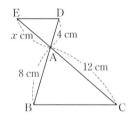

(2)　DC∥EG

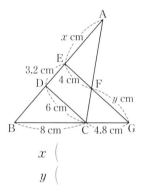

$x$（ 　　　　　　 ）
$y$（ 　　　　　　 ）

(3)　AB，CD，EF は平行

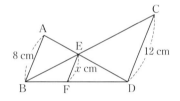

（ 　　　　　　 ）

(4)　∠BAD＝∠CAD

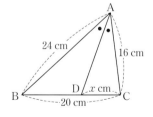

（ 　　　　　　 ）

(5)　AM＝BM，AN＝CN

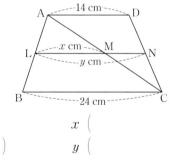

（ 　　　　　　 ）

(6)　AD，LN，BC は平行，AL＝BL

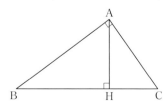

$x$（ 　　　　　　 ）
$y$（ 　　　　　　 ）

**3** ∠A＝90°の △ABC で，A から斜辺 BC に垂線 AH をひくとき，△HBA∽△HAC であることを証明しなさい。（10点）

**4** 右の図の △ABC で，点 D，E は辺 AB を3等分する点で，点 F は辺 AC の中点です。また，点 G は DF を延長した直線と BC を延長した直線の交点です。このとき，DF：FG を求めなさい。　　（6点）

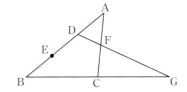

(　　　　　　　)

**5** 右の図の四角形 ABCD で，4辺 AB，BC，CD，DA の中点を，それぞれ，P，Q，R，S とします。このとき，四角形 PQRS がひし形であるならば，対角線 AC，BD の長さが等しいことを，次のように証明しました。次の □ にあてはまる記号またはことばを入れなさい。　　2点×6（12点）

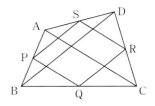

**証明** △ABD で，点 P，S は，それぞれ，辺 AB，AD の中点だから，

① [　　　　] 定理より，PS＝② [　　] よって，BD＝2PS…①

同じように，△ABC で，PQ＝③ [　　] だから，AC＝2PQ…②

四角形 PQRS がひし形であるとき，④ [　　] がすべて等しいから，PS＝⑤ [　　] …③

①，②，③から，BD＝⑥ [　　]

したがって，対角線 AC，BD の長さは等しい。

**6** AD∥BC の台形 ABCD で，AC，BD の交点を O とします。また，EF は O を通り辺 AD に平行です。　　4点×3（12点）

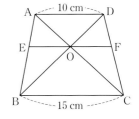

(1) AE：EB を求めなさい。

(　　　　　　　)

(2) EF の長さを求めなさい。

(　　　　　　　)

(3) 台形 ABCD の面積は，△AOD の面積の何倍になりますか。

(　　　　　　　)

**7** 右の図のように，三角錐 OABC を，3点 D，E，F を通り底面 ABC に平行な平面で，2つに分けました。△DEF の面積は 12 cm²，三角錐 OABC の高さは 10 cm で，OD：DA＝2：3 です。　　5点×2（10点）

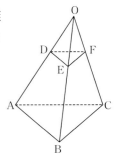

(1) △ABC の面積を求めなさい。

(　　　　　　　)

(2) 三角錐 OABC から，三角錐 ODEF を取り除いてできる立体の体積を求めなさい。

(　　　　　　　)

 アプリ【どこでもワーク計算編・図形編】をやって，さらに力をつけよう！

確認のワーク ステージ **1**

## 1節 円周角と中心角
## ❶ 円周角と中心角(1)

**例1 円周角の定理** 教 p.164 → 基本問題 ❶❷

下の図で，∠$x$，∠$y$ の大きさを求めなさい。

(1)

(2)

(3)

**考え方** 円周角の定理を使って求める。

**円周角の定理**

①1つの弧に対する円周角の大きさは，その弧に対する中心角の大きさの半分である。

②同じ弧に対する円周角の大きさは等しい。

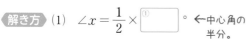

AB に対する円周角

**解き方** (1) ∠$x = \dfrac{1}{2} ×$ [①⬚] °。 ←中心角の半分。

= [②⬚] °。

同じ弧に対する円周角の大きさは等しいから，∠$y = ∠x =$ [③⬚] °。

(2) 円周角 ∠$x$ の中心角は，
$360° - 160° = 200°$
したがって，

∠$x = \dfrac{1}{2} ×$ [④⬚] °。

= [⑤⬚] °。

太線の弧に注目！

(3) 右の図で，
∠$a = 2 × 15° = 30°$
∠$b = 2 ×$ [⑥⬚] °
= [⑦⬚] °

より，∠$x = 30° +$ [⑧⬚] ° = [⑨⬚] °。

**注** 右上の図で弦 AC をひいてもよい。
∠BAC = $15° + 45° = 60°$

**例2 円周角の定理** 教 p.164 → 基本問題 ❷

右の図で，∠$x$ の大きさを求めなさい。

(1)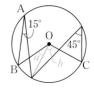

(2)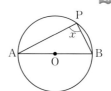

**解き方** (1) AB は円 O の直径で，∠AOB = $180°$

したがって，∠$x = \dfrac{1}{2} ∠AOB = \dfrac{1}{2} × 180° =$ [⑩⬚] °。

(2) ∠BOC = $2 ×$ [⑪⬚] ° = [⑫⬚] °

△OBC は，OB = OC の二等辺三角形だから，
<u>半径で等しい。</u>

∠$x = (180° -$ [⑬⬚] °$) ÷ 2 =$ [⑭⬚] °。

**覚えておこう**

半円の弧に対する円周角は，直角である。

# 基本問題

解答 p.39

**1** 円周角の定理の証明　右の図の円 O で，

$\angle APB = \dfrac{1}{2}\angle AOB$ が成り立つことを，

次のように証明するとき，□ にあては
まるものを書き入れなさい。

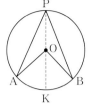

教 p.163

**証明** 点 P，O を通る直径 PK をひくと，△OPA で，

OP = OA だから，$\angle OPA = \angle$□①

また，三角形の外角の性質から，

　$\angle AOK = \angle OPA + \angle$□② $= $□③$\angle OPA$…①

同じように，△OPB で，$\angle BOK = $□④$\angle OPB$…②

$\angle AOB = \angle AOK + \angle BOK$ なので，

①，②から，　$\angle AOB = 2(\angle$□⑤$+ \angle$□⑥$)$

　　　　　　　　　　$= 2\angle$□⑦

したがって，$\angle APB = \dfrac{1}{2}\angle AOB$

### 覚えておこう

$\angle APB = \dfrac{1}{2}\angle AOB$ は，

点 P が下の図の P′，P″ の
ように，どのような位置に
ある場合でも成り立つ。

**2** 円周角の定理　下の図で，$\angle x$，$\angle y$ の大きさを求めなさい。
ただし，(7)～(9)の AC は円 O の直径です。

教 p.164 問1, p.165 問2

(1)

(2)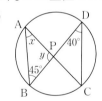

(3)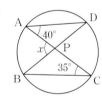

### たいせつ

$\angle APB = \dfrac{1}{2}\angle AOB$

$\angle APB = \angle AP'B$

(4)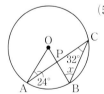

(5)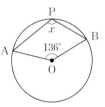

(6)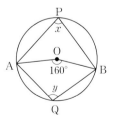

$\angle APB = 90°$

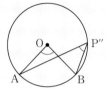

(7)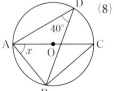

(8)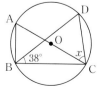

(9)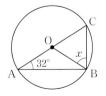

 1節 円周角と中心角
**1 円周角と中心角(2)   2 円周角の定理の逆**

## 例1 弧と円周角
教 p.165〜166 → 基本問題 1 2

右の図で，∠$x$，∠$y$ の大きさを求めなさい。

(1) $\overset{\frown}{AB}=\overset{\frown}{BC}=\overset{\frown}{CD}$
(2) $\overset{\frown}{CD}=2\overset{\frown}{AB}$

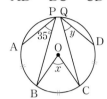
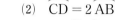
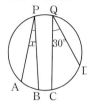

**解き方** (1) $\overset{\frown}{AB}=\overset{\frown}{BC}$ より，

中心角が等しく，円周角も等しい。

> **弧と円周角**
> ① 1つの円で，等しい弧に対する円周角の大きさは等しい。
> ② 1つの円で，等しい円周角に対する弧の長さは等しい。

∠$x=2×$ ①□ 。

$=$ ②□ 。

また，$\overset{\frown}{AB}=\overset{\frown}{CD}$ より，∠$y=$ ③□ 。

円周角の大きさは，中心角と同様に，弧の長さに比例するよ。

(2) $\overset{\frown}{CD}=2\overset{\frown}{AB}$ は，$\overset{\frown}{CD}$ の長さが $\overset{\frown}{AB}$ の長さの2倍という意味。このとき，円周角も2倍になる。

$\overset{\frown}{AB}$ を2つ並べてみよう。中心角を考えてもよい。↗

$2∠x=30°$ より，∠$x=$ ④□ 。

## 例2 円周角の定理の逆
教 p.167〜169 → 基本問題 3 4

右の図の四角形 ABCD で，∠$x$ の大きさを求めなさい。

**考え方** まず，円周角の定理の逆から，4点 A，B，C，D が同じ円周上にあることがわかる。

**解き方** ∠CAD＝∠ ⑤□

$=43°$

だから，4点 A，B，C，D は同じ円周上にある。

$\overset{\frown}{AD}$ に対する円周角だから，

∠ABD＝∠ ⑥□ ＝ ⑦□ 。

よって，△ABD で，

∠$x=180°-(21°+43°+54°)=$ ⑧□ 。

> **円周角の定理の逆**
> ・2点 C，P が，直線 AB について同じ側にあるとき，
> ∠APB＝∠ACB ならば，4点 A，B，C，P は同じ円周上にある。
> ・∠APB＝90° のとき，点 P は AB を直径とする円周上にある。

解答 ▶ p.39

**1** 弧と円周角　下の図で，∠$x$ の大きさを求めなさい。 教 p.166 問3, 問4

(1)　$\overset{\frown}{AB} = \overset{\frown}{CD}$　　(2)　$\overset{\frown}{AB} : \overset{\frown}{AC} = 2 : 5$　　(3)　$\overset{\frown}{AB} = 2\overset{\frown}{BC}$

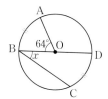 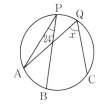 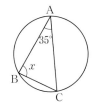

**知ってると得**

円周角の大きさは，弧の長さに比例する。

(2) ∠APB : ∠AQC
 = $\overset{\frown}{AB}$ : $\overset{\frown}{AC}$

(3) ∠ACB = 2∠BAC

**2** 弧と円周角　次の問いに答えなさい。 教 p.166 問4

(1)　右の図で，$\overset{\frown}{AB} : \overset{\frown}{BC} : \overset{\frown}{CA} = 3 : 4 : 5$
　です。

　① 　$\overset{\frown}{BC}$ の長さは，円周全体のどれだけ
　　にあたりますか。

　② 　∠BOC の大きさを求めなさい。

　③ 　∠$x$，∠$y$，∠$z$ の大きさを求めなさい。

(2)　右の図で，円周上の点は，円周を 12
　等分する点です。∠$x$，∠$y$ の大きさを
　求めなさい。

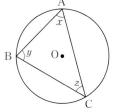

**知ってると得**

円周角の大きさは，弧の長さに比例するから，

円周角 $= \dfrac{1}{2} \times$ 中心角

$= 180° \times \dfrac{\text{弧の長さ}}{\text{円周の長さ}}$

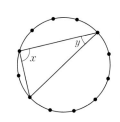

**3** 円周角の定理の逆　次の⑦〜⑦のうち，4 点 A，B，C，D が同じ円 教 p.169 問1
周上にあるものをすべて選びなさい。

⑦ 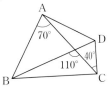　　　　　⑦ 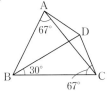　　　　　⑦　AB // CD

**4** 円周角の定理の逆　右の図の四角形 ABCD で， 教 p.169 練習問題①
4 点 A，B，C，D は同じ円周上にありますか。
また，∠$x$，∠$y$ の大きさを求めなさい。

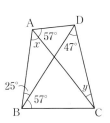

**1節 円周角と中心角**

**❶** 下の図で，∠$x$，∠$y$ の大きさを求めなさい。

(1)
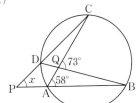

(2) AC ∥ BO
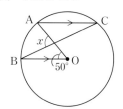

(3) BD は直径
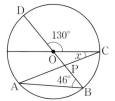

(4)
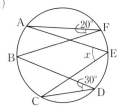

(5)
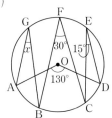

(6) AC は直径
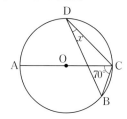

(7) AC は直径
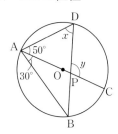

(8) BC は直径
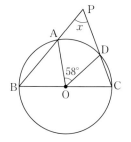

(9)
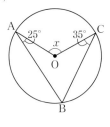

(10) BD, CE は直径
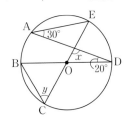

(11) AB は直径，BC = BP
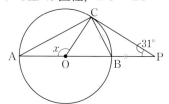

(12)
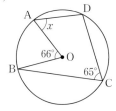

**❷** 右の図で，∠DBC の大きさを求めなさい。

また，∠AQB は，$\overset{\frown}{AB}$ に対する円周角と，$\overset{\frown}{CD}$ に対する円周角の和になります。同様の表し方で，∠APB はどのように表されますか。

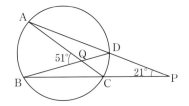

**❶** (2) 平行線の錯角は等しい。　(3) ∠COP + ∠$x$ = ∠ABP + ∠BAC
(6)〜(8) 半円の弧に対する円周角は直角であることを利用する。
**❷** ∠DBC = ∠$x$ として，∠$x$ についての方程式をつくる。

**3** 下の図で, ∠$x$, ∠$y$ の大きさを求めなさい。

(1)
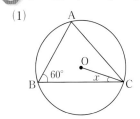
$\overparen{AB} : \overparen{AC} = 3 : 4$

(2)
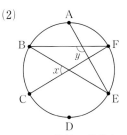
A〜F は円周を 6 等分する点

(3)
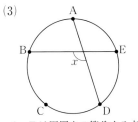
A〜E は円周を 5 等分する点

**4** △ABC で, 頂点 B, C から, それぞれ, AC, AB に垂線 BQ, CP をひき, その交点を R とします。

(1) 点 A, B, C, P, Q, R のうち, 同じ円周上にある 4 点の組を すべて見つけなさい。

(2) △APR と相似な三角形を答えなさい。

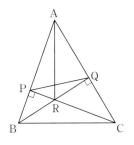

## 入試問題を やってみよう！

**1** 右の図のような円において, ∠$x$ の大きさを求めなさい。　〔長崎〕

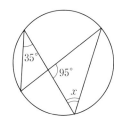

**2** 右の図のように, 線分 AB を直径とする円 O の周上に 2 点 C, D があり, AB⊥CD です。∠ACD ＝ 58° のとき, ∠$x$ の大きさを求めなさい。　〔和歌山〕

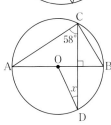

**3** 右の図で, C, D は AB を直径とする半円 O の周上の点で, E は 直線 AC と BD の交点です。半円 O の半径が 5 cm, 弧 CD の長さが $2\pi$ cm のとき, ∠CED の大きさは何度か, 求めなさい。　〔愛知〕

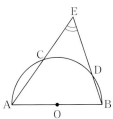

**4** (1) 直角三角形の各頂点は, 斜辺を直径とする同じ円周上にある。
　(2) (1)で求めた 4 点の組で円をかいてみると, 等しい角を見つけやすくなる。
**3** $\overparen{CD}$ に対する円周角を求めるために, 補助線をひいてみる。

6 章

**確認のワーク** **ステージ1** 2節 円の性質の利用
**❶ 円の性質の利用**

### 例 1 円の接線の作図

右の図で，点 A を通る円 O の接線を作図しなさい。

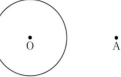

**考え方** 接線がひけたとして，接点を
P とすると，∠APO ＝ 90° であるか
ら，P は，AO を直径とする円周上
にある。

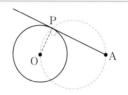

**思い出そう**
∠APB ＝ 90° のとき，点
P は AB を直径とする円
周上にある。

**解き方** ① 線分 AO の中点 M をとる。
└ AOの垂直二等分線を作図し，
AOとの交点をMとする。

② ⬚ を中心として，MO を半径とする円 M をかく。

③ 円 O と円 M の交点の 1 つを P とすると，直線 AP が
求める接線である。

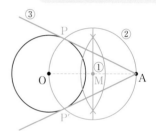

**知ってると得**
円 O の外部の点 A からは，図のように 2 本の接線がひけて，AP ＝ AP′（接線の長さ）
△APO ≡ △AP′O であるから ──────↑
（直角三角形で，斜辺と他の 1 辺が，それぞれ等しい）

### 例 2 円周角の定理を利用した証明

右の図で，△ACP ∽ △BDP であることを証明しなさい。

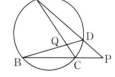

**考え方** 円周角の定理などを使って，等しい角を見つける。

**証明** △ACP と △BDP で，

∠APC ＝ ∠⬚ ……① ←共通な角

⌢CD に対する円周角は等しいので，∠CAP ＝ ∠⬚ ……②

①，②から，⬚ が，それぞれ等しいので，

△ACP ∽ △BDP

円と関連する相似の
証明では，ほとんどの
場合「2 組の角が，
それぞれ等しい」が
相似条件になるよ。

基本問題 ········································· 解答 p.42

**1** 条件にあてはまる点の作図　下の図の直線 $\ell$ 上にあって， 教 p.172 問1〜問3
∠APB ＝ 30° となる点 P の位置は 2 つあります。この 2 つの点の位置を作図しなさい。

> **ここが ポイント**
> 正三角形 OAB をかき，O を中心
> として半径 OA の円をかく。$\overparen{\text{AB}}$
> に対する円周角が 30° の弧上に点
> P がある（円周角の定理の逆）。

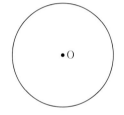

**2** 円の接線の作図　下の図で，点 A を通る円 O の接線を作図しなさい。 教 p.173 問4

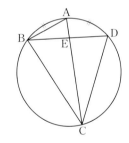

**3** 円周角の定理を利用した証明　右の図の
ように，円周上に 4 点 A，B，C，D があ
ります。$\overparen{\text{AB}} = \overparen{\text{AD}}$ のとき，
　△ABC ∽ △DEC
であることを証明しなさい。

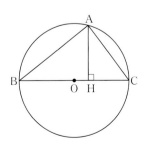

教 p.174 問5, 問6

> **思い出そう**
> 1 つの円で，等し
> い弧に対する円周
> 角の大きさは等し
> い。

**4** 円周角の定理を利用した証明　右の図の
ように，△ABC と，その辺 BC を直径と
する円があります。円周上の点 A から辺
BC に垂線 AH をひくとき，
　△ABC ∽ △HAC
であることを証明しなさい。

教 p.174 問5, 問6

> **思い出そう**
> 半円の弧に対する
> 円周角は，直角で
> ある。

6章

発展 **例1 円に内接する四角形・接線と弦のつくる角**　教 巻末p.47〜48 → 基本問題 ❶ ❷

右の図で，∠$x$，∠$y$ の大きさを求めなさい。ただし，(2)で，直線 AT は円の接線，点 A はその接点です。

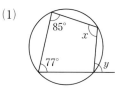
(1)

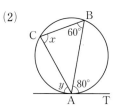
(2)

**解き方** (1)　円に内接する四角形では，向かいあう内角の和は $180°$ だから，

∠$x + 77° = 180°$ より，∠$x =$ ①□。

また，1つの内角は，それに向かいあう内角のとなりにある外角に等しいから，

∠$y =$ ②□。

(2)　円の弦とその一端を通る接線のつくる角は，その角内にある弧に対する円周角に等しいから，

∠$x =$ ③□，∠$y =$ ④□。

↑ ∠$x$ の場合と，左右逆に見る。

**円に内接する四角形の性質**
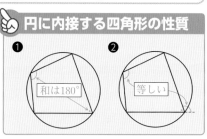
❶ 和は180°　❷ 等しい

**接線と弦のつくる角の性質**

等しい

発展  **例2 方べきの定理**　教 巻末p.49〜50 → 基本問題 ❸

右の図で，$x$ の値を求めなさい。

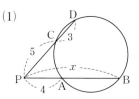
(1)

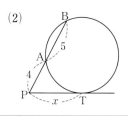
(2)

**方べきの定理**
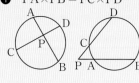
❶ PA×PB = PC×PD

❷ PA×PB = PT²

点Pを通る2つの直線が，円と交わったり接したりするときの定理だよ。

**解き方** (1)　$4×x = 5×(5+3)$ より，$4x = 40$，$x =$ ⑤□

(2)　$4×(4+5) = x²$ より，$x² = 36$，$x > 0$ より，$x =$ ⑥□

証明は，相似の利用。
△PAC ∽ △PDB，
△PAT ∽ △PTB

解答 p.42

**基本問題**

**発展 1** 円に内接する四角形・接線と弦のつくる角　下の図で，∠*x*，∠*y*
の大きさを求めなさい。ただし，(5)，(6)で，直線 AT は円の接線，
点 A はその接点です。

教 巻末p.47〜48

(1)

(2)
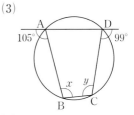

(3)
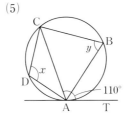

(4)

(5)
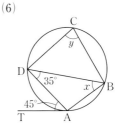

(6)
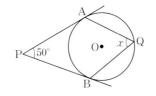

**2** 接線と弦のつくる角　右の図で，
直線 PA，PB は円の接線，点 A，
B は，それぞれその接点です。
　∠*x* の大きさを，次の 2 通りの
方法で求めなさい。

(1)　線分 OA，OB をひき，四角
　　形 APBO をつくる。

教 巻末p.47〜48

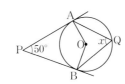

**ここがポイント**
(1)　∠OAP = ∠OBP
　　　　　= 90°
(2)　PA = PB

**6章**

**発展 (2)**　線分 AB をひき，△PAB を
　　つくる。

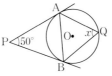

**発展 3** 方べきの定理　下の図で，*x* の値を求めなさい。

教 巻末p.50 2 4

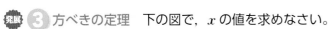

(1)
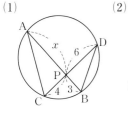

(2)
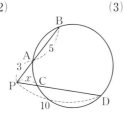

(3)
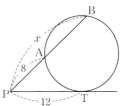

**知ってると得**
三角形の相似から方べきの
定理を証明するとき，(1)は
円周角，(2)は円に内接する
四角形，(3)は接線と弦のつ
くる角に注目する。

左ページの**例**の答え　① 103　② 85　③ 80　④ 60　⑤ 10　⑥ 6

解答 ▶ p.43

 ステージ **2**　**2節　円の性質の利用**

**1** 下の図のように，3点 A，B，C があります。直線 AB について点 C と反対側に，次のそれぞれの条件をみたす点 P を作図しなさい。

(1)　AB ⊥ CP，∠APB = 90°　　　　レベルUP (2)　AB ⊥ CP，∠APB = 60°

・B

・A

・C

・B

・A

・C

レベルUP **2** 右の図で，点 P，Q，R は，△ABC の各辺と円 O との接点です。$x$ の値を次のように求めるとき，次の □ にあてはまる数または式を入れなさい。

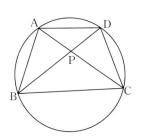

AP = AR なので，AR = $x$ cm と表せる。したがって，

BP = BQ = [① ☐ ] (cm)

CR = CQ = 14 − [② ☐ ] (cm)

BQ+CQ = 16 cm なので，( [① ☐ ] )+(14 − [② ☐ ] ) = 16

これを解いて，$x$ = [③ ☐ ]

**3** 右の図のように，円周上に 4 点 A，B，C，D があり，AC，BD の交点を P とします。BD = BC，DA = DC のとき，次の問いに答えなさい。

(1)　∠ABD と大きさの等しい角をすべて答えなさい。

(2)　△ABD ≡ △PBC であることを証明しなさい。

レベルUP (3)　BC=5，CD=3 のとき，AP の長さを求めなさい。

**1** (2)　AB を 1 辺とする正三角形と，その 3 つの頂点を通る円を考える。
**2** 円 O の外部にある点から円 O にひいた接線の長さは等しい。
**3** (3)　△ADP ∽ △BCP であることを利用して，まず PD を求める。

発展 ④ 下の図で，(1)〜(4)では ∠$x$，∠$y$ の大きさを，(5)，(6)では $x$ の長さを，それぞれ求めなさい。ただし，(3)，(4)で，直線 AT は円の接線，点 A はその接点，(3)の AC と(4)の BC は直径です。

(1)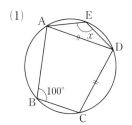

(2)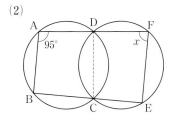

(3)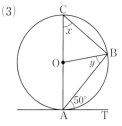

(4)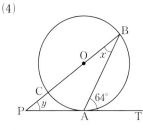

(5)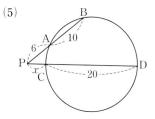

(6)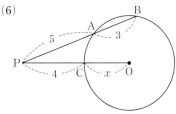

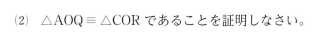

## 入試問題を やってみよう！

① 右の図のように，線分 AB，線分 CD を直径とする円 O があります。点 A を含まない $\overparen{BD}$ 上に，$\overparen{DP} = \overparen{PB}$ となるように点 P をとり，線分 AP と線分 CD の交点を Q，線分 CP と線分 AB の交点を R とします。ただし，AB = 10 cm，BC = 6 cm，CA = 8 cm です。　〔佐賀〕

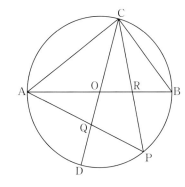

(1) △ABC の面積を求めなさい。

(2) △AOQ ≡ △COR であることを証明しなさい。

(3) 線分の比 OR : RB と等しいものを，次のア〜エの中から１つ選びなさい。
　ア　CR : RP　　　イ　OB : OC　　　ウ　CO : CB　　　エ　CB : OP

(4) △CRB の面積を求めなさい。

(5) 四角形 OQPR の面積を求めなさい。

(6) 線分 QR の長さを求めなさい。

① (3) 図中の２点を結ぶと平行な直線が現れる。
　(5)，(6) この四角形は線対称な図形であり，２本の対角線は垂直である。

6 章

解答▶p.45

実力判定テスト　ステージ3　円の性質　　40分　/100

**1** 下の図で，∠x の大きさを求めなさい。　　　　　　　　4点×15（60点）

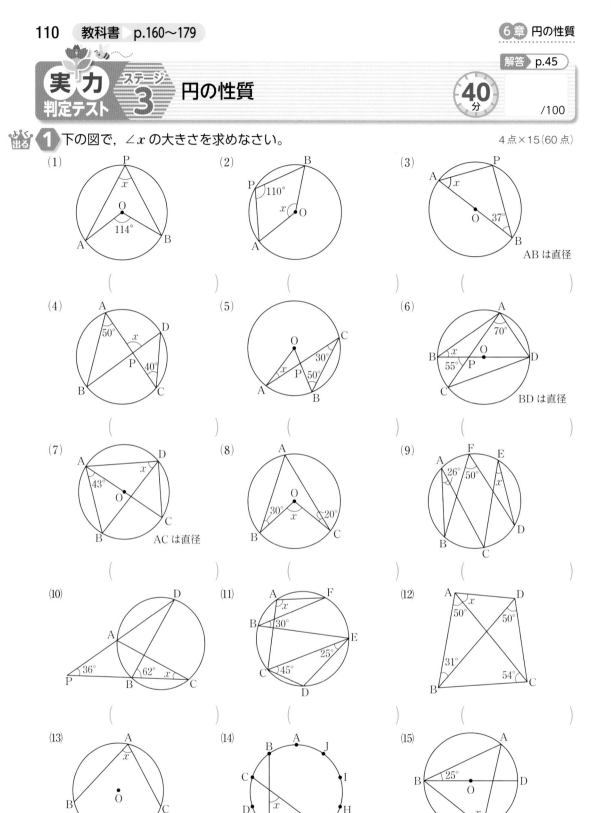

(1)

(2)

(3) AB は直径

(4)

(5)

(6) BD は直径

(7) AC は直径

(8)

(9)

(10)

(11)

(12)

(13) $\overarc{BAC}:\overarc{BDC}=3:2$

(14) A〜Jは円周を10等分する点

(15) BD は直径

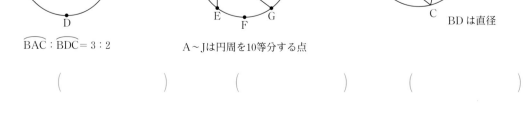

**2** 右の図で，点 A を通る円 O の接線を作図しなさい。 （6点）

**3** 右の図のように，円周上に 4 点 A，B，C，D があり，AD は円 O の直径です。A から辺 BC に垂線 AH をひくとき，△ABH ∽ △ADC であることを証明しなさい。

（10点）

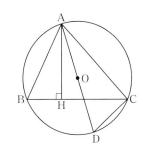

**4** 右の図で，直線 PA，PC は円 O の接線，点 A，C は，それぞれその接点です。∠ADC = ∠$a$ のとき，次の角の大きさを，∠$a$ を使って表しなさい。　5点×2（10点）

(1)　∠ABC　　　　　　(2)　∠APC

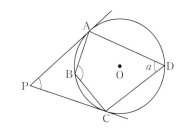

（　　　　　）　（　　　　　）

**5** 右の図のように，円周上に 3 点 A，B，C があり，∠ACB の二等分線と辺 AB，円周との交点を，それぞれ，D，E とします。

7点×2（14点）

(1)　△AEC ∽ △DEA であることを証明しなさい。

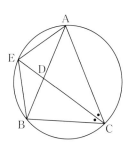

(2)　AC = 5，AE = 3，EC = 7 のとき，AD の長さを求めなさい。

（　　　　　）

アプリ【どこでもワーク計算編・図形編】をやって，さらに力をつけよう！

**確認のワーク** **ステージ 1**　**1節　直角三角形の３辺の関係**
**❶ 三平方の定理**

**例 1 三平方の定理**　　　　　　　　　　教 p.183〜184 → 基本問題 ❶❷

右の図の直角三角形で，残りの辺の
長さを求めなさい。

(1)
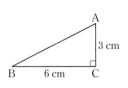

(2)
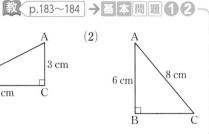

**考え方** 直角三角形の２辺の長さがわかってい
るとき，三平方の定理を使うと，残りの辺の
長さを求めることができる。

**三平方の定理**

直角三角形の直角をはさむ
２辺の長さを $a$, $b$, 斜辺の
長さを $c$ とすると，
$$a^2 + b^2 = c^2$$

**解き方** (1)　$AB = x$ cm とすると，

$6^2 + \boxed{①\phantom{XX}}^2 = x^2$
　　　　　　（斜辺）$^2$

$x^2 = 45$

$x > 0$ だから，$x = \boxed{②\phantom{XX}}$　←√の中は，できるだけ簡単な数に。

**答** $\boxed{②\phantom{XX}}$ cm

(2)　$BC = x$ cm とすると，$\boxed{③\phantom{XX}}^2 + x^2 = \boxed{④\phantom{XX}}^2$

$x^2 = \boxed{⑤\phantom{XX}}$　　　$x > 0$ だから，$x = \boxed{⑥\phantom{XX}}$

**答** $\boxed{⑥\phantom{XX}}$ cm

**例 2 三平方の定理の逆**　　　　　　　　教 p.186 → 基本問題 ❸❹

右の図の三角形は，
直角三角形ですか。

(1)
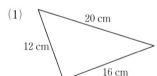

(2)

**考え方** $a^2 + b^2 = c^2$ → 直角三角形

**解き方** (1)　もっとも長い 20 cm の辺を $c$，
他の２辺を $a$, $b$ とすると，

$a^2 + b^2 = \underset{144+256}{\underline{12^2 + 16^2}} = \boxed{⑦\phantom{XX}}$

$c^2 = 20^2 = \boxed{⑧\phantom{XX}}$

**三平方の定理の逆**

△ABC で，BC = $a$，CA = $b$，AB = $c$
とするとき，
$a^2 + b^2 = c^2$ ならば，∠C = 90°

だから，$a^2 + b^2 = c^2$ という関係が成り立つので，この三角形は，直角三角形で $\boxed{⑨\phantom{XX}}$。

(2)　(1)と同様に $a$, $b$, $c$ を決めると，

$a^2 + b^2 = 15^2 + 10^2 = \boxed{⑩\phantom{XX}}$　　　　$c^2 = 17^2 = 289$

$a^2 + b^2$ の値と $c^2$ の値が異なるので，この三角形は，直角三角形で $\boxed{⑪\phantom{XX}}$。

## 基本問題

解答 p.47

**1 三平方の定理** 下の図の直角三角形で，残りの辺の長さを求めなさい。

教 p.184 問1, 問2

(1) 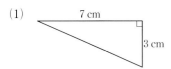 7 cm, 3 cm

(2) 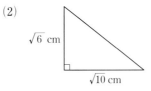 $\sqrt{6}$ cm, $\sqrt{10}$ cm

知ってると得

直角三角形 ABC で，
$a^2+b^2=c^2,$
$a>0,\ b>0,\ c>0$
から，
$c=\sqrt{a^2+b^2}$
$b=\sqrt{c^2-a^2}$
$a=\sqrt{c^2-b^2}$

(3) 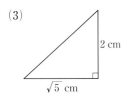 2 cm, $\sqrt{5}$ cm

(4) 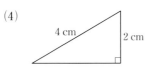 4 cm, 2 cm

(5) 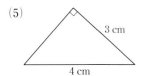 3 cm, 4 cm

(6) 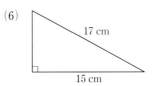 17 cm, 15 cm

**2 三平方の定理** 下の図の長方形で，対角線の長さを求めなさい。

教 p.187 練習問題②

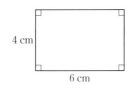 4 cm, 6 cm

**ここがポイント**

対角線を斜辺とする直角三角形ができる。

**3 三平方の定理の逆** 次の長さを3辺とする三角形のうち，直角三角形になるものをすべて選びなさい。

教 p.186 問4

(ア) 2 cm, 3 cm, 4 cm
(イ) 5 cm, 12 cm, 13 cm
(ウ) 0.9 cm, 1.5 cm, 1.9 cm
(エ) $\sqrt{2}$ cm, $\sqrt{5}$ cm, $\sqrt{7}$ cm

7章

**4 三平方の定理の逆** 2辺の長さが 10 cm，6 cm の三角形があります。この三角形が直角三角形であるためには，残りの1辺の長さは，何 cm であればよいですか。

教 p.187 練習問題③

**ミス注意**

答えは1通りではない。直角をはさむ2辺の長さが 10 cm，6 cm のときと，斜辺の長さが 10 cm のときがある。

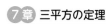
解答 ▶ p.47

 **1節　直角三角形の3辺の関係**

**1** 右の図のように，直角三角形 ABC と合同な直角三角形を，AB を1辺とする正方形のまわりにかき，外側に1辺が $a+b$ の正方形をつくります。このとき，$a^2+b^2=c^2$ が成り立つことを証明しなさい。

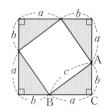

**2** 直角三角形の直角をはさむ2辺の長さを $a$，$b$，斜辺の長さを $c$ とします。直角三角形(ア)〜(オ)について，右の表の空欄をうめなさい。

|  | (ア) | (イ) | (ウ) | (エ) | (オ) |
|---|---|---|---|---|---|
| $a$ | ① | 5 | 8 | 5 | 4 |
| $b$ | 4 | 12 | 15 | 5 | ⑤ |
| $c$ | 5 | ② | ③ | ④ | 8 |

**3** 周の長さが 40 cm の直角三角形があります。斜辺の長さが 17 cm であるとき，ほかの2辺の長さを求めなさい。

**4** 次の長さを3辺とする三角形は，直角三角形といえますか。

(1) 0.8 cm，1.7 cm，1.5 cm

(2) 20 cm，21 cm，29 cm

(3) 1.5 cm，3.7 cm，3.3 cm

(4) 3 cm，$\dfrac{40}{3}$ cm，$\dfrac{41}{3}$ cm

**5** 下の図で，$x$，$y$ の値を，それぞれ求めなさい。

(1)
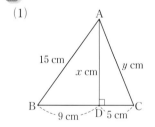

(2)
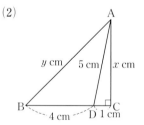

(3)
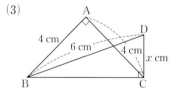

(4)
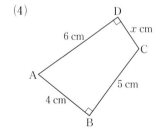

(5)
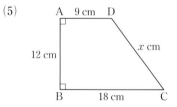

(6)
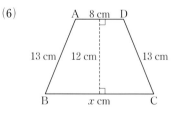

**1** （外側の正方形の面積）−（4つの直角三角形の面積の和）＝（中央の正方形の面積）

**3** 求める2辺の長さのうち，1辺の長さを $x$ cm として，方程式をつくる。

**5** (4)では対角線 AC，(5)では D から辺 BC に垂線をひいて考える。

**6** 右の図は，直角三角形の各辺を直径とする半円をかいたものです。3つの半円の面積 $P$，$Q$，$R$ の間には，どんな関係が成り立ちますか。式で答えなさい。また，その関係が成り立つ理由を簡潔に説明しなさい。

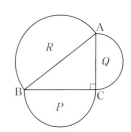

**7** 次の問いに答えなさい。

(1) 右の図のような，3辺の長さが 13 cm，21 cm，20 cm の △ABC があります。この △ABC の面積を，AH = $h$ cm，BH = $x$ cm として，次の順序で求めなさい。

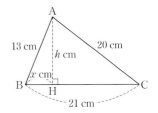

① △ABH と △ACH で，それぞれ三平方の定理を使って，$h^2$ を $x$ の式で表しなさい。

② ①で求めた2つの式を，$x$ と $h$ の連立方程式とみて，$x$，$h$ の値を，それぞれ求めなさい。

③ △ABC の面積を求めなさい。

(2) (1)の手順を参考にして，右の図のような，3辺の長さが 25 cm，28 cm，17 cm の △ABC の面積を求めなさい。

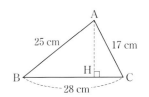

**入試問題をやってみよう！**

**1** 右の図のような平行四辺形 ABCD があり，辺 BC 上に点 E を辺 BC と線分 AE が垂直に交わるようにとり，辺 AD 上に点 F を AB = AF となるようにとります。また，線分 BF と線分 AE との交点を G，線分 BF と線分 AC との交点を H とします。AB = 15 cm，AD = 25 cm，∠BAC = 90° のとき，三角形 AGH の面積を求めなさい。

〔神奈川〕

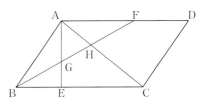

**6** BC = $a$，CA = $b$，AB = $c$ とすると，$a^2 + b^2 = c^2$ が成り立つことを利用する。
**1** 線分 AC，AE，BE などの長さがわかるので，まずそれらを求める。次に，平行線と線分の比を利用して，面積の比を考える。

**2節 三平方の定理の利用**
**❶ 三平方の定理の利用(1)**

---

### 例1 正三角形の高さと面積

教 p.191〜192 → 基本問題 ❶

1辺の長さが6cmの正三角形ABCの高さと面積を求めなさい。

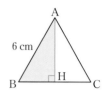

**解き方** 頂点Aから辺BCに垂線AHをひくと,

Hは BC の中点になり, BH = ⎡①⎤ cm

△ABH で, AH = $h$ cm とすると, 三平方の定理より,

$3^2 + h^2 = \boxed{②}^2$ $\qquad h^2 = \boxed{③}$ $\qquad h > 0$ だから, $h = \boxed{④}$ (cm)

$\triangle ABC = \dfrac{1}{2} \times 6 \times h = \dfrac{1}{2} \times 6 \times 3\sqrt{3} = \boxed{⑤}$ (cm²)

**思い出そう**

ならば, Hは BC の中点

右ページの「覚えておこう」も見てね。

---

### 例2 弦の長さ

教 p.193 → 基本問題 ❸

半径8cmの円で, 中心Oからの距離が6cmである弦ABの長さを求めなさい。

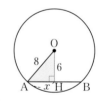

**解き方** 中心Oから弦ABへ垂線OHをひくと, AB = ⎡⑥⎤ AH ←OA=OBだから, 例1と同じ関係。

△OAH で, AH = $x$ cm とすると,

$x^2 + \boxed{⑦}^2 = \boxed{⑧}^2$ $\qquad x^2 = \boxed{⑨}$ $\qquad x > 0$ だから, $x = \boxed{⑩}$

したがって, AB = $2 \times 2\sqrt{7} = \boxed{⑪}$ (cm)

---

### 例3 2点間の距離

教 p.194 → 基本問題 ❺

2点 A(−2, 5), B(6, 1) の間の距離を求めなさい。

**解き方** Aから$y$軸に平行にひいた直線と, Bから$x$軸に平行にひいた直線の交点をHとする。

△AHB で, ∠AHB = 90°

HB = 6 − (−2) = 8, AH = 5 − ⎡⑫⎤ = ⎡⑬⎤
  $x$座標の差      $y$座標の差

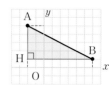

したがって, AB² = 8² + 4² = ⎡⑭⎤ $\qquad$ AB = ⎡⑮⎤

**117**

 **基本問題** 解答 p.49

**1** 正三角形・二等辺三角形の高さと面積　下の図の三角形で，高さ
AH と面積を求めなさい。 教 p.191 問3

**ここがポイント**
$AH^2 + BH^2 = AB^2$

(1) 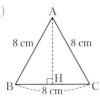 (2)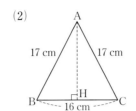

**2** 特別な角をもつ直角三角形の辺の長さ　下の図で，$x$，$y$ の値を，
それぞれ求めなさい。 教 p.192 問4

(1) 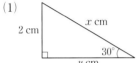 (2)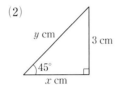

(3) 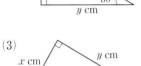 (4)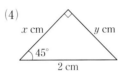

**覚えておこう**
辺の長さの割合
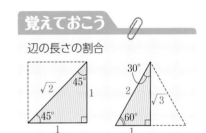

**3** 弦の長さ　下の図で，$x$ の値を求めなさい。 教 p.193 問6, 問7

(1)　半径 8 cm の円 (2)　半径 5 cm の円

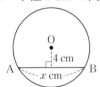 

**4** 円の接線の長さ　下の図で，AP は，P を接点とする円 O の接線
です。$x$ の値を求めなさい。 教 p.197 練習問題②

**ここがポイント**
$AP \perp OP$ だから，
$\triangle AOP$ は直角三角形。

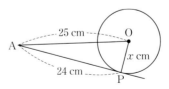

**5** 2点間の距離　次の座標をもつ2点間の距離を求めなさい。 教 p.194 問8

(1)　A$(3, 4)$，B$(-4, -2)$ (2)　C$(-1, -3)$，D$(4, 2)$

**知ってると得**
2点 A$(a, b)$，B$(c, d)$
のとき，
$AB = \sqrt{(c-a)^2 + (d-b)^2}$

**左ページの例の答え**
①3　②6　③27　④$3\sqrt{3}$　⑤$9\sqrt{3}$　⑥2　⑦6　⑧8　⑨28　⑩$2\sqrt{7}$　⑪$4\sqrt{7}$
⑫1　⑬4　⑭80　⑮$4\sqrt{5}$

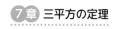

確認のワーク ステージ **1**

**2節 三平方の定理の利用**
**❶ 三平方の定理の利用(2)**

**例 1 直方体の対角線** 教 p.195 → 基本 問題 ❶ ❷

右の図の直方体で，AE = 6 cm，EF = 8 cm，
FG = 5 cm のとき，対角線 AG の長さを求めなさい。

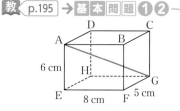

**考え方** 線分 AG を1辺とする直角三角形を見つける。

**解き方** 辺 AE ⊥ 平面EFGH だから，

平面 EFGH は，
次のように
なっている。

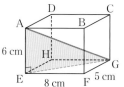

AE $\boxed{①}$ EG

$\triangle$AEG で，$\angle$AEG = $\boxed{②}$ °だから，

三平方の定理より，$AG^2 = AE^2 + \boxed{③}^2$ ……①

また，$\triangle$EFG で，$\angle$EFG = 90° だから，三平方の定理より，$EG^2 = EF^2 + FG^2$ ……②

①，②から，$AG^2 = AE^2 + EF^2 + FG^2 = \underbrace{6^2 + 8^2 + 5^2}_{36+64+25} = \boxed{④}$

したがって，$AG = \sqrt{125} = \boxed{⑤}$ (cm)

直方体の対角線の長さは，
すべて等しくなるよ。
AG = BH = CE = DF
だね。

**例 2 正四角錐の高さと体積** 教 p.196 → 基本 問題 ❸ ❹

正四角錐 OABCD があります。底面 ABCD は，1辺の
長さが 4 cm の正方形で，ほかの辺の長さは，すべて 6 cm です。
この正四角錐の高さと体積を求めなさい。

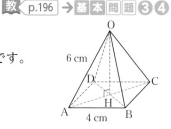

**考え方** 垂線 OH をひくと，H は底面の正方形の対角線の交点である。

**解き方** 頂点 O から底面に垂線 OH をひくと，

$\triangle$OAH で $\angle$OHA = 90° だから，三平方の定理より，$OH^2 = OA^2 - AH^2$

また，$AH = \dfrac{1}{2}AC = \dfrac{1}{2} \times \underbrace{\boxed{⑥} AB}_{\triangle ABCは直角二等辺三角形} = \dfrac{1}{2} \times 4\sqrt{2} = \boxed{⑦}$ (cm)

だから，$OH^2 = 6^2 - (2\sqrt{2})^2 = \boxed{⑧}$

よって，高さは，$OH = \sqrt{28} = 2\sqrt{7}$ (cm)

体積は，$\dfrac{1}{3} \times \underbrace{\boxed{⑨}^2}_{底面積} \times \underbrace{2\sqrt{7}}_{高さ} = \boxed{⑩}$ (cm³)

# 基本問題 ⋯⋯⋯⋯⋯⋯⋯⋯⋯⋯⋯⋯⋯⋯⋯⋯⋯⋯⋯⋯⋯⋯ 解答 p.50

**1 直方体の対角線** 次の長さを 3 辺にもつ直方体の対角線の長さを求めなさい。  教 p.195 問9

(1) 6 cm, 8 cm, 10 cm　　(2) 6 cm, 6 cm, 7 cm

**知ってると得**
直方体の対角線の長さ
$= \sqrt{(縦)^2+(横)^2+(高さ)^2}$
立方体の対角線の長さ
$= \sqrt{(1辺)^2+(1辺)^2+(1辺)^2}$

**2 立方体の対角線** 1 辺の長さが 6 cm である立方体の対角線の長さを求めなさい。  教 p.195 問9

**3 正四角錐の高さと体積** 底面が 1 辺 8 cm の正方形で，ほかの辺の長さがすべて 10 cm である正四角錐があります。 教 p.196 問10, 問11

(1) この正四角錐の高さを求めなさい。

(2) この正四角錐の体積を求めなさい。

**思い出そう**
角錐・円錐の体積
$= \dfrac{1}{3} \times 底面積 \times 高さ$

(3) この正四角錐の側面積を求めなさい。

**4 円錐の高さと体積** 下の図の円錐で，$x$ の値と体積を，それぞれ求めなさい。 教 p.197 練習問題④

(1)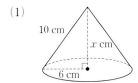

(2)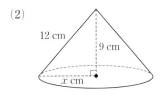

**5 最短距離と展開図** 右の図のような，底面は 1 辺が 4 cm の正三角形，高さが 6 cm である正三角柱の表面に，頂点 A から頂点 D まで，糸をゆるまないようにかけます。 教 p.201

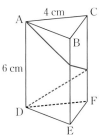

(1) 糸の長さがもっとも短くなるとき，糸のようすを，下の展開図にかき入れなさい。

(2) (1)のとき，糸の長さを求めなさい。

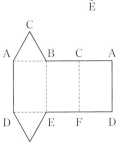

**ここがポイント**
立体の表面にそって，2 点を結ぶときの最短距離は，展開図の上で，2 点を両端とする線分の長さになる。

7章

 ステージ 2

## 2節 三平方の定理の利用

**①** 下の図で, $x$, $y$ の値を, それぞれ求めなさい。

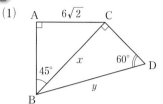

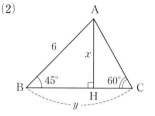

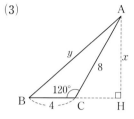

**②** 右の図の △ABC について, 辺 BC を底辺とするとき, 高さと面積を求めなさい。

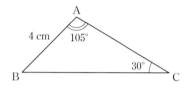

**③** 頂点の座標が, A(−2, 8), B(−3, 1), C(1, 4) である △ABC があります。

(1) 3辺の長さを, それぞれ求めなさい。

(2) この三角形は, どんな三角形ですか。

**④** 右の図の正方形 ABCD で, 点 E, F はそれぞれ辺 BC, CD 上の点で, △AEF は正三角形です。△CEF の面積が 16 cm² のとき, △AEF の面積を求めなさい。

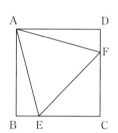

**⑤** 半径 7 cm の球 O を, 中心 O から 5 cm の距離にある平面で切ったとき, 切り口の図形は円になります。
この円の半径と面積を求めなさい。

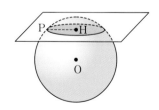

**②** まず高さを求めるために, A から BC に垂線 AH をひく。
**④** △ABE ≡ △ADF より, BE = DF で, △CEF は CE = CF の直角二等辺三角形である。
**⑤** △OHP は, ∠H = 90° の直角三角形で, OP が球の半径である。

**6** 右の図は，1辺の長さが8cmの立方体で，点M，Nはそれぞれ辺BF，DHの中点です。四角形CNEMの面積を求めなさい。

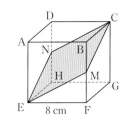

**7** 1辺の長さが2cmの正方形ABCDを底面とし，点Oを頂点とする正四角錐OABCDがあります。その高さが$\sqrt{3}$cmのとき，次のものを求めなさい。

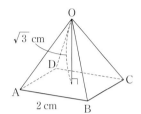

(1)　OAの長さ

(2)　正四角錐OABCDの表面積

**8** 右の図のような，底面の半径が3cmの円，母線の長さが9cmである円錐があります。

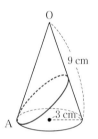

(1)　この円錐の高さと体積を求めなさい。

<sup>レベル</sup>UP (2)　図のように，底面の円周上に点Aをとり，そこから円錐の側面にそってAにもどるまで，ひもをゆるまないようにかけます。ひもの長さがもっとも短くなるとき，ひもの長さを求めなさい。

## 入試問題をやってみよう！

**1** 右の図1のように，円Oの周上に点A，B，C，Dがあり，△ABCは正三角形です。また，線分BD上に，BE＝CDとなる点Eをとります。　　　　　〔富山〕

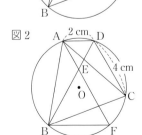

図1

(1)　△ABE ≡ △ACD を証明しなさい。

(2)　右の図2のように，線分AEの延長と円Oとの交点をFとし，AD＝2cm，CD＝4cmとします。

図2

①　△BFEの面積を求めなさい。

②　線分BCの長さを求めなさい。

---

**6** 4辺が等しいので，四角形CNEMはひし形で，面積 ＝ 対角線×対角線÷2

**8** 側面の展開図はおうぎ形になる。ひもは，側面のおうぎ形の弧の両端Aを結ぶ弦となる。

**1** (2) (1)で証明した結果が使えないか考えてみよう。

## ステージ3 三平方の定理

**40分**　/100

**1** 下の図で，*x*，*y* の値を，それぞれ求めなさい。　　　　4点×10(40点)

(1)
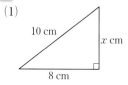

(2)
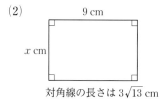
対角線の長さは $3\sqrt{13}$ cm

(3)
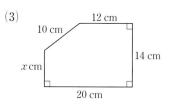

(　　　　　　　)　　　　(　　　　　　　)　　　　(

(4)
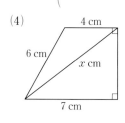

(5)
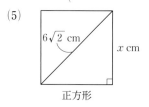
正方形

(6)
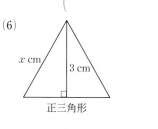
正三角形

(　　　　　　　)　　　　(　　　　　　　)　　　　(

(7)
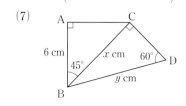

(8)
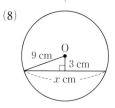

(9)
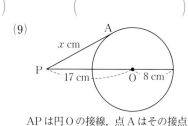

AP は円 O の接線，点 A はその接点

*x*(　　　　　　　)　　　　(　　　　　　　)　　　　(

*y*(　　　　　　　)

**2** 次の長さを3辺とする三角形は，直角三角形といえますか。　　　2点×4(8点)

(1)　2 cm，$\sqrt{3}$ cm，$\sqrt{5}$ cm

(2)　$\sqrt{2}$ cm，3 cm，$\sqrt{5}$ cm

(　　　　　　　)　　　　　　　　(

(3)　5 cm，6 cm，$\sqrt{11}$ cm

(4)　$3\sqrt{2}$ cm，$4\sqrt{2}$ cm，$5\sqrt{2}$ cm

(　　　　　　　)　　　　　　　　(

**3** 次の問いに答えなさい。　　　　5点×4(20点)

(1)　2点 A$(-3, -4)$，B$(7, 2)$ の間の距離を求めなさい。

(　　　　　　　)

(2)　1辺の長さが4 cm の正三角形の面積を求めなさい。

(　　　　　　　)

(3)　3辺の長さが3 cm，4 cm，5 cm の直方体の対角線の長さを求めなさい。

(　　　　　　　)

(4)　底面が1辺6 cm の正方形で，ほかの辺の長さがすべて5 cm である正四角錐の体積を求めなさい。

(　　　　　　　)

**目標** 三平方の定理を理解し，いろいろな場面で，必要な直角三角形を見つけ出し，定理が使えるようになろう。

**自分の得点まで色をぬろう！**
⊖がんばろう　⊜もうすこし　⊕合格！
0　　　　　　　60　80　100点

**4** AB = 5 cm，BC = 4 cm，CA = 3 cm，AD =8 cm，∠ACB = 90°の三角柱があります。点 G，H はそれぞれ辺 AD，CF の中点です。3点 G，E，H を通る平面でこの三角柱を切ったとき，△EGH の面積を求めなさい。 （5点）

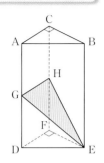

（ 　　　　　 ）

**5** 右の図は，円錐の展開図で，側面の部分は，半径8 cm，中心角 90°のおうぎ形です。

これを組み立ててできる円錐の体積を求めなさい。 （6点）

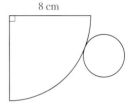

（ 　　　　　 ）

**6** 右の図のような，底面が1辺が3 cm の正方形，高さが5 cm である正四角柱の表面に，頂点 A から辺 BF，CG，DH を通って頂点 E まで，糸をゆるまないようにかけます。糸の長さがもっとも短くなるとき，糸の長さを求めなさい。 （6点）

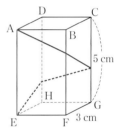

（ 　　　　　 ）

**7** 右の図は，1辺の長さが4 cm の立方体で，点 M は辺 BC の中点です。3点 A，F，M を通る平面でこの立方体を切るとき，次の問いに答えなさい。 5点×3（15点）

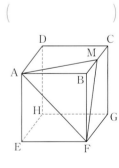

(1) 三角錐 BAFM の体積を求めなさい。

（ 　　　　　 ）

(2) △AFM の面積を求めなさい。

（ 　　　　　 ）

(3) △AFM を底面としたとき，三角錐 BAFM の高さを求めなさい。

（ 　　　　　 ）

7章

1節　標本調査
**1** 標本調査の方法　　**2** 母集団と標本の関係
**3** データを活用して，問題を解決しよう

### 例1 全数調査と標本調査

教 p.204 → 基本問題 **1** **2**

次の調査では，全数調査と標本調査のどちらが適切ですか。

(1)　かんづめの品質検査
(2)　学校でおこなう体力測定
(3)　ある湖の魚の数の調査
(4)　国勢調査

**考え方** 調査の内容や目的によって，集団のすべてについて調べることが現実的でない場合や，ふつごうな場合は，標本調査をおこなう。

**解き方** (1)　すべてを検査すると，売る品物が
　　　　　　　かんづめの中身を調べる。
なくなるので，①□□□ 調査。

**覚えておこう**

全数調査…集団のすべてを対象として調査すること。
標本調査…集団の一部を対象として調査すること。

(2)　ひとりひとりの体力を知る必要があるので，②□□□ 調査。

(3)　湖の魚をすべて数えるのはむずかしく，およその数がわかればよいので，
　　　　たとえ数えても，何日か後には変化している可能性がある。
③□□□ 調査。

(4)　国の統計の基礎資料をつくるため，手間や時間，費用がかかっても，すべての国民について調べる必要があるので，④□□□ 調査。

### 例2 母集団と標本・標本調査の活用

教 p.213 → 基本問題 **3** **4** **5**

赤玉と白玉があわせて300個はいっている箱があります。この箱の中から，無作為に15個の玉を取り出して，赤玉の数を数えると4個でした。この箱の中の赤玉の数は，およそ何個と推定されますか。

**考え方** 箱の中と無作為に抽出した標本では，赤玉と白玉の個数の比（割合）は，ほぼ等しいと考えられる。
　　　　　かたよりなく取り出した

**解き方** 無作為に標本を抽出した結果から，この箱の中の300個の玉のうち，赤玉の数の割合は $\dfrac{⑤□}{15}$ と考えられるので，

赤玉の数は，$300 × ⑥□ = ⑦□$

となり，およそ ⑦□ 個と推定される。

標本

15個（標本の大きさ）のうち，赤玉4個

無作為に抽出

母集団

箱の中の玉300個

赤玉の数の割合は，ほぼ等しいと考えられる。

**別解** 箱の中の赤玉の数を $x$ 個とすると，$x : 300 = 4 : ⑧□$

$x = ⑨□$（個）
　　　母集団での　　↑　　　↑　標本での
　　　（赤玉）：（全体）　　　（赤玉）：（全体）

基本問題 ......................................................... 解答 p.55

**1** 全数調査と標本調査　次の □ にあてはまることばを書きなさい。　教 p.204～205

集団のすべてを対象として調査することを ① ◻ という。

また，集団の一部を対象として調査することを ② ◻ という。

標本調査をするとき，調査の対象となるもとの集団を ③ ◻ ，取り出した一部

の集団を ④ ◻ という。

また，標本となった人やものの数のことを ⑤ ◻ という。

**2** 全数調査と標本調査　次の調査は，全数調査と標本調査のどちらで　教 p.204 問1

おこなわれますか。

(1)　学校の入学試験　　　　　　　　(2)　果物の糖度検査

(3)　新聞の世論調査　　　　　　　　(4)　生徒会の役員選挙

**3** 母集団と標本　ある中学校の 3 年生男子 200 人の中から，無作為に　教 p.205 問2, p.206

20 人を選び出し，ハンドボール投げの記録を調査します。

この調査の母集団と標本は，それぞれ何ですか。

また，標本の大きさはいくつですか。

問題**1**の文章から判断できるね。

**4** 標本調査の活用　ある市の有権者 108260 人の中から，無作為に　教 p.213 問1

400 人を選んで，政党支持率の調査をしたところ，政党 A を支持

すると答えた人は 140 人いました。この市の有権者の中に，政党

A を支持する人はおよそ何人いると推定されますか。十の位を四

捨五入して，概数で求めなさい。

**ここがポイント**

標本の中の政党 A を
支持する人の割合は
$\dfrac{140}{400}$

**5** 標本調査の活用　黒い金魚だけいる池に，赤い金魚を 200 匹入　教 p.213 問1, p.214

れ，1 日おいてよく混ざった状態になったときに，網ですくって

その中に入っている金魚の数を調べたら，黒い金魚は 16 匹，赤

い金魚は 10 匹でした。はじめに池の中にいた黒い金魚の数は，

全部でおよそ何匹と推定されますか。

**ここがポイント**

(黒い金魚):(赤い金魚)
が，母集団と標本で等
しい。

8 章

## 1節　標本調査

**1** 標本調査について，次の(1)〜(4)が適切であれば○，適切でなければ×を答えなさい。
また，適切でないものについて，その理由をいいなさい。

(1)　標本調査では，標本が母集団の性質をよく表すように，標本をかたよりなく選び出す。

(2)　母集団から標本を選び出すとき，どのように標本を選んでも，正確な推定が得られる。

(3)　1000人の人を選んで世論調査をするのに，調査員が適当に自分の気に入った人を1000人選んで調査した。

(4)　標本を無作為に選べば，母集団の性質と標本の性質に違いはまったくない。

**2** ある池のふなの総数を調べるために，次の調査をしました。

網ですくうと20匹とれ，その全部に印をつけて池にもどしました。数日後，再び同じ網ですくうと18匹とれ，印のついたふなが5匹いました。

この池にいるふなの総数を推定しなさい。

**3** 箱の中に白玉だけがはいっています。多くて数えきれないので，同じ大きさの赤玉300個を白玉がはいっている箱の中に入れ，よくかき混ぜた後，そこから100個の玉を無作為に抽出すると，赤玉が10個ふくまれていました。はじめに箱の中にはいっていた白玉の数は，およそ何個と推定されますか。

**4** 青玉と白玉があわせて180個はいっている袋があります。この袋の中から，20個の玉を無作為に取り出し，青玉と白玉の個数を調べた後，玉を袋にもどします。右の表は，この作業を6回くり返した結果を表したものです。

この袋の中の白玉の数は，およそ何個と推定されますか。

| 回 | 1 | 2 | 3 | 4 | 5 | 6 |
|---|---|---|---|---|---|---|
| 青玉の個数 | 14 | 15 | 15 | 13 | 14 | 13 |
| 白玉の個数 | 6 | 5 | 5 | 7 | 6 | 7 |

**1** 標本調査では，母集団の性質になるべく近い情報が得られるように標本を取り出す。
**3** 対応関係に注意する。(母集団の白)：(母集団の赤)＝(標本の白)：(標本の赤)
**4** 6回の結果を集計し，青玉と白玉全体の個数のうちの，白玉の個数の割合を考える。

**5** 1200ページの辞典があります。この辞典に掲載されている見出し語の総数を調べるために，無作為に8ページを選び，そのページに掲載されている見出し語の数を調べると，次のようになりました。　　22，18，35，27，19，23，31，29

　　この辞典に掲載されている見出し語の総数は，およそ何語と推定されますか。百の位を四捨五入して，概数で求めなさい。

**6** 次の表は，ある中学校の3年生男子80人のハンドボール投げの記録です。

ハンドボール投げの記録（m）

| 番号 | 記録 | 番号 | 記録 | 番号 | 記録 | 番号 | 記録 | 番号 | 記録 | 番号 | 記録 | 番号 | 記録 | 番号 | 記録 |
|---|---|---|---|---|---|---|---|---|---|---|---|---|---|---|---|
| 1 | 23 | 11 | 31 | 21 | 27 | 31 | 25 | 41 | 25 | 51 | 26 | 61 | 25 | 71 | 24 |
| 2 | 22 | 12 | 20 | 22 | 27 | 32 | 24 | 42 | 21 | 52 | 25 | 62 | 23 | 72 | 25 |
| 3 | 28 | 13 | 30 | 23 | 23 | 33 | 25 | 43 | 28 | 53 | 22 | 63 | 29 | 73 | 26 |
| 4 | 25 | 14 | 25 | 24 | 28 | 34 | 24 | 44 | 24 | 54 | 24 | 64 | 34 | 74 | 24 |
| 5 | 26 | 15 | 27 | 25 | 24 | 35 | 25 | 45 | 24 | 55 | 26 | 65 | 24 | 75 | 25 |
| 6 | 26 | 16 | 22 | 26 | 23 | 36 | 26 | 46 | 26 | 56 | 21 | 66 | 27 | 76 | 26 |
| 7 | 20 | 17 | 29 | 27 | 29 | 37 | 24 | 47 | 16 | 57 | 20 | 67 | 24 | 77 | 24 |
| 8 | 26 | 18 | 23 | 28 | 21 | 38 | 25 | 48 | 17 | 58 | 28 | 68 | 26 | 78 | 25 |
| 9 | 25 | 19 | 22 | 29 | 24 | 39 | 26 | 49 | 26 | 59 | 21 | 69 | 27 | 79 | 27 |
| 10 | 23 | 20 | 31 | 30 | 26 | 40 | 30 | 50 | 32 | 60 | 27 | 70 | 28 | 80 | 22 |

　　この資料から，乱数表を利用して，番号9，31，54，1，69，46，13，65，32，11の10人の記録を，標本として無作為に抽出しました。

　　この10人の記録の平均値を，小数第1位を四捨五入して概数で求め，3年生男子80人の平均値を推定しなさい。

**入試問題を やってみよう！**

**1** 空き缶を4800個回収したところ，アルミ缶とスチール缶が混在していました。この中から120個の空き缶を無作為に抽出したところ，アルミ缶が75個ふくまれていました。回収した空き缶のうち，アルミ缶はおよそ何個ふくまれていると考えられますか。ただし，答えだけでなく，答えを求める過程がわかるように，途中の式なども書きなさい。　　〔長崎〕

**5** 抽出した8ページ（標本）の平均は，辞典の全ページ（母集団）の平均にほぼ等しいと考えられる。

**6** 表全体の平均値を，標本の平均値で推定する。

実力判定テスト　ステージ3　標本調査とデータの活用　⏱20分　/100

**1** 次の調査は，全数調査と標本調査のどちらでおこなわれますか。　　4点×4（16点）

(1) 電池の寿命の検査

(2) あるクラスでの出欠の調査

（　　　　　　　　）　　　　　　　（　　　　　　　　）

(3) 中学生の進路希望の調査

(4) 全国の中学生の学習時間の調査

（　　　　　　　　）　　　　　　　（　　　　　　　　）

**2** ある工場で作った製品から，300個を無作為に抽出したところ，そのうち5個が不良品でした。この工場で作った製品60000個の中には，およそ何個の不良品があると推定されますか。　　　　　　　　　　　　　　　　　　　　　　　　　　　　　　　　　　（16点）

（　　　　　　　　）

**3** 袋の中に，白い碁石と黒い碁石があわせて400個はいっています。これをよくかき混ぜてから，無作為にひとつかみの碁石を取り出し，碁石の数を数えると，白い碁石が15個，黒い碁石が9個でした。この袋の中の白い碁石の数は，およそ何個と推定されますか。　（16点）

（　　　　　　　　）

**4** ある池の魚の総数を調べるために，無作為に魚を50匹捕まえ，その全部に印をつけて池にもどしました。数日後，再び無作為に魚を捕まえると，印のついた魚が4匹，ついていない魚が36匹いました。この池にいる魚の総数を推定しなさい。　　　　　　　　　（16点）

（　　　　　　　　）

**5** 袋の中に赤玉だけがたくさんはいっています。その数を調べるために，同じ大きさの白玉100個を赤玉がはいっている袋の中に入れ，よくかき混ぜた後，そこから40個の玉を無作為に抽出すると，白玉が5個ふくまれていました。はじめに袋の中にはいっていた赤玉の数は，およそ何個と推定されますか。　　　　　　　　　　　　　　　　　　　　　（16点）

（　　　　　　　　）

**6** 200個のレモンに対し「標本の大きさを5にして無作為に抽出し，その5個の重さの平均値を求め，もとにもどす」という実験を10回おこない，10回のデータを箱ひげ図に表したものが(ア)です。

また，標本の大きさを20，50にして同様の実験をそれぞれ10回おこない，そのデータを箱ひげ図に表したのが(イ)，(ウ)です。

200個のレモンの重さの平均値は119.3gです。こ
こからどのようなことが読み取れますか。

（20点）

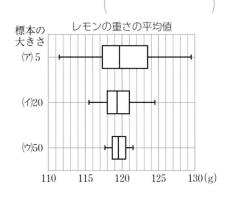

レモンの重さの平均値

標本の大きさ　(ア)5　(イ)20　(ウ)50

110　115　120　125　130(g)

（

# 定期テスト対策

## 得点アップ！ 予想問題

**1** この「**予想問題**」で
実力を確かめよう！

時間も
はかろう

**2** 「**解答と解説**」で
答え合わせをしよう！

**3** わからなかった問題は
戻って復習しよう！

この本での
学習ページ

スキマ時間でポイントを確認！
別冊「**スピードチェック**」も使おう

## ●予想問題の構成

| 回数 | 教科書ページ | 教科書の内容 | この本での学習ページ |
|---|---|---|---|
| 第1回 | 10〜37 | 1章　式の展開と因数分解 | 2〜23 |
| 第2回 | 38〜65 | 2章　平方根 | 24〜41 |
| 第3回 | 66〜89 | 3章　二次方程式 | 42〜55 |
| 第4回 | 90〜119 | 4章　関数 $y = ax^2$ | 56〜73 |
| 第5回 | 120〜159 | 5章　図形と相似 | 74〜97 |
| 第6回 | 160〜179 | 6章　円の性質 | 98〜111 |
| 第7回 | 180〜201 | 7章　三平方の定理 | 112〜123 |
| 第8回 | 202〜217 | 8章　標本調査とデータの活用 | 124〜128 |

解答 ▶ p.57

## 第1回 予想問題　1章　式の展開と因数分解

/100

**1** 次の計算をしなさい。　3点×4（12点）

(1) $3x(x-5y)$

(2) $(4a^2b-2a)\div2a$

(3) $(6xy-3y^2)\div\left(-\dfrac{3}{5}y\right)$

(4) $4a(a+2)-a(5a-1)$

| (1) | | (2) | | (3) | | (4) | |
|---|---|---|---|---|---|---|---|

**2** 次の計算をしなさい。　3点×10（30点）

(1) $(2x+3)(x-1)$

(2) $(a-4)(a+2b-3)$

(3) $(x-2)(x-7)$

(4) $(x+4)(x-3)$

(5) $\left(y+\dfrac{1}{2}\right)^2$

(6) $(3x-2y)^2$

(7) $(5x+9)(5x-9)$

(8) $(4x-3)(4x+5)$

(9) $(a+2b-5)^2$

(10) $(x+y-4)(x-y+4)$

| (1) | | (2) | | |
|---|---|---|---|---|
| (3) | | (4) | | (5) |
| (6) | | (7) | | (8) |
| (9) | | | (10) | |

**3** 次の計算をしなさい。　3点×2（6点）

(1) $2x(x-3)-(x+2)(x-8)$

(2) $(a-2)^2-(a+4)(a-4)$

| (1) | | (2) | |
|---|---|---|---|

**4** 次の式を因数分解しなさい。　3点×2（6点）

(1) $4xy-2y$

(2) $5a^2-10ab+15a$

| (1) | | (2) | |
|---|---|---|---|

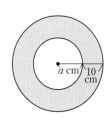

5 次の式を因数分解しなさい。　　　　　　　　　　　　　　　3点×4（12点）

(1)　$x^2-7x+10$　　　　　　　　　　(2)　$x^2-x-12$

(3)　$m^2+8m+16$　　　　　　　　　　(4)　$y^2-36$

| (1) | | (2) | |
|---|---|---|---|
| (3) | | (4) | |

6 次の式を因数分解しなさい。　　　　　　　　　　　　　　　3点×6（18点）

(1)　$6x^2-12x-48$　　　　　　　　　　(2)　$8a^2b-2b$

(3)　$4x^2+12xy+9y^2$　　　　　　　　　(4)　$(a+b)^2-16(a+b)+64$

(5)　$(x-3)^2-7(x-3)+6$　　　　　　　(6)　$x^2-y^2-2y-1$

| (1) | | (2) | | (3) | |
|---|---|---|---|---|---|
| (4) | | (5) | | (6) | |

7 展開や因数分解を使って，次の計算をしなさい。　　　　　　3点×2（6点）

(1)　$79^2$　　　　　　　　　　　　　(2)　$7\times29^2-7\times21^2$

| (1) | | (2) | |
|---|---|---|---|

8 連続する3つの整数で，もっとも大きい数の2乗からもっとも小さい数の2乗をひいた差は，まん中の数の4倍になることを証明しなさい。　　　（4点）

9 連続する2つの奇数の2乗の和を8でわったときの余りを求めなさい。　　　（3点）

10 右の図のように，中心が同じ2つの円があり，半径の差は10 cm です。小さい方の円の半径を $a$ cm とするとき，2つの円にはさまれた部分の面積を求めなさい。　　　（3点）

第**2**回
予想問題

## 2章　平方根

40分

/100

**1** 次の数を求めなさい。 　　　　　　　　　　　　　　　　　　　2点×4（8点）

(1)　49 の平方根

(2)　$\sqrt{64}$

(3)　$\sqrt{(-9)^2}$

(4)　$\left(-\sqrt{6}\right)^2$

| (1) | | (2) | | (3) | | (4) | |
|---|---|---|---|---|---|---|---|

**2** 次の各組の数の大小を，不等号を使って表しなさい。 　　　　2点×3（6点）

(1)　6，$\sqrt{30}$

(2)　$-3$，$-4$，$-\sqrt{10}$

(3)　$3\sqrt{2}$，$\sqrt{15}$，4

| (1) | | (2) | | (3) | |
|---|---|---|---|---|---|

**3** $\sqrt{1}$，$\sqrt{4}$，$\sqrt{9}$，$\sqrt{15}$，$\sqrt{25}$，$\sqrt{50}$ のうち，無理数をすべて選びなさい。 　　（2点）

| |
|---|

**4** 次の数の $\sqrt{\phantom{x}}$ の中をできるだけ簡単な数にしなさい。 　　　2点×2（4点）

(1)　$\sqrt{112}$

(2)　$\sqrt{\dfrac{7}{64}}$

| (1) | | (2) | |
|---|---|---|---|

**5** 次の数の分母を有理化しなさい。 　　　　　　　　　　　　　　2点×2（4点）

(1)　$\dfrac{2}{\sqrt{6}}$

(2)　$\dfrac{5\sqrt{3}}{\sqrt{15}}$

| (1) | | (2) | |
|---|---|---|---|

**6** 次の計算をしなさい。 　　　　　　　　　　　　　　　　　　　3点×4（12点）

(1)　$\sqrt{6}\times\sqrt{8}$

(2)　$\sqrt{75}\times2\sqrt{3}$

(3)　$8\div\sqrt{12}$

(4)　$3\sqrt{6}\div\left(-\sqrt{10}\right)\times\sqrt{5}$

| (1) | | (2) | | (3) | | (4) | |
|---|---|---|---|---|---|---|---|

**7** $\sqrt{6}=2.449$ として，次の値を求めなさい。 　　　　　　　　2点×2（4点）

(1)　$\sqrt{60000}$

(2)　$\sqrt{0.06}$

| (1) | | (2) | |
|---|---|---|---|

**8** 次の計算をしなさい。 3点×6（18点）

(1) $2\sqrt{6} - 3\sqrt{6}$

(2) $4\sqrt{5} + \sqrt{3} - 3\sqrt{5} + 6\sqrt{3}$

(3) $\sqrt{98} - \sqrt{50} + \sqrt{2}$

(4) $\sqrt{63} + 3\sqrt{28}$

(5) $\sqrt{48} - \dfrac{3}{\sqrt{3}}$

(6) $\dfrac{18}{\sqrt{6}} - \dfrac{\sqrt{24}}{4}$

| (1) | | (2) | | (3) | |
|-----|--|-----|--|-----|--|
| (4) | | (5) | | (6) | |

**9** 次の計算をしなさい。 3点×6（18点）

(1) $\sqrt{3}(3\sqrt{3} + \sqrt{6})$

(2) $(\sqrt{7} + 3)(\sqrt{7} - 2)$

(3) $(\sqrt{6} - \sqrt{15})^2$

(4) $(\sqrt{12} - \sqrt{6}) \div \sqrt{3} + \dfrac{10}{\sqrt{2}}$

(5) $(2\sqrt{3} + 1)^2 - \sqrt{48}$

(6) $\sqrt{5}(\sqrt{45} - \sqrt{15}) - (\sqrt{5} - \sqrt{3})(\sqrt{5} + \sqrt{3})$

| (1) | | (2) | | (3) | |
|-----|--|-----|--|-----|--|
| (4) | | (5) | | (6) | |

**10** 次の式の値を求めなさい。 3点×2（6点）

(1) $x = 1 - \sqrt{3}$ のときの，$x^2 - 2x + 5$ の値

(2) $a = \sqrt{5} + \sqrt{2}$，$b = \sqrt{5} - \sqrt{2}$ のときの，$a^2 - b^2$ の値

| (1) | | (2) | |
|-----|--|-----|--|

**11** 次の問いに答えなさい。 3点×6（18点）

(1) $4 < \sqrt{a} < 5$ となる自然数 $a$ は，いくつありますか。

(2) $\sqrt{22 - 3a}$ が整数となるような自然数 $a$ の値を，すべて求めなさい。

(3) $\sqrt{480n}$ が自然数となるような自然数 $n$ のうち，もっとも小さいものを求めなさい。

(4) $\sqrt{63a}$ が自然数となるような2けたの自然数 $a$ を，すべて求めなさい。

(5) $\sqrt{58}$ の整数部分を求めなさい。

(6) 近似値 930000 m で，有効数字が4けたであるとき，整数部分が1けたの小数と，10 の何乗かの積の形に表しなさい。

| (1) | | (2) | | (3) | |
|-----|--|-----|--|-----|--|
| (4) | | (5) | | (6) | |

解答 ▶ p.59

# 第3回 予想問題 ｜ 3章　二次方程式

**40**分　　/100

**1** 次の問いに答えなさい。　　　　　　　　　　　　　　　　　　　3点×2（6点）

(1) 次の方程式のうち，二次方程式を選び，記号で答えなさい。

　㋐　$3(x+2)=4x-5$　　㋑　$(x+2)(x-5)=x^2-3$　　㋒　$x(x-4)=2x^2-x$

(2) 右の □ にあてはまる数を答えなさい。　　$x^2-12x+\boxed{①}=\left(x-\boxed{②}\right)^2$

| (1) | | (2) ① | ② |
|---|---|---|---|
| | | | |

**2** 次の二次方程式を解きなさい。　　　　　　　　　　　　　　　　3点×10（30点）

(1)　$x^2-9=0$

(2)　$25x^2=6$

(3)　$(x-4)^2=36$

(4)　$3x^2+5x-4=0$

(5)　$x^2-8x+3=0$

(6)　$2x^2-3x+1=0$

(7)　$(x+4)(x-5)=0$

(8)　$x^2-15x+14=0$

(9)　$x^2+10x+25=0$

(10)　$x^2-12x=0$

| (1) | | (2) | | (3) | |
|---|---|---|---|---|---|
| (4) | | (5) | | (6) | |
| (7) | | (8) | | (9) | |
| (10) | | | | | |

**3** 次の二次方程式を解きなさい。　　　　　　　　　　　　　　　　4点×6（24点）

(1)　$x^2+6x=16$

(2)　$4x^2+6x-8=0$

(3)　$\dfrac{1}{2}x^2=4x-8$

(4)　$x^2-4(x+2)=0$

(5)　$(x-2)(x+4)=7$

(6)　$(x+3)^2=5(x+3)$

| (1) | | (2) | | (3) | |
|---|---|---|---|---|---|
| (4) | | (5) | | (6) | |

4 次の問いに答えなさい。 5点×2（10点）

(1) 二次方程式 $x^2+ax+b=0$ の解が 3 と 5 のとき，$a$ と $b$ の値をそれぞれ求めなさい。

(2) 二次方程式 $x^2+x-12=0$ の小さい方の解が，二次方程式 $x^2+ax-24=0$ の解の 1 つになっています。このとき，$a$ の値を求めなさい。

| (1) | $a$ | | $b$ | | (2) | |
|---|---|---|---|---|---|---|

5 連続する 2 つの整数があります。それぞれを 2 乗して，それらの和を計算したら 85 になりました。小さい方の整数を $x$ として方程式をつくり，連続する 2 つの整数を求めなさい。

3点×2（6点）

| 方程式 | |
|---|---|
| 答え | |

6 横が縦の 2 倍の長さである長方形の紙があります。この四すみから 1 辺が 2 cm の正方形を切り取り，ふたのない直方体の容器をつくると，その容積は 192 cm³ になりました。はじめの紙の縦の長さを求めなさい。 （6点）

7 縦 30 m，横 40 m の長方形の土地があります。右の図のように，この土地のまん中を畑にしてまわりに同じ幅の道をつくり，畑の面積が土地の面積の半分になるようにします。道の幅は何 m になるか求めなさい。 （6点）

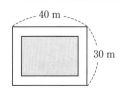

8 右の図のような 1 辺が 8 cm の正方形 ABCD で，点 P は，辺 AB 上を B から A まで動きます。また，点 Q は，点 P と同時に C を出発し，P と同じ速さで辺 BC 上を B まで動きます。P が B から何 cm 動いたとき，△PBQ の面積が 3 cm² になるか求めなさい。 （6点）

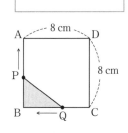

9 右の図で，点 P は $y=x+3$ のグラフ上の点で，その $x$ 座標は正です。また，点 A は $x$ 軸上の点で，A の $x$ 座標は P の $x$ 座標の 2 倍になっています。△POA の面積が 28 cm² であるとき，点 P の座標を求めなさい。ただし，座標の 1 目もりは 1 cm とします。 （6点）

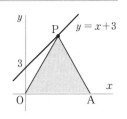

解答 ▶ p.60

第**4**回　予想問題　4章　関数 $y = ax^2$

**40**分　/100

**1** $y$ は $x$ の2乗に比例し，$x = 2$ のとき $y = -8$ です。　4点×3（12点）

(1) $x$ と $y$ の関係を式に表しなさい。

(2) $x = -3$ のとき，$y$ の値を求めなさい。

(3) $y = -50$ のとき，$x$ の値を求めなさい。

| (1) | (2) | (3) |
|---|---|---|
| | | |

**2** 次の関数のグラフを右の図にかきなさい。　4点×2（8点）

(1) $y = -\dfrac{1}{2}x^2$　　(2) $y = \dfrac{1}{4}x^2$

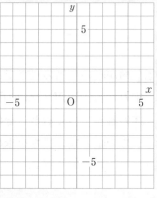

**3** 下の⑦〜⑰の関数について，次にあてはまるものを記号で答えなさい。　3点×4（12点）

⑦ $y = x^2$　　　　　⑦ $y = -2x^2$　　　　　⑦ $y = 5x^2$

⑦ $y = \dfrac{1}{2}x^2$　　　⑦ $y = -\dfrac{1}{2}x^2$　　　⑰ $y = -3x^2$

(1) グラフが下に開いているもの

(2) グラフの開き方がいちばん小さいもの

(3) $x > 0$ の範囲で，$x$ の値が増加するにつれて，$y$ の値も増加するもの

(4) グラフが $y = 2x^2$ のグラフと $x$ 軸について線対称であるもの

| (1) | (2) | (3) | (4) |
|---|---|---|---|
| | | | |

**4** 次の関数について，$x$ の変域が $-3 \leqq x \leqq 1$ のときの $y$ の変域を求めなさい。

(1) $y = 2x + 4$　　　(2) $y = 3x^2$　　　(3) $y = -2x^2$　4点×3（12点）

| (1) | (2) | (3) |
|---|---|---|
| | | |

**5** 次の関数について，$x$ の値が $-4$ から $-2$ まで増加するときの変化の割合を求めなさい。

(1) $y = -2x + 3$　　(2) $y = 2x^2$　　　(3) $y = -x^2$　4点×3（12点）

| (1) | (2) | (3) |
|---|---|---|
| | | |

6 次の問いに答えなさい。　　　　　　　　　　　　　　　　4点×5（20点）

(1) 関数 $y = ax^2$ について，$x$ の変域が $-1 \leqq x \leqq 2$ のとき，$y$ の変域が $-4 \leqq y \leqq 0$ です。$a$ の値を求めなさい。

(2) 関数 $y = 2x^2$ について，$x$ の変域が $-2 \leqq x \leqq a$ のとき，$y$ の変域が $b \leqq y \leqq 18$ です。$a$，$b$ の値を求めなさい。

(3) 関数 $y = ax^2$ について，$x$ の値が 1 から 3 まで増加するときの変化の割合が 12 です。$a$ の値を求めなさい。

(4) 2 つの関数 $y = ax^2$ と $y = -4x + 2$ について，$x$ の値が 2 から 6 まで増加するときの変化の割合が等しくなります。このとき，$a$ の値を求めなさい。

(5) 関数 $y = ax^2$ のグラフと $y = -2x + 3$ のグラフの交点の 1 つを A とします。A の $x$ 座標が 3 のとき，$a$ の値を求めなさい。

| (1) | | (2) $a$ | | $b$ | | (3) | |
|-----|-----|---------|-----|-----|-----|-----|-----|
| (4) | | (5) | | | | | |

7 右の図のような縦 10 cm，横 20 cm の長方形 ABCD で，点 P は，辺 AB 上を B から A まで動きます。また，点 Q は，点 P と同時に B を出発し，P の 2 倍の速さで辺 BC 上を C まで動きます。BP の長さが $x$ cm のときの △PBQ の面積を $y$ cm² として，次の問いに答えなさい。　　　3点×4（12点）

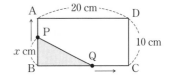

(1) $x$ と $y$ の関係を式に表しなさい。

(2) (1)の関数について，$x = 6$ のときの $y$ の値を求めなさい。

(3) (1)の関数について，$y$ の変域を求めなさい。

(4) △PBQ の面積が 25 cm² になるのは，BP の長さが何 cm のときですか。

| (1) | | (2) | | (3) | | (4) | |
|-----|-----|-----|-----|-----|-----|-----|-----|

8 右の図で，①は関数 $y = \dfrac{1}{4}x^2$ のグラフで，②は①のグラフ上の 2 点 A(8, $a$)，B($-4$, 4) を通る直線です。直線②と $y$ 軸との交点を C とします。　　　4点×3（12点）

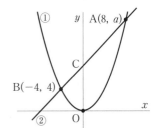

(1) $a$ の値を求めなさい。

(2) 直線②の式を求めなさい。

(3) ①のグラフ上の A から B までの部分に点 P をとります。

△OCP の面積が △OAB の面積の $\dfrac{1}{2}$ になるときの点 P の座標を求めなさい。

| (1) | | (2) | | (3) | |
|-----|-----|-----|-----|-----|-----|

**第5回 予想問題**

## 5章　図形と相似

**40分**

/100

**1** 次の図で，四角形 ABCD ∽ 四角形 PQRS であるとき，次の問いに答えなさい。　4点×3（12点）

(1)　四角形 ABCD と四角形 PQRS の相似比を求めなさい。

(2)　辺 QR の長さを求めなさい。

(3)　∠C の大きさを求めなさい。

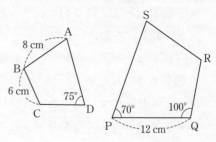

| (1) | | (2) | | (3) | |
|---|---|---|---|---|---|

**2** 次の図で，△ABC と相似な三角形を記号 ∽ を使って表し，そのとき使った相似条件をいいなさい。また，$x$ の値を求めなさい。　2点×6（12点）

(1)

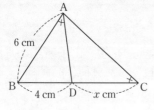

∠BAD = ∠BCA

(2)

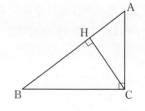

| | △ABC ∽ | 相似条件 | | $x$ |
|---|---|---|---|---|
| (1) | | | | |
| (2) | △ABC ∽ | 相似条件 | | $x$ |

**3** 右の図のように，∠C = 90° の直角三角形 ABC で，C から斜辺 AB に垂線 CH をひきます。このとき，△ABC ∽ △CBH であることを証明しなさい。　（6点）

**4** 右の図のように，1辺の長さが 12 cm の正三角形 ABC で，辺 BC，CA 上にそれぞれ点 P，Q を ∠APQ = 60° となるようにとるとき，次の問いに答えなさい。　4点×2（8点）

(1)　△ABP ∽ ▢ です。▢ にあてはまるものを答えなさい。

(2)　BP = 4 cm のとき，CQ の長さを求めなさい。

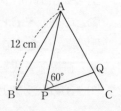

| (1) | | (2) | |
|---|---|---|---|

⑤ 下の図で，**PQ ∥ BC** のとき，$x$ の値を求めなさい。　　　　5点×3（15点）

(1)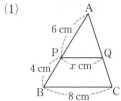

(2)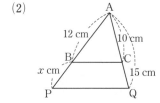

(3)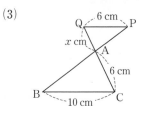

| (1) | | (2) | | (3) | |
|---|---|---|---|---|---|

⑥ 下の図で，直線 $p$, $q$, $r$ が平行のとき，$x$ の値を求めなさい。　　5点×3（15点）

(1)

(2)

(3)

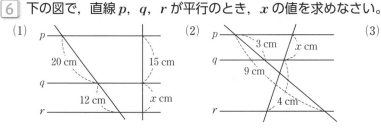

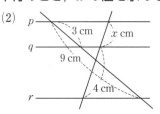

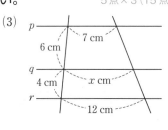

| (1) | | (2) | | (3) | |
|---|---|---|---|---|---|

⑦ 右の図のように，△ABC の辺 BC の中点を D とし，線分 AD の
中点を E とします。直線 BE と辺 AC の交点を F，線分 CF の中点
を G とするとき，次の問いに答えなさい。　　　　5点×2（10点）

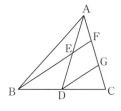

(1)　AF：FG を求めなさい。

(2)　線分 BE の長さは，線分 EF の長さの何倍ですか。

| (1) | | (2) | |
|---|---|---|---|

⑧ 下の図で，$x$ の値を求めなさい。　　　　5点×2（10点）

(1)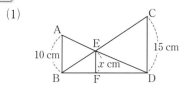

AB，CD，EF は平行

(2)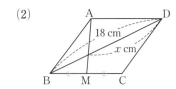

▱ ABCD で，M は辺 BC の中点

| (1) | | (2) | |
|---|---|---|---|

⑨ 次の問いに答えなさい。　　　　4点×3（12点）

(1)　相似な 2 つの図形 F，G があり，その相似比は 5：2 です。F の面積が 125 cm² のとき，
　　G の面積を求めなさい。

(2)　相似な 2 つの立体 F，G があり，その表面積の比は 9：16 です。F と G の相似比を求め
　　なさい。また，F と G の体積の比を求めなさい。

| (1) | | (2) | 相似比 | | 体積の比 | |
|---|---|---|---|---|---|---|

第**6**回 予想問題 **6章　円の性質**

解答 ▶ p.62

 /100

**1** 下の図で，∠*x* の大きさを求めなさい。　　　　　5点×6（30点）

(1)
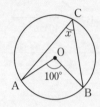

(2)
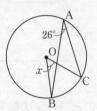

(3)
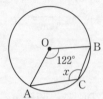

(4)
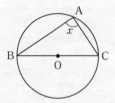

BC は直径

(5)
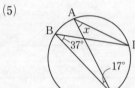

(6)
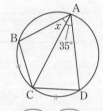

$\stackrel{\frown}{BC} = \stackrel{\frown}{CD}$

| (1) | | (2) | | (3) | |
|---|---|---|---|---|---|
| (4) | | (5) | | (6) | |

**2** 下の図で，∠*x* の大きさを求めなさい。　　　　　5点×6（30点）

(1)
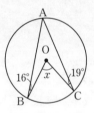

(2)
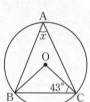

(3)
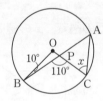

(4)
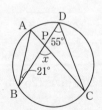

(5)
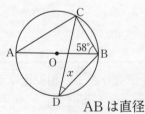

AB は直径

(6)
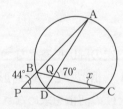

| (1) | | (2) | | (3) | |
|---|---|---|---|---|---|
| (4) | | (5) | | (6) | |

3 右の図で，4点 A，B，C，D が同じ円周上にあることを証明
しなさい。　　　　　　　　　　　　　　　　　　　（5点）

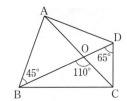

4 右の図のように，円 O とこの円の外部に
点 A があります。　　　　　　5点×2（10点）

(1) 右の図に，点 A を通る円 O の接線 AP，
AP′ を作図しなさい。

(2) (1)で作図した接線で，AP = 4 cm のとき，
接線 AP′ の長さを求めなさい。

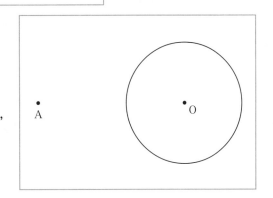

| (1) 上の図にかき入れなさい。 | (2) |
|---|---|

5 右の図で，A，B，C，D は円 O の周上の点で，$\overset{\frown}{AB} = \overset{\frown}{BC}$ です。
弦 AC と BD の交点を P とするとき，△BPC ∽ △BCD である
ことを証明しなさい。　　　　　　　　　　　　　（10点）

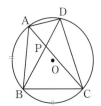

6 下の図で，$x$ の値を求めなさい。　　　　　　　　　　5点×3（15点）

(1)

(2)

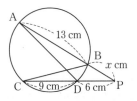

(3)

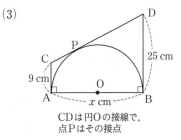

CD は円 O の接線で，
点 P はその接点

| (1) | (2) | (3) |
|---|---|---|

解答 ▶ p.63

# 第7回 予想問題　7章　三平方の定理

40分　/100

**1** 下の図の直角三角形で，$x$ の値を求めなさい。 4点×4（16点）

(1)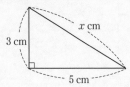

3 cm　$x$ cm　5 cm

(2)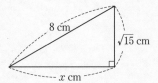

8 cm　$\sqrt{15}$ cm　$x$ cm

(3)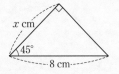

$x$ cm　45°　8 cm

(4)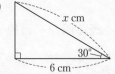

$x$ cm　30°　6 cm

| (1) | | (2) | | (3) | | (4) | |
|---|---|---|---|---|---|---|---|

**2** 下の図で，$x$ の値を求めなさい。 4点×3（12点）

(1)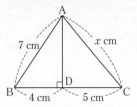

A　7 cm　$x$ cm　B　4 cm　D　5 cm　C

(2)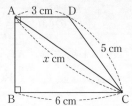

A　3 cm　D　5 cm　$x$ cm　B　6 cm　C

(3)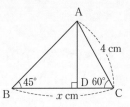

A　4 cm　45°　D　60°　B　$x$ cm　C

| (1) | | (2) | | (3) | |
|---|---|---|---|---|---|

**3** 次の長さを3辺とする三角形について，直角三角形には○，そうでないものには×を答えなさい。 3点×4（12点）

(1) 17 cm，15 cm，8 cm

(2) 1.5 cm，2 cm，3 cm

(3) $\sqrt{10}$ cm，8 cm，$3\sqrt{6}$ cm

(4) $\dfrac{2}{3}$ cm，$\dfrac{1}{2}$ cm，$\dfrac{5}{6}$ cm

| (1) | | (2) | | (3) | | (4) | |
|---|---|---|---|---|---|---|---|

**4** 次の問いに答えなさい。 4点×3（12点）

(1) 1辺の長さが 5 cm の正方形の対角線の長さを求めなさい。

(2) 1辺の長さが 6 cm の正三角形の面積を求めなさい。

(3) 右の図の二等辺三角形 ABC で，$h$ の値を求めなさい。

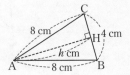

C　8 cm　H　4 cm　$h$ cm　A　8 cm　B

| (1) | | (2) | | (3) | |
|---|---|---|---|---|---|

5 次の問いに答えなさい。 4点×3（12点）

(1) 2点 A(−2, 4), B(−5, −3) の間の距離を求めなさい。

(2) 半径 9 cm の円 O で，中心 O からの距離が 6 cm である弦 AB の長さを求めなさい。

(3) 底面の半径が 3 cm，母線の長さが 7 cm である円錐の体積を求めなさい。

| (1) | | (2) | | (3) | |
|---|---|---|---|---|---|

6 右の図の △ABC で，A から辺 BC に垂線 AH をひくとき，次の
問いに答えなさい。 4点×3（12点）

(1) BH = x cm として，x の方程式をつくりなさい。

(2) BH の長さを求めなさい。

(3) AH の長さを求めなさい。

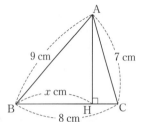

| (1) | | (2) | | (3) | |
|---|---|---|---|---|---|

7 長方形 ABCD を，右の図のように，線分 EG を折り目として折
り，頂点 A を辺 BC 上の点 F に重ねます。AB = 8 cm，BF = 4 cm
のとき，線分 BE の長さを求めなさい。 （4点）

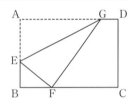

| | |
|---|---|
| | |

8 右の図のような，底面が 1 辺 4 cm の正方形で，ほかの辺の長さ
がすべて 6 cm である正四角錐があります。この正四角錐の表面積
と体積を求めなさい。 4点×2（8点）

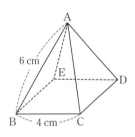

| 表面積 | 体積 |
|---|---|
| | |

9 右の図は，1 辺 4 cm の立方体で，M，N はそれぞれ辺 AB，AD
の中点です。 4点×3（12点）

(1) 線分 MG の長さを求めなさい。

(2) 点 M から辺 BF を通って点 G まで糸をかけます。かける糸の
長さがもっとも短くなるとき，その長さを求めなさい。

(3) 4点 M，F，H，N を頂点とする四角形の面積を求めなさい。

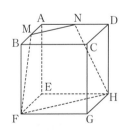

| (1) | | (2) | | (3) | |
|---|---|---|---|---|---|

**8章　標本調査とデータの活用**　　解答 ▶ p.64　⏱ **20**分　/100

**1** 次の調査は，全数調査と標本調査のどちらでおこなわれますか。　　4点×4（16点）

(1)　ある農家で生産したみかんの糖度の調査　(2)　ある工場で作った製品の強度の調査

(3)　今年度入学した生徒の家族構成の調査　(4)　選挙のときにテレビ局が行う出口調査

| (1) | | (2) | | (3) | | (4) | |
|---|---|---|---|---|---|---|---|

**2** ある工場で昨日作った5万個の製品から，300個を無作為に抽出して調べたところ，その
うち6個が不良品でした。　　8点×3（24点）

(1)　この調査の母集団は何ですか。

(2)　この調査の標本の大きさをいいなさい。

(3)　昨日作った5万個の製品の中にある不良品の数は，およそ何個と推定されますか。

| (1) | | (2) | (3) およそ |
|---|---|---|---|

**3** 袋の中に同じ大きさの玉がたくさんはいっています。この袋の中の玉の数を調べるために，
袋の中から100個の玉を取り出して，その全部に印をつけて袋にもどします。次に，袋の中
をよくかき混ぜて無作為にひとつかみの玉を取り出して数えると，印のついた玉が4個，印
のついていない玉が23個でした。この袋の中の玉の数は，およそ何個と推定されますか。
十の位を四捨五入して答えなさい。　　（20点）

| およそ |
|---|

**4** 袋の中に白い碁石がたくさんはいっています。その数を調べるために，同じ大きさの黒い
碁石60個を白い碁石がはいっている袋の中に入れ，よくかき混ぜた後，その中から50個の
碁石を無作為に抽出して調べたら，黒い碁石が6個ふくまれていました。袋の中の白い碁石
の数は，およそ何個と推定されますか。　　（20点）

| およそ |
|---|

**5** 900ページの辞典があります。この辞典に掲載されている見出し語の総数を調べるために，
無作為に10ページを選び，そのページに掲載されている見出し語の数を調べると，次のよ
うになりました。　　18, 21, 15, 16, 9, 17, 20, 11, 14, 16　　10点×2（20点）

(1)　この辞典の1ページに掲載されている見出し語の数の平均を推定しなさい。

(2)　この辞典の全体の見出し語の総数は，およそ何語と推定されますか。百の位を四捨五入
して答えなさい。

| (1) | (2) およそ |
|---|---|

# 教科書ワーク 数学

## 特別ふろく①

数1 数2 数3 図形1 図形2 図形3

# どこでもワーク

こちらにアクセスして，ご利用ください。
https://portal.bunri.jp/app.html

---

## 1 計算編　テンキー入力形式で学習できる！　重要公式つき！

解き方を穴埋め
形式で確認！

テンキー入力で，
計算しながら
解ける！

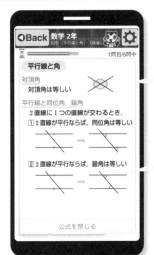

重要公式を
その場で確認
できる！

カラーだから
見やすく，
わかりやすい！

---

## 2 図形編　グラフや図形を自分で動かして，学習理解をサポート！

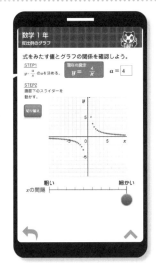

自分で数値を
決められるから，
いろいろな
グラフの確認が
できる！

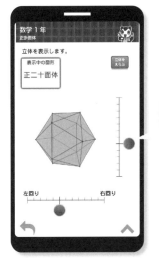

上下左右に回転
させて，様々な
角度から立体を
みることが
できる！

---

注意　●アプリは無料ですが，別途各通信会社からの通信料がかかります。
● iPhone の方は Apple ID，Android の方は Google アカウントが必要です。対応 OS や対応機種については，各ストアでご確認ください。
●お客様のネット環境および携帯端末により，アプリをご利用いただけない場合，当社は責任を負いかねます。ご理解，ご了承いただきますよう，お願いいたします。
●正誤判定は，計算のみの機能となります。
●テンキーの使い方は，アプリでご確認ください。

# 中学教科書ワーク

## 解答と解説

**啓林館**版

# 数学**3**年

この「解答と解説」は，取りはずして　使えます。

※ステージ1の例の答えは本冊右ページ下にあります。

## 1章　式の展開と因数分解

### p.2〜3　ステージ1

❶ (1) $9x^2+3xy$
(2) $20a^2-5ab$
(3) $-8x^2-10xy$
(4) $15a^2-10a$
(5) $6x^2+8xy$
(6) $-18ab+15b^2$
(7) $2a^2-6ab$
(8) $3x^2+3xy-15x$
(9) $-8a^2+12ab-20a$
(10) $-2x^2+8xy-6x$

❷ (1) $4x+3$　　(2) $2a-1$
(3) $x+3y$　　(4) $-x+2y$
(5) $x-3$　　(6) $a+3b$

❸ (1) $15y-10xy$　　(2) $32y-4$
(3) $2x-4y$　　(4) $-15a-10b$

#### 解説

❶ (8) $(x+y-5)\times3x$
$=x\times3x+y\times3x-5\times3x$　｝かっこをはずす。
$=3x^2+3xy-15x$

❷ (6) $(2a^2b+6ab^2)\div2ab$
$=\dfrac{2a^2b}{2ab}+\dfrac{6ab^2}{2ab}$　｝分数の形に。
$=a+3b$

❸ (4) $(18a^2b+12ab^2)\div\left(-\dfrac{6}{5}ab\right)$
$=(18a^2b+12ab^2)\times\left(-\dfrac{5}{6ab}\right)$　｝わる数の逆数をかける。
$=-18a^2b\times\dfrac{5}{6ab}-12ab^2\times\dfrac{5}{6ab}$
$=-15a-10b$

ミス注意! 逆数を $-\dfrac{5}{6}ab$ としないように。

### p.4〜5　ステージ1

❶ (1) $ac-ad-bc+bd$
(2) $xy+9x+8y+72$
(3) $xy-4x+3y-12$
(4) $ab-a-2b+2$

❷ (1) $x^2+7x+10$
(2) $x^2+2x-24$
(3) $x^2-4x+3$
(4) $a^2-5a-14$
(5) $a^2+3a-40$
(6) $a^2-15a+54$

❸ (1) $12a^2+11ab+2b^2$
(2) $5x^2-13xy-6y^2$
(3) $3a^2-17ab+10b^2$
(4) $16x^2-2xy-3y^2$
(5) $6x^2+xy-12y^2$
(6) $15a^2-29ab+12b^2$

❹ (1) $x^2-xy-y-1$
(2) $6x^2+xy+8x-y^2+4y$
(3) $a^2+3ab+2b^2-5a-10b$
(4) $2a^2-ab-15b^2+4a+10b$

#### 解説

❶ (4) $(a-2)(b-1)$
$=a(b-1)-2(b-1)$
$=ab-a-2b+2$

❷ (3) $(x-1)(x-3)$
$=x^2-3x-x+3$
$=x^2-4x+3$
(6) $(a-6)(a-9)$
$=a^2-9a-6a+54$
$=a^2-15a+54$

❸ (4) $(2x-y)(8x+3y)$
$=16x^2+6xy-8xy-3y^2$
$=16x^2-2xy-3y^2$

(6) $(5a-3b)(3a-4b)$
$= 15a^2-20ab-9ab+12b^2$
$= 15a^2-29ab+12b^2$

❹ (1) $(x+1)(x-y-1)$
$= x(x-y-1)+(x-y-1)$
$= x^2-xy-x+x-y-1$
$= x^2-xy-y-1$

(2) $(2x+y)(3x-y+4)$
$= 2x(3x-y+4)+y(3x-y+4)$
$= 6x^2-2xy+8x+3xy-y^2+4y$
$= 6x^2+xy+8x-y^2+4y$

(3) $(a+b-5)(a+2b)$
$= a(a+2b)+b(a+2b)-5(a+2b)$
$= a^2+2ab+ab+2b^2-5a-10b$
$= a^2+3ab+2b^2-5a-10b$

(4) $(a-3b+2)(2a+5b)$
$= a(2a+5b)-3b(2a+5b)+2(2a+5b)$
$= 2a^2+5ab-6ab-15b^2+4a+10b$
$= 2a^2-ab-15b^2+4a+10b$

**p.6〜7** ステージ**1**

❶ (1) $x^2+8x+15$　(2) $x^2-7x+12$
(3) $x^2+4x-12$　(4) $x^2-5x-24$
(5) $x^2+7x-18$　(6) $x^2-6x-7$

❷ (1) $a^2+10a+25$　(2) $x^2-6x+9$
(3) $x^2+16x+64$　(4) $y^2-2y+1$

❸ (1) $9a^2-6ab+b^2$
(2) $25x^2+20xy+4y^2$
(3) $a^2-ab+\dfrac{1}{4}b^2$
(4) $x^2-8xy+16y^2$

❹ (1) $x^2-16$　(2) $25-b^2$
(3) $4x^2-9y^2$　(4) $a^2-\dfrac{1}{4}$

❺ $x$, $7$, $x^2-49$, $x^2$

解説

❶ (6) $(x-7)(x+1)$
$= x^2+(-7+1)\times x+(-7)\times1$
$= x^2-6x-7$

❷ (4) $(y-1)^2$
$= y^2-2\times y\times1+1^2$
$= y^2-2y+1$

❸ (4) $(-x+4y)^2$
$= (-x)^2+2\times(-x)\times4y+(4y)^2$
$= x^2-8xy+16y^2$
**別解** $(4y-x)^2$ として計算してもよい。
$(4y)^2-2\times4y\times x+x^2=16y^2-8xy+x^2$

❹ (3) $(2x+3y)(2x-3y)$
$= (2x)^2-(3y)^2$
$= 4x^2-9y^2$

(4) $\left(a+\dfrac{1}{2}\right)\left(a-\dfrac{1}{2}\right)$
$= a^2-\left(\dfrac{1}{2}\right)^2$
$= a^2-\dfrac{1}{4}$

**p.8〜9** ステージ**1**

❶ (1) $2x^2-x$　(2) $-2x-1$
(3) $-2x$　(4) $12x+45$

❷ (1) $x^2+2xy+y^2+x+y-2$
(2) $a^2-2ab+b^2-36$
(3) $a^2+2ab+b^2-6a-6b+9$
(4) $a^2-4ab+4b^2+4a-8b$
(5) $4x^2+4xy+y^2-16x-8y+15$

解説

❶ (2) $(x+1)(x-1)-x(x+2)$
$= x^2-1-x^2-2x$
$= -2x-1$

(3) $(x-8)(x-2)-(x-4)^2$
$= x^2-10x+16-(x^2-8x+16)$
$= x^2-10x+16-x^2+8x-16$
$= -2x$

(4) $(x+6)^2-(x+3)(x-3)$
$= x^2+12x+36-(x^2-9)$
$= x^2+12x+36-x^2+9$
$= 12x+45$

❷ (5) $2x+y$ を $M$ とすると,
$(2x+y-3)(2x+y-5)$
$= (M-3)(M-5)$
$= M^2-8M+15$
$= (2x+y)^2-8(2x+y)+15$
$= 4x^2+4xy+y^2-16x-8y+15$

**p.10～11 ステージ2**

**❶**
(1) $-6a^2b+12ab^2$
(2) $-2x^2+12xy$

(3) $9a^2-6ab+3a$
(4) $\dfrac{3}{2}a-2b$

(5) $-12x+9$
(6) $3x+4y-5$

**❷**
(1) $5ab+20a-3b-12$

(2) $-8x^2+22xy-15y^2$

(3) $xy-y^2-4y+2x-4$

(4) $2a^2-3ab+3a-2b^2-6b$

**❸**
(1) $x^2+x-30$
(2) $x^2-9$

(3) $y^2-14y+49$
(4) $16-a^2$

(5) $9-6x+x^2$
(6) $-p^2+6p-9$

**❹**
(1) $x^2-9xy+14y^2$

(2) $9a^2-6a-8$

(3) $4x^2-20xy+25y^2$

(4) $16a^2-24ab+9b^2$

(5) $49a^2-25b^2$

(6) $4-36x^2$

**❺**
(1) $x^2-x+\dfrac{3}{16}$
(2) $a^2+\dfrac{1}{6}a-\dfrac{1}{6}$

(3) $\dfrac{1}{4}x^2-4x+16$
(4) $9x^2+\dfrac{12}{5}x+\dfrac{4}{25}$

(5) $x^2-\dfrac{1}{4}$
(6) $0.04-9x^2$

**❻**
(1) $2x^2-10$
(2) $-13x+72$

(3) $8x^2+3x$
(4) $x^2-9$

(5) $2x^2+8y^2$
(6) $8x^2-6xy+10y^2$

**❼**
(1) $x^2-4xy+4y^2-9$

(2) $a^2+6ab+9b^2-2a-6b+1$

(3) $x^2-2xy+y^2+6x-6y$

(4) $9x^2+6xy+y^2+3x+y-20$

● ● ● ● ● ● ●

**①**
(1) $5xy-30x$
(2) $3a-5a^2$

**②**
(1) $28x+60$
(2) $x^2$

**━━━━━━ 解 説 ━━━━━━**

**❶**
(5) $(8x^2y-6xy)\div\left(-\dfrac{2}{3}xy\right)$

$=(8x^2y-6xy)\times\left(-\dfrac{3}{2xy}\right)$

$=-8x^2y\times\dfrac{3}{2xy}+6xy\times\dfrac{3}{2xy}$

$=-12x+9$

**❷**
(3) ふつうに展開してもよいが,

$x-y-2=x-(y+2)$ より, $y+2$ を $M$ とすると, 次のように計算できる。

$\quad(y+2)(x-y-2)$

$=(y+2)\{x-(y+2)\}$

$=M(x-M)$

$=Mx-M^2$

$=(y+2)x-(y+2)^2$

$=xy+2x-(y^2+4y+4)$

$=xy-y^2-4y+2x-4$

> おきかえは，式の特徴を見る練習になる。このあとの学習でも役立つので，慣れていこう。

**❸**
(4) $(4-a)(a+4)$

$=(4-a)(4+a)$

$=4^2-a^2=16-a^2$

(5) $(-3+x)^2$

$=(-3)^2+2\times(-3)\times x+x^2$

$=9-6x+x^2$

(6) $(-p+3)(p-3)$

$=-(p-3)(p-3)$

$=-(p-3)^2$

$=-(p^2-6p+9)$

$=-p^2+6p-9$

**❹**
(4) $(-4a+3b)^2$

$=(-4a)^2+2\times(-4a)\times3b+(3b)^2$

$=16a^2-24ab+9b^2$

(6) $(-6x+2)(6x+2)$

$=(2-6x)(2+6x)$

$=2^2-(6x)^2=4-36x^2$

**❺**
(2) $\left(a+\dfrac{1}{2}\right)\left(a-\dfrac{1}{3}\right)$

$=a^2+\left(\dfrac{1}{2}-\dfrac{1}{3}\right)\times a+\dfrac{1}{2}\times\left(-\dfrac{1}{3}\right)$

$=a^2+\dfrac{1}{6}a-\dfrac{1}{6}$

(3) $\left(\dfrac{1}{2}x-4\right)^2$

$=\left(\dfrac{1}{2}x\right)^2-2\times\dfrac{1}{2}x\times4+4^2$

$=\dfrac{1}{4}x^2-4x+16$

**❻**
(1) $(x+2)(x-7)+(x+1)(x+4)$

$=x^2-5x-14+x^2+5x+4$

$=2x^2-10$

(2)　$(x-4)(x-9)-(x+6)(x-6)$

　　$=x^2-13x+36-(x^2-36)$

　　$=x^2-13x+36-x^2+36$

　　$=-13x+72$

**ポイント**

$-(x^2-36)$ のかっこをはずすときは，符号に注意！

(3)　$(3x-2)(3x+2)-(x+1)(x-4)$

　　$=9x^2-4-(x^2-3x-4)$

　　$=9x^2-4-x^2+3x+4$

　　$=8x^2+3x$

(4)　$2(x+3)^2-(x+3)(x+9)$

　　$=2(x^2+6x+9)-(x^2+12x+27)$

　　$=2x^2+12x+18-x^2-12x-27$

　　$=x^2-9$

(5)　$(x+2y)^2+(x-2y)^2$

　　$=x^2+4xy+4y^2+x^2-4xy+4y^2$

　　$=2x^2+8y^2$

**⑦** (2)　$a+3b$ を $M$ とすると，

　　$(a+3b-1)^2$

　　$=(M-1)^2$

　　$=M^2-2M+1$

　　$=(a+3b)^2-2(a+3b)+1$

　　$=a^2+6ab+9b^2-2a-6b+1$

(3)　$x-y$ を $M$ とすると，

　　$(x-y)(x-y+6)$

　　$=M(M+6)$

　　$=M^2+6M$

　　$=(x-y)^2+6(x-y)$

　　$=x^2-2xy+y^2+6x-6y$

**①** (2)　$(9a^2b-15a^3b)\div 3ab$

　　$=\dfrac{9a^2b}{3ab}-\dfrac{15a^3b}{3ab}$

　　$=3a-5a^2$

**②** (1)　$(x+9)^2-(x-3)(x-7)$

　　$=x^2+18x+81-(x^2-10x+21)$

　　$=x^2+18x+81-x^2+10x-21$

　　$=28x+60$

(2)　$(2x-3)(x+2)-(x-2)(x+3)$

　　$=2x^2+4x-3x-6-(x^2+x-6)$

　　$=2x^2+x-6-x^2-x+6$

　　$=x^2$

---

**p.12〜13**　**ステージ 1**

**❶** (1)　$x(2a+3b)$ 　　(2)　$2y(x-3)$

(3)　$a(3a+1)$ 　　(4)　$5y(2x^2-y)$

(5)　$x(a+b-c)$ 　　(6)　$3a(2x+4y-5z)$

**❷** (1)　$(m+n)(m-n)$ 　　(2)　$(x+3)(x-3)$

(3)　$(2x+1)(2x-1)$

(4)　$(3x+4y)(3x-4y)$

(5)　$(x+9)^2$ 　　(6)　$(x+10)^2$

(7)　$(x-3)^2$ 　　(8)　$(x-8)^2$

(9)　$(5x+1)^2$ 　　(10)　$(4x-3)^2$

**❸** (1)　8, 4 　　(2)　12, 2

(3)　49, 7 　　(4)　9, 3

**解説**

**❷** (3)　$4x^2-1$

　　$=(2x)^2-1^2$

　　$=(2x+1)(2x-1)$

(10)　$16x^2-24x+9$

　　$=(4x)^2-2\times 4x\times 3+3^2$

　　$=(4x-3)^2$

**❸** (3)　$14x=2\times x\times 7$ だから，

　　$x^2+2\times x\times 7+7^2=x^2+14x+49=(x+7)^2$

---

**p.14〜15**　**ステージ 1**

**❶** (1)　$(x+1)(x+3)$ 　　(2)　$(x+1)(x+5)$

(3)　$(x+3)(x+6)$ 　　(4)　$(x-1)(x-4)$

(5)　$(x-2)(x-3)$ 　　(6)　$(x-4)(x-6)$

**❷** (1)　$(x-1)(x+3)$ 　　(2)　$(x+2)(x-5)$

(3)　$(x-3)(x+4)$ 　　(4)　$(x+1)(x-5)$

(5)　$(a+3)(a-5)$ 　　(6)　$(y+6)(y-7)$

**❸** (1)　$3(x+2)(x-2)$ 　　(2)　$5(x-1)(x-3)$

(3)　$a(x-5)(x+6)$ 　　(4)　$2y(x+2)^2$

**❹** (1)　$(a-1)(b+3)$

(2)　$(x+y-1)(x+y+4)$

(3)　$(x-1)(x-5)$

(4)　$(a+1)^2$

**解説**

**❸** (2)　$5x^2-20x+15$

　　$=5(x^2-4x+3)=5(x-1)(x-3)$ ⟩ 共通因数は5。

(4)　$2x^2y+8xy+8y$

　　$=2y(x^2+4x+4)$

　　$=2y(x+2)^2$

因数分解の第一手は，共通因数のくくり出し。

**❹** (3)　$x+1$ を $M$ とすると，
$$(x+1)^2-8(x+1)+12$$
$$=M^2-8M+12=(M-2)(M-6)$$
$$=\{(x+1)-2\}\{(x+1)-6\}$$
$$=(x-1)(x-5)$$

(4)　$a-5$ を $M$ とすると，
$$(a-5)^2+12(a-5)+36$$
$$=M^2+12M+36=(M+6)^2$$
$$=\{(a-5)+6\}^2$$
$$=(a+1)^2$$

**p.16〜17** ■ **ステージ2**

**❶** (1)　$(a+2)(a-12)$

(2)　$xy(x-4y)$

(3)　$(1+2x)(1-2x)$

(4)　$(x-2)(x+4)$

(5)　$(x-1)(x-5)$

(6)　$(5a+b)^2$

(7)　$-2x(2x+3y-1)$　別解 $\to 2x(-2x-3y+1)$

(8)　$\left(\dfrac{1}{3}x+y\right)\left(\dfrac{1}{3}x-y\right)$

(9)　$\left(a-\dfrac{1}{2}\right)^2$

**❷** (1)　$y(x+z)(x-z)$

(2)　$2b(2a+3)(2a-3)$

(3)　$4y(x-2)(x+6)$

(4)　$-(x+4)(x-5)$

(5)　$-2a(x-3)^2$

(6)　$ab(b-1)(b-2)$

**❸** (1)　$x(x+10)$

(2)　$(a+b+4)(a+b-4)$

(3)　$(x-y-6)^2$

(4)　$(2a+b+5)(2a+b-6)$

**❹** (1)　$(x+1)(y-1)$　　(2)　$(a-2)(b-3)$

**❺** (1)　$(x-2)(y+3)$　　(2)　$(3a+1)(b-2)$

(3)　$(2x-1)(y-4)$　　(4)　$(a-5)(b-2)$

**❻** (1)　$(x+2)(y+1)$　　(2)　$(a-1)(2b+1)$

(3)　$(x-1)(3y-1)$

・・・・・・

**①** (1)　$(a-3)(a+5)$　　(2)　$6(x+2)(x-2)$

(3)　$a(x-3)(x-9)$　　(4)　$(x+3)(x-3)$

(5)　$(a+2b-1)(a+2b+2)$

(6)　$(x-1)(x+2)$

---

**■ 解説 ■**

**❶** (3)　$-4x^2+1=1-4x^2$
$$=1-(2x)^2$$
$$=(1+2x)(1-2x)$$

**❷** (4)　$-x^2+x+20$
$$=-(x^2-x-20)$$
$$=-(x+4)(x-5)$$

**❸** (2)　$a+b$ を $M$ とすると，
$$(a+b)^2-16$$
$$=M^2-16=(M+4)(M-4)$$
$$=\{(a+b)+4\}\{(a+b)-4\}$$
$$=(a+b+4)(a+b-4)$$

**❹** (2)　$a-2$ を $M$ とすると，
$$(a-2)b-3(a-2)$$
$$=Mb-3M=M(b-3)$$
$$=(a-2)(b-3)$$

**❺** (4)　$a-5$ を $M$ とすると，
$$(a-5)b+10-2a=(a-5)b-2(a-5)$$
$$=Mb-2M=M(b-2)$$
$$=(a-5)(b-2)$$

**❻** (2)　$a-1$ を $M$ とすると，
$$2ab-2b+a-1=2b(a-1)+(a-1)$$
$$=2bM+M=M(2b+1)$$
$$=(a-1)(2b+1)$$

別解 $2b+1$ を $M$ とすると，
$$2ab-2b+a-1=a(2b+1)-(2b+1)$$
$$=aM-M=M(a-1)$$
$$=(2b+1)(a-1)$$

**ポイント**

公式にあてはまらない形の式を因数分解するには，項を適当に組み合わせてみる。

**①** (3)　$ax^2-12ax+27a$
$$=a(x^2-12x+27)$$
$$=a(x-3)(x-9)$$

(5)　$a+2b$ を $M$ とすると，
$$(a+2b)^2+a+2b-2$$
$$=M^2+M-2$$
$$=(M-1)(M+2)$$
$$=(a+2b-1)(a+2b+2)$$

(6)　$(x+1)(x+4)-2(2x+3)$
$$=x^2+5x+4-4x-6$$
$$=x^2+x-2=(x-1)(x+2)$$

❶ $n$ を整数とすると，連続する2つの偶数は，$2n$，$2n+2$ と表される。大きい方の数の2乗から小さい方の数の2乗をひいた差は，

$$(2n+2)^2-(2n)^2=(4n^2+8n+4)-4n^2$$
$$=8n+4=4(2n+1)$$

となり，$2n+1$ は整数だから，差は4の倍数になる。

❷ (1)① 4600　　② 400
　 (2)① 9604　　② 4896

❸ (1) 600　　(2) 4　　(3) 41

❹ (1) $4ab+4a^2$
　 (2) $\ell=4(b+a)$
　 (3) (2)から，$a\ell=a\times 4(b+a)=4ab+4a^2$
　　　 $S=4ab+4a^2$ だから，$S=a\ell$

━━━ 解説 ━━━

❷ (2)① $98^2=(100-2)^2$
　　　　$=100^2-2\times 100\times 2+2^2$
　　　　$=10000-400+4=9604$
　　② $68\times 72=(70-2)\times(70+2)$
　　　　$=70^2-2^2=4900-4=4896$

❸ (1) $x^2-4x-21=(x+3)(x-7)$
　　　$=(27+3)\times(27-7)=30\times 20=600$

❹ (1) 1辺の長さが $b+2a$ の正方形から，1辺の長さが $b$ の正方形を除いた部分が道だから，道の面積は，
　　　$(b+2a)^2-b^2=b^2+4ab+4a^2-b^2=4ab+4a^2$
　 (2) 道のまん中を通る線がつくる四角形も正方形で，その1辺の長さは，$b+\dfrac{a}{2}\times 2=b+a$
　　　したがって，$\ell=4(b+a)$

❶ (1) 3　　　　　　　(2) 201

❷ (1) 30　　(2) 100　　(3) 2
　 (4) 900　　(5) 52

❸ $n$ を整数とすると，連続する2つの奇数は，$2n-1$，$2n+1$ と表される。大きい方の数の2乗から小さい方の数の2乗をひいた差は，
　　 $(2n+1)^2-(2n-1)^2$
　$=(4n^2+4n+1)-(4n^2-4n+1)=8n$
となり，$n$ は整数だから，$8n$ は8の倍数になる。

❹ 中の数を $n$ とすると，大の数は $n+a$，小の

数は $n-a$ と表される。中の数の2乗から大の数と小の数の積をひいた差は，
　　 $n^2-(n+a)(n-a)=n^2-(n^2-a^2)=a^2$

❺ 色のついた部分の面積 $S$ は，
$$S=\frac{1}{2}\pi(a+b)^2+\frac{1}{2}\pi a^2-\frac{1}{2}\pi b^2$$
$$=\frac{1}{2}\pi\{(a+b)^2+a^2-b^2\}$$
$$=\frac{1}{2}\pi(2a^2+2ab)=\pi a(a+b)$$

❻ (1) $S=4ap+\pi a^2$
　 (2) $\ell=4p+\pi a$
　 (3) (2)から，$a\ell=a(4p+\pi a)=4ap+\pi a^2$
　　　 $S=4ap+\pi a^2$ だから，$S=a\ell$

● ● ● ● ●

① 40

② $n$ を整数とし，中央の奇数を $2n+1$ とする。連続する3つの奇数は $2n-1$，$2n+1$，$2n+3$ と表される。
中央の奇数ともっとも大きい奇数の積から，中央の奇数ともっとも小さい奇数の積をひいた差は，
　　 $(2n+1)(2n+3)-(2n+1)(2n-1)$
　$=4n^2+8n+3-(4n^2-1)$
　$=8n+4$
　$=4(2n+1)$
となり，中央の奇数の4倍に等しくなる。

━━━ 解説 ━━━

❶ (1) $164\times 166-163\times 167$
　　　$=(165-1)(165+1)-(165-2)(165+2)$
　　　$=165^2-1^2-(165^2-2^2)=-1+4=3$
　 (2) $36^2-35^2+34^2-33^2+32^2-31^2$
　　　$=(36^2-35^2)+(34^2-33^2)+(32^2-31^2)$
　　　$=(36+35)\times(36-35)+(34+33)\times(34-33)$
　　　$+(32+31)\times(32-31)$
　　　$=71\times 1+67\times 1+63\times 1$
　　　$=71+67+63=201$

❷ (1) $(x-3y)(x+2y)-x(x-2y)$
　　　$=x^2-xy-6y^2-x^2+2xy=xy-6y^2$
　　　$=y(x-6y)$
　　　したがって，$3\times(28-6\times 3)=3\times 10=30$
　 (2) $x^2-4xy+4y^2=(x-2y)^2$
　　　したがって，$(96-2\times 43)^2=10^2=100$

(4)　$a+b$ を $M$ とすると，

$(a+b)^2+4(a+b)+4$

$=M^2+4M+4=(M+2)^2$

$=\{(a+b)+2\}^2=(a+b+2)^2$

したがって，$(19+9+2)^2=30^2=900$

(5)　$(a+5)(b+5)=ab+5a+5b+25$

$=ab+5(a+b)+25$

したがって，$-3+5\times6+25=52$

**ポイント**

式の値は，次のようにしてから代入し求める。

・式を計算して簡単にする。

・式を因数分解する。

**6** (1)　4つの長方形と4つのおうぎ形に分けられ，おうぎ形を合わせると半径 $a$ の円になる。

$S=ap\times4+\pi a^2=4ap+\pi a^2$

(2)　4つの線分と4つのおうぎ形の弧に分けられ，4つの弧を合わせると直径 $a$ の円周になる。

$\ell=p\times4+\pi\times a=4p+\pi a$

**①** $ab^2-81a=a(b^2-81)=a(b+9)(b-9)$

$=\dfrac{1}{7}\times(19+9)\times(19-9)=\dfrac{1}{7}\times28\times10=40$

**p.22～23 ステージ3**

**①** (1)　$2a^2-9ab$

(2)　$-9x+12y-15$

**②** (1)　$2x^2+\dfrac{1}{4}xy-\dfrac{3}{8}y^2$

(2)　$x^2+\dfrac{2}{3}xy+\dfrac{1}{9}y^2$

(3)　$x^2+3xy-40y^2$

(4)　$49x^2-7x-6$

(5)　$9b^2-16a^2$

(6)　$-9x^2+6x-1$

**③** (1)　$12x-10$　　　(2)　$4xy-2y^2$

**④** (1)　$9x^2+6xy+y^2+3x+y-2$

(2)　$a^2+6ab+9b^2-8a-24b+16$

**⑤** (1)　$6ab(2a-1)$

(2)　$\left(4x+\dfrac{1}{2}y\right)\left(4x-\dfrac{1}{2}y\right)$

(3)　$(3x-1)^2$

(4)　$(2x-5y)^2$

(5)　$(a-2)(a-9)$

(6)　$(x-1)(x+7)$

**⑥** (1)　$-3(x+4)(x-8)$

(2)　$2b(a+2)(a-2)$

(3)　$(a-b-2)^2$

(4)　$x(x+6)$

**⑦** (1)　$15800$

(2)　$207$

**⑧** (1)　$10000$

(2)　$3600$

**⑨** (1)　$n$ を整数とすると，連続する3つの整数は，$n-1$，$n$，$n+1$ と表される。最小の数の2乗からまん中の数の2乗をひき，さらに最大の数の2乗を加えたものは，

$(n-1)^2-n^2+(n+1)^2$

$=(n^2-2n+1)-n^2+(n^2+2n+1)$

$=n^2+2$

となり，まん中の数の2乗より2大きくなっている。

(2)　①　$a^2+a$　　　　②　$bc$

**⑩** $240\pi\ \text{cm}^2$

**解説**

**①** (1)　$6a\left(\dfrac{1}{3}a-\dfrac{3}{2}b\right)$

$=6a\times\dfrac{1}{3}a-6a\times\dfrac{3}{2}b$

$=2a^2-9ab$

(2)　$(6x^2y-8xy^2+10xy)\div\left(-\dfrac{2}{3}xy\right)$

$=(6x^2y-8xy^2+10xy)\times\left(-\dfrac{3}{2xy}\right)$

$=-6x^2y\times\dfrac{3}{2xy}+8xy^2\times\dfrac{3}{2xy}-10xy\times\dfrac{3}{2xy}$

$=-9x+12y-15$

**②** (1)　$\left(x+\dfrac{1}{2}y\right)\left(2x-\dfrac{3}{4}y\right)$

$=x\times2x-x\times\dfrac{3}{4}y+\dfrac{1}{2}y\times2x-\dfrac{1}{2}y\times\dfrac{3}{4}y$

$=2x^2-\dfrac{3}{4}xy+xy-\dfrac{3}{8}y^2$

$=2x^2+\dfrac{1}{4}xy-\dfrac{3}{8}y^2$

(4)　$(7x-3)(7x+2)$

$=(7x)^2+(-3+2)\times7x+(-3)\times2$

$=49x^2-7x-6$

(5) $(-4a+3b)(4a+3b)$

$= (3b-4a)(3b+4a)$

$= (3b)^2-(4a)^2$

$= 9b^2-16a^2$

(6) $(-3x+1)(3x-1)$

$= -(3x-1)(3x-1)$

$= -(3x-1)^2$

$= -(9x^2-6x+1)$

$= -9x^2+6x-1$

**3** (1) $(2x+1)(2x-1)-(2x-3)^2$

$= 4x^2-1-(4x^2-12x+9)$

$= 12x-10$

(2) $(x-y)(x+2y)-x(x-3y)$

$= x^2+xy-2y^2-x^2+3xy$

$= 4xy-2y^2$

**4** (1) $3x+y$ を $M$ とすると，

$(3x+y-1)(3x+y+2)$

$= (M-1)(M+2) = M^2+M-2$

$= (3x+y)^2+(3x+y)-2$

$= 9x^2+6xy+y^2+3x+y-2$

**得点アップのコツ**

式の計算や因数分解では，共通な部分に注目し，1
つの文字におきかえる。

**5** (2) $16x^2-\dfrac{1}{4}y^2$

$= (4x)^2-\left(\dfrac{1}{2}y\right)^2$

$= \left(4x+\dfrac{1}{2}y\right)\left(4x-\dfrac{1}{2}y\right)$

(4) $4x^2-20xy+25y^2$

$= (2x)^2-2\times2x\times5y+(5y)^2$

$= (2x-5y)^2$

(5) $a^2-11a+18$

$= a^2+(-2-9)\times a+(-2)\times(-9)$

$= (a-2)(a-9)$

(6) $6x-7+x^2$

$= x^2+6x-7$

$= x^2+(-1+7)\times x+(-1)\times7$

$= (x-1)(x+7)$

**6** (1) $-3x^2+12x+96$

$= -3(x^2-4x-32)$

$= -3(x+4)(x-8)$

(2) $2a^2b-8b$

$= 2b(a^2-4)$

$= 2b(a+2)(a-2)$

(3) $a-b$ を $M$ とすると，

$(a-b)^2-4(a-b)+4$

$= M^2-4M+4$

$= (M-2)^2$

$= \{(a-b)-2\}^2 = (a-b-2)^2$

(4) $x+1$ を $M$ とすると，

$(x+1)^2+4(x+1)-5$

$= M^2+4M-5$

$= (M-1)(M+5)$

$= \{(x+1)-1\}\{(x+1)+5\}$

$= x(x+6)$

**7** (1) $129^2-29^2$

$= (129+29)\times(129-29)$

$= 158\times100 = 15800$

(2) $201^2-203\times198$

$= 201^2-(201+2)\times(201-3)$

$= 201^2-(201^2-201-6)$

$= 201+6 = 207$

**9** (2) $(10a+b)(10a+c)$

$= 100a^2+10a(b+c)+bc$

$b+c = 10$ のとき，

$(10a+b)(10a+c)$

$= 100a^2+10a\times10+bc$

$= 100a^2+100a+bc$

$= 100(a^2+a)+bc$

$bc \leqq 81$（$b$，$c$ は $1$〜$9$ の整数）だから，$bc$ は
百の位にくり上がらず，十と一の位には $bc$ の
値，百以上の位には $a^2+a$ の値があてはまる。

$a^2+a = a(a+1)$ より，例えば $84\times86$ の積は，

$\quad 8\times(8+1) = 72$，$\quad 4\times6 = 24$

より，$7224$ と計算できる。

**10** 求める面積は，

$\pi\times19^2-\pi\times11^2$

$= \pi(19^2-11^2)$

$= \pi\times(19+11)\times(19-11)$

$= \pi\times30\times8$

$= 240\pi\ (\text{cm}^2)$

# 2章　平方根

p.24～25 ステージ1

**①** (1) $\pm 6$ (2) $\pm 8$

(3) $\pm\dfrac{1}{7}$ (4) $\pm 0.4$

**②** (1) $\pm\sqrt{11}$ (2) $\pm\sqrt{0.2}$ (3) $\pm\sqrt{\dfrac{6}{7}}$

**③** (1) 15 (2) 3 (3) 21

**④** (1) 2 (2) $-5$ (3) $-1$

(4) 0.8 (5) $-0.7$ (6) $-0.3$

(7) $\dfrac{1}{4}$ (8) $-\dfrac{5}{6}$ (9) $-\dfrac{9}{10}$

**⑤** (1) $\sqrt{14}<\sqrt{15}$

(2) $3>\sqrt{6}$

(3) $\sqrt{0.6}>0.6$

(4) $\sqrt{1.5}<1.5$

(5) $-\sqrt{6}>-\sqrt{7}$

(6) $-\sqrt{5}>-5$

**解説**

**①** (3) $\left(\dfrac{1}{7}\right)^2=\dfrac{1}{49}$ だから，平方根は $\pm\dfrac{1}{7}$

(4) $0.4^2=0.16$ だから，平方根は $\pm 0.4$

**②** (1)～(3)のどの数の平方根も，$\sqrt{\phantom{a}}$ を使わないと表せない。

**ポイント**

・正の数 $a$ の平方根は $\pm\sqrt{a}$ で，$\sqrt{a}$ は正の方。
・$\sqrt{\phantom{a}}$ を使わずに平方根を表せる数もある。

**④** (6) $-\sqrt{0.09}=-\sqrt{0.3^2}=-0.3$

(8) $-\sqrt{\dfrac{25}{36}}=-\sqrt{\left(\dfrac{5}{6}\right)^2}=-\dfrac{5}{6}$

**⑤** (2) $3=\sqrt{3^2}=\sqrt{9}$ で，$9>6$ だから，$3>\sqrt{6}$

(3) $0.6=\sqrt{0.6^2}=\sqrt{0.36}$ で，$0.6>0.36$ だから，$\sqrt{0.6}>\sqrt{0.36}$ よって，$\sqrt{0.6}>0.6$

(4) $1.5=\sqrt{1.5^2}=\sqrt{2.25}$ で，$1.5<2.25$ だから，$\sqrt{1.5}<\sqrt{2.25}$ よって，$\sqrt{1.5}<1.5$

(5) $\sqrt{6}<\sqrt{7}$ だから，$-\sqrt{6}>-\sqrt{7}$

(6) $5=\sqrt{25}$ で，$5<25$ だから，$\sqrt{5}<5$
したがって，$-\sqrt{5}>-5$

**ポイント**

大小は，$\sqrt{\phantom{a}}$ の中の数に直して比べるとよい。

p.26～27 ステージ1

**①** (1)① 4 ② 3

(2)③ 9.61 ④ 9.61

⑤ 3.1 ⑥ 1

(3)⑦ 3.16 ⑧ 3.17

⑨ 6

**②** 5.48 m

**③** 有理数…0，$\sqrt{64}$，$-0.16$，$\sqrt{\dfrac{1}{9}}$

無理数…$\sqrt{\dfrac{3}{5}}$，$-\sqrt{7}$，$\dfrac{\sqrt{2}}{3}$，$\pi$

**④** $2.65\leqq a<2.75$
0.05 以下

**⑤** (1) $3.26\times10^3\,(\text{g})$

(2) $4.70\times10^4\,(\text{m})$

**解説**

**②** 面積が $30\,\text{m}^2$ の正方形の1辺の長さを $x\,\text{m}$ とすると，$x^2=30$
したがって，$x$ は 30 の正の方の平方根であるから，$x=\sqrt{30}$（m）
$\sqrt{30}=5.4772255\cdots$ で，小数第3位を四捨五入すると，5.48 となるから，5.48 m

**③** $0=\dfrac{0}{1}$ と表せるから，0 は有理数である。

$\sqrt{64}=8$，$-0.16=-\dfrac{4}{25}$，$\sqrt{\dfrac{1}{9}}=\dfrac{1}{3}$ であるから，

$\sqrt{64}$，$-0.16$，$\sqrt{\dfrac{1}{9}}$ は有理数である。

他は，どれも有理数ではなく，無理数である。

> 無理数は分数で表されない数であるが，$\sqrt{\phantom{a}}$ のついた数に限っていえば，$\sqrt{\phantom{a}}$ をはずせないのが無理数。他に $\pi$ のような無理数もある。
> （例）$\sqrt{5}\cdots$無理数　　$\sqrt{9}=3\cdots$有理数

**④** $a$ の真の値の範囲は，2.65 以上 2.75 未満である。2.65 はふくまれ，2.75 はふくまれない。
また，「誤差＝近似値－真の値」より，誤差の範囲は，
$2.7-2.65=0.05$（以下）
$2.7-2.75=-0.05$（より大きい）
という計算から，
$-0.05$ より大きく 0.05 以下となり，誤差の絶対値は 0.05 以下である。

**⑤** (2) 有効数字が3けただから，
$47000=4.70\times10000=4.70\times10^4(\text{m})$

p.28～29 ステージ2

❶ (1) $\pm 30$　　(2) $\pm 0.9$

(3) $\pm\sqrt{2.5}$　　(4) $\pm\dfrac{6}{11}$

❷ (1) $20$　　(2) $-1.1$

(3) $\dfrac{5}{12}$　　(4) $7$

❸ (1) $21$　　(2) $16$

(3) $\dfrac{3}{4}$　　(4) $0.1$

❹ (1) $\pm 9$　（理由）正の数の平方根は，正の数と負の数の2つある。

(2) $13$　（理由）$\sqrt{169}$ は，169の平方根のうち正の方を表す。

(3) $5$　（理由）$\sqrt{(-5)^2}=\sqrt{25}=5$

(4) $\sqrt{0.01}$　（理由）$0.1=\sqrt{0.1^2}=\sqrt{0.01}$

❺ (1) $15>\sqrt{221}$　　(2) $-6>-\sqrt{38}$

(3) $\sqrt{0.5}>0.7$　　(4) $-\dfrac{1}{3}>-\sqrt{\dfrac{1}{3}}$

❻ (1) $-\sqrt{6}$, $-\sqrt{3}$, $0$, $\sqrt{2}$, $\sqrt{5}$

(2) $-\sqrt{29}$, $-5$, $-\sqrt{23}$, $4$, $\sqrt{22}$

❼ (1) $2$, $3$　　(2) $23$

(3) 4つ　　(4) $8$

❽ $2$

❾ (1) $2.525\leqq a<2.535$

0.005 m 以下

(2) $3.678\times10^4(\mathrm{km}^2)$

・・・・・・

① $5$

② (1) $6$

(2) $67$, $68$, $69$

(3) 4個

**解説**

❺ (1) $15=\sqrt{225}$ で，$225>221$ だから，
$15>\sqrt{221}$

(2) $6=\sqrt{36}$ で，$36<38$ だから，$6<\sqrt{38}$
したがって，$-6>-\sqrt{38}$

(3) $0.7=\sqrt{0.49}$ で，$0.5>0.49$ だから，
$\sqrt{0.5}>0.7$

(4) $\dfrac{1}{3}=\sqrt{\dfrac{1}{9}}$ で，$\dfrac{1}{9}<\dfrac{1}{3}$ だから，$\dfrac{1}{3}<\sqrt{\dfrac{1}{3}}$
したがって，$-\dfrac{1}{3}>-\sqrt{\dfrac{1}{3}}$

❻ (2) $5=\sqrt{25}$ で，$29>25>23$ だから，
$\sqrt{29}>5>\sqrt{23}$
したがって，$-\sqrt{29}<-5<-\sqrt{23}$
また，$4=\sqrt{16}$ で，$16<22$ だから，
$4<\sqrt{22}$

❼ (1) $1<\sqrt{a}<2$ より，$1<a<4$ だから，
$a=2$, $3$

(2) $3.5<\sqrt{a}<6$ より，$3.5^2<a<6^2$
だから，$12.25<a<36$ より，自然数 $a$ は，
$a=13$, $14$, ……, $34$, $35$
したがって，$35-12=23$

(3) $\sqrt{11}$ より大きく $\sqrt{51}$ より小さい整数を $a$ とすると，$\sqrt{11}<a<\sqrt{51}$ より，$11<a^2<51$
$a$ は整数だから，$a^2=4^2$, $5^2$, $6^2$, $7^2$
したがって，$a=4$, $5$, $6$, $7$ の4つある。

(4) $8^2=64$, $9^2=81$ で，$64<80<81$ なので，
$8<\sqrt{80}<9$ より，$a=8$

❽ $18=2\times3^2$ だから，$a=2$

① $20.25<21<21.16$ より，$4.5^2<21<4.6^2$
したがって，$4.5<\sqrt{21}<4.6$ より，$\sqrt{21}$ の小数第1位の数は5である。

② (1) $24=2^3\times3=2^2\times6$ だから，$n=6$

(2) $8.2^2<n+1<8.4^2$ より，
$67.24<n+1<70.56$
したがって，整数 $n+1$ は，$68$, $69$, $70$
このとき，$n=67$, $68$, $69$

(3) $\sqrt{\phantom{x}}$ の中の数だから，$53-2n\geqq0$
さらに，$n$ が正の整数だから，$53-2\times1=51$，
$53-2\times26=1$ より，$1\leqq53-2n\leqq51$
ここで $53-2n$ は奇数で，そのうち整数の2乗
だから，$53-2n=1^2$, $3^2$, $5^2$, $7^2$
それぞれに対して，$n=26$, $22$, $14$, $2$

p.30～31 ステージ1

❶ (1) $\sqrt{70}$　　(2) $10$

(3) $-\sqrt{35}$　　(4) $\sqrt{3}$

(5) $3$　　(6) $-\sqrt{\dfrac{6}{5}}$

❷ (1) $\sqrt{45}$　　(2) $\sqrt{72}$

(3) $\sqrt{7}$

❸ (1) $2\sqrt{3}$　　(2) $4\sqrt{2}$

(3) $3\sqrt{7}$　　(4) $7\sqrt{2}$

(5) $10\sqrt{2}$　　(6) $4\sqrt{21}$

(7) $6\sqrt{15}$　　(8) $\dfrac{\sqrt{19}}{9}$

(9) $\dfrac{\sqrt{57}}{10}$　　(10) $\dfrac{\sqrt{6}}{10}$

❹ (1) $6\sqrt{14}$　　(2) $6\sqrt{15}$

(3) $6\sqrt{5}$　　(4) $3\sqrt{35}$

(5) $5\sqrt{14}$　　(6) $12\sqrt{2}$

(7) $30\sqrt{2}$　　(8) $12\sqrt{7}$

(9) $12\sqrt{15}$

────────── 解　説 ──────────

❶ (2) $\sqrt{5}\times\sqrt{20}=\sqrt{5\times20}=\sqrt{100}=10$

(4) $\sqrt{21}\div\sqrt{7}=\dfrac{\sqrt{21}}{\sqrt{7}}=\sqrt{\dfrac{21}{7}}=\sqrt{3}$

(6) $(-\sqrt{18})\div\sqrt{15}=-\dfrac{\sqrt{18}}{\sqrt{15}}=-\sqrt{\dfrac{18}{15}}=-\sqrt{\dfrac{6}{5}}$

❷ (1) $3\sqrt{5}=\sqrt{9}\times\sqrt{5}=\sqrt{9\times5}=\sqrt{45}$

(2) $6\sqrt{2}=\sqrt{36}\times\sqrt{2}=\sqrt{72}$

(3) $\dfrac{\sqrt{28}}{2}=\dfrac{\sqrt{28}}{\sqrt{4}}=\sqrt{\dfrac{28}{4}}=\sqrt{7}$

❸ (1) $\sqrt{12}=\sqrt{4\times3}=\sqrt{2^2\times3}=2\sqrt{3}$

(2) $\sqrt{32}=\sqrt{16\times2}=\sqrt{4^2\times2}=4\sqrt{2}$

(3) $\sqrt{63}=\sqrt{9\times7}=\sqrt{3^2\times7}=3\sqrt{7}$

(4) $\sqrt{98}=\sqrt{49\times2}=\sqrt{7^2\times2}=7\sqrt{2}$

(5) $\sqrt{200}=\sqrt{100\times2}=\sqrt{10^2\times2}=10\sqrt{2}$

(6) $\sqrt{336}=\sqrt{2^4\times3\times7}=\sqrt{2^4}\times\sqrt{3\times7}$
　　$=4\times\sqrt{21}=4\sqrt{21}$

(7) $\sqrt{540}=\sqrt{2^2\times3^3\times5}=\sqrt{2^2}\times\sqrt{3^2}\times\sqrt{3\times5}$
　　$=2\times3\times\sqrt{15}=6\sqrt{15}$

(8) $\sqrt{\dfrac{19}{81}}=\dfrac{\sqrt{19}}{\sqrt{81}}=\dfrac{\sqrt{19}}{\sqrt{9^2}}=\dfrac{\sqrt{19}}{9}$

(10) $\sqrt{0.06}=\sqrt{\dfrac{6}{100}}=\dfrac{\sqrt{6}}{\sqrt{100}}=\dfrac{\sqrt{6}}{\sqrt{10^2}}=\dfrac{\sqrt{6}}{10}$

**ミス注意！** $\sqrt{6}$ と 10 は約分できない。

❹ (1) $\sqrt{8}\times\sqrt{63}=2\sqrt{2}\times3\sqrt{7}$
　　$=2\times3\times\sqrt{2}\times\sqrt{7}=6\sqrt{14}$

(3) $\sqrt{6}\times\sqrt{30}=\sqrt{6}\times\sqrt{5\times6}=\sqrt{5\times6^2}$
　　$=6\sqrt{5}$

(4) $\sqrt{15}\times\sqrt{21}=\sqrt{3\times5}\times\sqrt{3\times7}=\sqrt{3^2\times5\times7}$
　　$=3\sqrt{35}$

(6) $\sqrt{3}\times4\sqrt{6}=\sqrt{3}\times4\times\sqrt{2\times3}=4\times\sqrt{2\times3^2}$
　　$=4\times3\sqrt{2}=12\sqrt{2}$

(8) $\sqrt{48}\times\sqrt{21}=4\sqrt{3}\times\sqrt{3\times7}=4\times\sqrt{3^2\times7}$
　　$=4\times3\sqrt{7}=12\sqrt{7}$

p.32〜33 **◯ステージ1**

❶ (1) $\dfrac{\sqrt{7}}{7}$　(2) $\dfrac{\sqrt{6}}{2}$　(3) $\dfrac{\sqrt{6}}{2}$

(4) $\dfrac{3\sqrt{5}}{20}$　(5) $\dfrac{\sqrt{42}}{12}$　(6) $\dfrac{4\sqrt{2}}{3}$

(7) $\dfrac{\sqrt{3}}{6}$　(8) $\dfrac{\sqrt{10}}{4}$　(9) $\sqrt{2}$

❷ (1) $\dfrac{\sqrt{14}}{7}$　　　(2) $\sqrt{15}$

❸ (1) 5.292　　(2) 7.938

(3) 26.46　　(4) 1.323

(5) 10.584　　(6) 0.882

❹ (1)① 17.32　② 173.2　③ 0.1732

(2)① 54.77　② 0.5477　③ 0.05477

────────── 解　説 ──────────

❶ (4) 分母と分子に $\sqrt{5}$ をかける。

$\dfrac{3}{4\sqrt{5}}=\dfrac{3\times\sqrt{5}}{4\sqrt{5}\times\sqrt{5}}=\dfrac{3\sqrt{5}}{20}$

(7) まず，分母の $\sqrt{\phantom{0}}$ の中を簡単な数にする。

$\dfrac{1}{\sqrt{12}}=\dfrac{1}{2\sqrt{3}}=\dfrac{1\times\sqrt{3}}{2\sqrt{3}\times\sqrt{3}}=\dfrac{\sqrt{3}}{6}$

❷ (2) $3\sqrt{5}\div\sqrt{3}=\dfrac{3\sqrt{5}}{\sqrt{3}}=\dfrac{3\sqrt{5}\times\sqrt{3}}{\sqrt{3}\times\sqrt{3}}$

$=\dfrac{3\sqrt{15}}{3}=\sqrt{15}$

❸ (3) $\sqrt{700}=10\sqrt{7}$
　　$=10\times2.646=26.46$

(4) $\sqrt{\dfrac{7}{4}}=\dfrac{\sqrt{7}}{\sqrt{4}}=\dfrac{\sqrt{7}}{2}$

$=\dfrac{2.646}{2}=1.323$

(5) $\dfrac{28}{\sqrt{7}}=\dfrac{28\times\sqrt{7}}{\sqrt{7}\times\sqrt{7}}=\dfrac{28\sqrt{7}}{7}=4\sqrt{7}$ ←約分
　　$=4\times2.646=10.584$

❹ (1)② $\sqrt{30000}=100\sqrt{3}=100\times1.732$
　　　$=173.2$

③ $\sqrt{0.03}=\sqrt{\dfrac{3}{100}}=\dfrac{\sqrt{3}}{10}=\dfrac{1.732}{10}$
　　$=0.1732$

(2)① $\sqrt{3000}=\sqrt{100\times30}=10\sqrt{30}$
　　　$=10\times5.477=54.77$

② $\sqrt{0.3}=\sqrt{\dfrac{3}{10}}=\sqrt{\dfrac{30}{100}}=\dfrac{\sqrt{30}}{10}=\dfrac{5.477}{10}$
　　$=0.5477$

2 章

❶ (1) $4\sqrt{3}$　　　　(2) $2\sqrt{7}$

　 (3) $4+\sqrt{6}$　　　(4) $-6\sqrt{5}+4\sqrt{2}$

❷ (1) $7\sqrt{2}$　　　　(2) $-2\sqrt{3}$

　 (3) $4\sqrt{5}$　　　　(4) $-\sqrt{6}$

❸ (1) $4\sqrt{7}-7$　　　(2) $6+\sqrt{3}$

　 (3) $2\sqrt{3}-\sqrt{6}$　　(4) $\sqrt{3}-1$

　 (5) $2+\sqrt{2}$

❹ (1) $\sqrt{10}+4\sqrt{2}+3\sqrt{5}+12$

　 (2) $8-5\sqrt{3}$　　　(3) $14+6\sqrt{5}$

　 (4) $13-2\sqrt{42}$　　(5) $7$

　 (6) $2$　　　　　　(7) $14-7\sqrt{2}$

　 (8) $-7-4\sqrt{5}$

**━━━━━ 解 説 ━━━━━**

❶ (3) $4-2\sqrt{6}+3\sqrt{6}=4+(-2+3)\sqrt{6}$
$$=4+\sqrt{6}$$

　 (4) $2\sqrt{5}+4\sqrt{2}-8\sqrt{5}=(2-8)\sqrt{5}+4\sqrt{2}$
$$=-6\sqrt{5}+4\sqrt{2}$$

**ミス注意!** (3)の $4+\sqrt{6}$ や(4)の $-6\sqrt{5}+4\sqrt{2}$ は，これ以上計算することができない。これで1つの数を表している。

❷ (1) $\sqrt{50}+\sqrt{8}=5\sqrt{2}+2\sqrt{2}=7\sqrt{2}$

**ポイント**

$\sqrt{\phantom{x}}$ の中を簡単な数にしてから，加減の計算。

　 (3) $\sqrt{5}+\dfrac{15}{\sqrt{5}}=\sqrt{5}+\dfrac{15\times\sqrt{5}}{\sqrt{5}\times\sqrt{5}}$
$$=\sqrt{5}+\dfrac{15\sqrt{5}}{5}=\sqrt{5}+3\sqrt{5}=4\sqrt{5}$$

　 (4) $\dfrac{12}{\sqrt{6}}-\sqrt{54}=\dfrac{12\times\sqrt{6}}{\sqrt{6}\times\sqrt{6}}-3\sqrt{6}$
$$=\dfrac{12\sqrt{6}}{6}-3\sqrt{6}$$
$$=2\sqrt{6}-3\sqrt{6}=-\sqrt{6}$$

❸ (1) $\sqrt{7}(4-\sqrt{7})=4\sqrt{7}-(\sqrt{7})^2$
$$=4\sqrt{7}-7$$

　 (2) $\sqrt{3}(\sqrt{12}+1)=\sqrt{3}(2\sqrt{3}+1)$
$$=2\times(\sqrt{3})^2+\sqrt{3}=2\times3+\sqrt{3}$$
$$=6+\sqrt{3}$$

　 (3) $\sqrt{2}(\sqrt{6}-\sqrt{3})=\sqrt{2}\times\sqrt{6}-\sqrt{2}\times\sqrt{3}$
$$=\sqrt{2}\times\sqrt{2\times3}-\sqrt{6}=2\sqrt{3}-\sqrt{6}$$

　 (4) $(\sqrt{15}-\sqrt{5})\div\sqrt{5}=\dfrac{\sqrt{15}}{\sqrt{5}}-\dfrac{\sqrt{5}}{\sqrt{5}}=\sqrt{3}-1$

❹ (2) $(\sqrt{3}-2)(2\sqrt{3}-1)$
$$=\sqrt{3}\times2\sqrt{3}-\sqrt{3}-2\times2\sqrt{3}+2$$
$$=2\times3-\sqrt{3}-4\sqrt{3}+2=8-5\sqrt{3}$$

　 (3) $(\sqrt{5}+3)^2$
$$=(\sqrt{5})^2+2\times\sqrt{5}\times3+3^2$$
$$=5+6\sqrt{5}+9=14+6\sqrt{5}$$

　 (5) $(\sqrt{10}+\sqrt{3})(\sqrt{10}-\sqrt{3})$
$$=(\sqrt{10})^2-(\sqrt{3})^2$$
$$=10-3=7$$

　 (7) $(\sqrt{2}-3)(\sqrt{2}-4)$
$$=(\sqrt{2})^2+(-3-4)\times\sqrt{2}+12$$
$$=2-7\sqrt{2}+12=14-7\sqrt{2}$$

❶ (1) $10\sqrt{5}$ cm　　(2) $22.4$ cm

❷ (1) $32$ cm²　　　(2) $4\sqrt{2}$ cm

　 (3) $5.6$ cm

❸ $4\sqrt{15}$ cm

❹ (1) $3a-2b=18$

　 (2) $a=5\sqrt{2}$, $b=\dfrac{15\sqrt{2}-18}{2}$

　 (3) $1.6$

**━━━━━ 解 説 ━━━━━**

❸ 正方形の1辺の長さを $x$ cm とすると，
$$x^2=12\times20\qquad x^2=240$$
$x$ は正の数だから，240 の正の平方根で，
$$x=\sqrt{240}=4\sqrt{15}$$

❹ (1) 重なりなく並べた長さは $3a$ cm，重なりの長さは $2b$ cm，全体の長さは 18 cm だから，
$$3a-2b=18$$

　 (2) 正方形 ABCD の面積について，
$$a\times a\times\dfrac{1}{2}=5\times5\qquad a^2=50$$
$a$ は正の数だから，50 の正の平方根で，
$$a=\sqrt{50}=5\sqrt{2}$$
$a=5\sqrt{2}$ を(1)の式に代入して，
$$3\times5\sqrt{2}-2b=18\qquad 2b=15\sqrt{2}-18$$
$$b=\dfrac{15\sqrt{2}-18}{2}$$

　 (3) $\dfrac{15\times1.41-18}{2}=\dfrac{21.15-18}{2}$
$$=(21.15-18)\div2=3.15\div2=1.575 \text{ より，} 1.6$$

**❶** (1) $\dfrac{\sqrt{15}}{5}$　　　(2) $\dfrac{2\sqrt{6}}{9}$

　　(3) $\sqrt{3}$

**❷** (1) $12\sqrt{3}$　　　(2) $30$

　　(3) $\dfrac{3}{2}$　　　(4) $2\sqrt{15}$

　　(5) $2\sqrt{15}$　　　(6) $-\dfrac{\sqrt{2}}{2}$

**❸** (1) $13.416$　　　(2) $1.677$

　　(3) $0.2236$

**❹** (1) $-\sqrt{3}+2\sqrt{6}$　　　(2) $\sqrt{2}$

　　(3) $\dfrac{\sqrt{3}}{4}$　　　(4) $\dfrac{\sqrt{5}}{5}$

　　(5) $\dfrac{2\sqrt{6}}{3}$

**❺** (1) $14-7\sqrt{2}$　　　(2) $-3+\sqrt{2}$

　　(3) $7\sqrt{3}-10$　　　(4) $2\sqrt{2}$

**❻** (1) $8-2\sqrt{5}$　　　(2) $9\sqrt{7}-25$

　　(3) $16-4\sqrt{15}$　　　(4) $6$

**❼** (1) $20$　　　(2) $2$

　　(3) $-4\sqrt{15}$

**❽** (1) $2$　　　(2) $\sqrt{6}-2$

　　(3) $6-2\sqrt{6}$

**❾** (1), (2) $(x,\ y)=\left(1+\dfrac{\sqrt{5}}{5},\ 1-\dfrac{\sqrt{5}}{5}\right)$

• • • • • • •

**①** (1) $6-9\sqrt{6}$　　　(2) $-13$

　　(3) $11-\sqrt{2}$　　　(4) $8$

**②** $5$

解説

**❶** (2) $\dfrac{\sqrt{8}}{\sqrt{27}}=\dfrac{2\sqrt{2}}{3\sqrt{3}}=\dfrac{2\sqrt{2}\times\sqrt{3}}{3\sqrt{3}\times\sqrt{3}}=\dfrac{2\sqrt{6}}{9}$

　　(3) $\dfrac{6\sqrt{2}}{\sqrt{24}}=\dfrac{6\sqrt{2}}{2\sqrt{6}}=\dfrac{3}{\sqrt{3}}=\dfrac{3\times\sqrt{3}}{\sqrt{3}\times\sqrt{3}}$

　　　$=\dfrac{3\sqrt{3}}{3}=\sqrt{3}$

**❷** (1) $\sqrt{18}\times\sqrt{24}=3\sqrt{2}\times2\sqrt{6}$

　　　$=3\sqrt{2}\times2\sqrt{2\times3}=3\times2\times2\times\sqrt{3}=12\sqrt{3}$

　　(2) $2\sqrt{3}\times\sqrt{75}=2\sqrt{3}\times5\sqrt{3}$

　　　$=2\times5\times3=30$

　　(3) $\sqrt{27}\div\sqrt{12}=\dfrac{\sqrt{27}}{\sqrt{12}}=\dfrac{3\sqrt{3}}{2\sqrt{3}}=\dfrac{3}{2}$

　　(4) $10\sqrt{3}\div\sqrt{5}=\dfrac{10\sqrt{3}}{\sqrt{5}}=\dfrac{10\sqrt{3}\times\sqrt{5}}{\sqrt{5}\times\sqrt{5}}$

　　　$=\dfrac{10\sqrt{15}}{5}=2\sqrt{15}$

　　(5) $\sqrt{90}\div\sqrt{12}\times\sqrt{8}=\sqrt{\dfrac{90}{12}}\times\sqrt{8}=\sqrt{\dfrac{90}{12}\times8}$

　　　$=\sqrt{60}=2\sqrt{15}$

　　(6) $(-\sqrt{42})\div\sqrt{14}\div\sqrt{6}=-\sqrt{\dfrac{42}{14}}\div\sqrt{6}$

　　　$=-\sqrt{3}\div\sqrt{6}=-\sqrt{\dfrac{3}{6}}=-\sqrt{\dfrac{1}{2}}=-\dfrac{1}{\sqrt{2}}$

　　　$=-\dfrac{\sqrt{2}}{\sqrt{2}\times\sqrt{2}}=-\dfrac{\sqrt{2}}{2}$

**❸** (2) $\dfrac{15}{4\sqrt{5}}=\dfrac{15\times\sqrt{5}}{4\sqrt{5}\times\sqrt{5}}=\dfrac{15\sqrt{5}}{4\times5}$

　　　$=\dfrac{3\sqrt{5}}{4}=\dfrac{3\times2.236}{4}=1.677$

　　(3) $\sqrt{\dfrac{1}{20}}=\dfrac{1}{2\sqrt{5}}=\dfrac{\sqrt{5}}{2\sqrt{5}\times\sqrt{5}}=\dfrac{\sqrt{5}}{2\times5}$

　　　$=\dfrac{\sqrt{5}}{10}=\dfrac{2.236}{10}=0.2236$

**❹** (3) $\dfrac{\sqrt{27}}{4}-\dfrac{\sqrt{3}}{2}=\dfrac{3\sqrt{3}}{4}-\dfrac{2\sqrt{3}}{4}=\dfrac{\sqrt{3}}{4}$

　　(4) $\dfrac{\sqrt{20}}{5}-\dfrac{1}{\sqrt{5}}=\dfrac{2\sqrt{5}}{5}-\dfrac{\sqrt{5}}{\sqrt{5}\times\sqrt{5}}$

　　　$=\dfrac{2\sqrt{5}}{5}-\dfrac{\sqrt{5}}{5}=\dfrac{\sqrt{5}}{5}$

　　(5) $\dfrac{6}{\sqrt{6}}-\sqrt{\dfrac{2}{3}}=\dfrac{6}{\sqrt{6}}-\dfrac{\sqrt{2}}{\sqrt{3}}$

　　　$=\dfrac{6\times\sqrt{6}}{\sqrt{6}\times\sqrt{6}}-\dfrac{\sqrt{2}\times\sqrt{3}}{\sqrt{3}\times\sqrt{3}}$

　　　$=\dfrac{6\sqrt{6}}{6}-\dfrac{\sqrt{6}}{3}=\sqrt{6}-\dfrac{\sqrt{6}}{3}=\dfrac{2\sqrt{6}}{3}$

**❺** (2) $(\sqrt{63}-\sqrt{14})\div(-\sqrt{7})=-\dfrac{\sqrt{63}}{\sqrt{7}}+\dfrac{\sqrt{14}}{\sqrt{7}}$

　　　$=-\sqrt{9}+\sqrt{2}=-3+\sqrt{2}$

　　(3) $(4\sqrt{3}+1)(2-\sqrt{3})=8\sqrt{3}-4\sqrt{3}\times\sqrt{3}$

　　　$+2-\sqrt{3}=7\sqrt{3}-10$

　　(4) $(\sqrt{5}-\sqrt{3})(\sqrt{6}+\sqrt{10})$

　　　$=\sqrt{5}\times\sqrt{6}+\sqrt{5}\times\sqrt{10}-\sqrt{3}\times\sqrt{6}-\sqrt{3}$

　　　$\times\sqrt{10}=\sqrt{30}+5\sqrt{2}-3\sqrt{2}-\sqrt{30}=2\sqrt{2}$

**❻** (4) $(2\sqrt{6}-3\sqrt{2})(3\sqrt{2}+2\sqrt{6})$

　　　$=(2\sqrt{6}-3\sqrt{2})(2\sqrt{6}+3\sqrt{2})$

　　　$=(2\sqrt{6})^2-(3\sqrt{2})^2=24-18=6$

**❼** (1) $x+y=(\sqrt{5}-\sqrt{3})+(\sqrt{5}+\sqrt{3})=2\sqrt{5}$

したがって，$(x+y)^2=(2\sqrt{5})^2=20$

(2) $xy=(\sqrt{5}-\sqrt{3})(\sqrt{5}+\sqrt{3})$

$=(\sqrt{5})^2-(\sqrt{3})^2=5-3=2$

(3) $x^2-y^2=(x+y)(x-y)$

$x-y=(\sqrt{5}-\sqrt{3})-(\sqrt{5}+\sqrt{3})=-2\sqrt{3}$ より，

$x^2-y^2=2\sqrt{5}\times(-2\sqrt{3})=-4\sqrt{15}$

**ポイント**

式の値を求めるときに，因数分解を利用する。

**❽** (1) $4<6<9$ より，$2<\sqrt{6}<3$

よって，$\sqrt{6}$ の整数部分 $a$ は $2$

(2) $a+b=\sqrt{6}$ で，$a=2$ より，$2+b=\sqrt{6}$

よって，$b=\sqrt{6}-2$

**ポイント**

小数部分は，(2)のように考えて求める。

(3) $b^2+2b=b(b+2)=(\sqrt{6}-2)(\sqrt{6}-2+2)$

$=(\sqrt{6}-2)\times\sqrt{6}=6-2\sqrt{6}$

**❾** (1) ①$\times\sqrt{5}$　　$5x+5\sqrt{5}\,y=6\sqrt{5}$　……①′

②　　　　$5x-\phantom{5}\sqrt{5}\,y=6$　　……②

①′−②　　　　　$6\sqrt{5}\,y=6\sqrt{5}-6$

$y=\dfrac{6\sqrt{5}-6}{6\sqrt{5}}=\dfrac{\sqrt{5}-1}{\sqrt{5}}=\dfrac{\sqrt{5}}{\sqrt{5}}-\dfrac{1}{\sqrt{5}}$

$=1-\dfrac{\sqrt{5}}{5}$

$y=1-\dfrac{\sqrt{5}}{5}$ を①′に代入して，

$5x+5\sqrt{5}\left(1-\dfrac{\sqrt{5}}{5}\right)=6\sqrt{5}$

$5x+5\sqrt{5}-5=6\sqrt{5}$ より，$x=1+\dfrac{\sqrt{5}}{5}$

(2) ②を $x$ について解くと，

$x=\dfrac{\sqrt{5}}{5}y+\dfrac{6}{5}$　　……②′

②′を①に代入して，

$\sqrt{5}\left(\dfrac{\sqrt{5}}{5}y+\dfrac{6}{5}\right)+5y=6$

$y+\dfrac{6\sqrt{5}}{5}+5y=6$ より，$y=1-\dfrac{\sqrt{5}}{5}$

$y=1-\dfrac{\sqrt{5}}{5}$ を②′に代入して，

$x=\dfrac{\sqrt{5}}{5}\left(1-\dfrac{\sqrt{5}}{5}\right)+\dfrac{6}{5}=1+\dfrac{\sqrt{5}}{5}$

**❷** $x^2-8xy+16y^2=(x-4y)^2$

$x-4y=(4\sqrt{3}+3\sqrt{5})-4(\sqrt{3}+\sqrt{5})=-\sqrt{5}$ より，

$x^2-8xy+16y^2=(-\sqrt{5})^2=5$

**p.40〜41** ステージ❸

**❶** (1) $\pm\dfrac{11}{13}$

(2) $-6$

(3) $25$

(4) $-0.6>-\sqrt{0.6}$

(5) $\dfrac{\sqrt{3}}{5}$，$\dfrac{3}{5}$，$\sqrt{\dfrac{3}{5}}$，$\dfrac{3}{\sqrt{5}}$

(6) $7$，$8$，$9$，$10$

(7) $8.05\leqq a<8.15$

**❷** (1) $\sqrt{150}$

(2)① $12\sqrt{5}$　　　　② $\dfrac{\sqrt{14}}{9}$

(3) $\dfrac{\sqrt{15}}{9}$

(4) $0.866$

**❸** (1) $15$

(2) $22.4$ cm

**❹** (1) $12$　　　　(2) $\dfrac{\sqrt{10}}{2}$

(3) $-3\sqrt{7}$　　　(4) $-\dfrac{1}{2}$

**❺** (1) $5\sqrt{3}$　　　(2) $\sqrt{2}+6\sqrt{6}$

(3) $2\sqrt{6}$　　　(4) $\dfrac{2\sqrt{15}}{15}$

(5) $\sqrt{7}$　　　　(6) $7\sqrt{2}$

**❻** (1) $12-6\sqrt{2}$　(2) $\sqrt{7}+2\sqrt{3}$

(3) $-9-2\sqrt{6}$　(4) $3$

(5) $25+10\sqrt{6}$　(6) $7$

**❼** (1) $4\sqrt{21}$　　　(2) $28$

**解説**

**❶** (1) $\pm\sqrt{\dfrac{121}{169}}=\pm\sqrt{\left(\dfrac{11}{13}\right)^2}=\pm\dfrac{11}{13}$

(2) $-\sqrt{(-6)^2}=-\sqrt{36}=-6$

(4) $0.6=\sqrt{0.36}$ で，$0.36<0.6$ だから，

$0.6<\sqrt{0.6}$

したがって，$-0.6>-\sqrt{0.6}$

(5) $\dfrac{3}{5}=\sqrt{\dfrac{9}{25}}$, $\sqrt{\dfrac{3}{5}}=\sqrt{\dfrac{3\times5}{5\times5}}=\sqrt{\dfrac{15}{25}}$

$\dfrac{\sqrt{3}}{5}=\sqrt{\dfrac{3}{25}}$, $\dfrac{3}{\sqrt{5}}=\sqrt{\dfrac{9}{5}}=\sqrt{\dfrac{45}{25}}$

より，小さい方から順に，$\dfrac{\sqrt{3}}{5}$，$\dfrac{3}{5}$，$\sqrt{\dfrac{3}{5}}$，$\dfrac{3}{\sqrt{5}}$

**別解** 分母を有理化するなどして，分母を5に
そろえて比べてもよい。

(6) $2.5<\sqrt{a}<3.2$ より，$2.5^2<a<3.2^2$
だから，$6.25<a<10.24$ より，自然数 $a$ は，
$a=7,\ 8,\ 9,\ 10$

❷ (2)① $\sqrt{720}=\sqrt{2^4\times3^2\times5}=\sqrt{12^2\times5}$
$=12\sqrt{5}$

② $\sqrt{\dfrac{14}{81}}=\dfrac{\sqrt{14}}{\sqrt{81}}=\dfrac{\sqrt{14}}{\sqrt{9^2}}=\dfrac{\sqrt{14}}{9}$

(3) $\dfrac{\sqrt{10}}{\sqrt{54}}=\dfrac{\sqrt{10}}{3\sqrt{6}}=\dfrac{\sqrt{10}\times\sqrt{6}}{3\sqrt{6}\times\sqrt{6}}$

$=\dfrac{\sqrt{2\times5}\times\sqrt{2\times3}}{3\times6}=\dfrac{2\sqrt{15}}{18}=\dfrac{\sqrt{15}}{9}$

(4) $\dfrac{3}{\sqrt{12}}=\dfrac{3}{2\sqrt{3}}=\dfrac{3\times\sqrt{3}}{2\sqrt{3}\times\sqrt{3}}=\dfrac{3\sqrt{3}}{2\times3}$

$=\dfrac{\sqrt{3}}{2}=\dfrac{1.732}{2}=0.866$

❸ (1) $135=3^3\times5=3^2\times3\times5$ より，
$a=3\times5=15$

(2) 2つの正方形の面積の和は，
$10^2+20^2=100+400=500$（cm²）
したがって，求める正方形の1辺の長さは，
$\sqrt{500}=10\sqrt{5}=10\times2.236=22.36$
小数第2位を四捨五入して，22.4 cm

❹ (1) $\sqrt{48}\times\sqrt{3}=4\sqrt{3}\times\sqrt{3}$
$=4\times3=12$

(2) $\sqrt{15}\div\sqrt{6}=\sqrt{\dfrac{15}{6}}=\sqrt{\dfrac{5}{2}}=\dfrac{\sqrt{5}}{\sqrt{2}}$

$=\dfrac{\sqrt{5}\times\sqrt{2}}{\sqrt{2}\times\sqrt{2}}=\dfrac{\sqrt{10}}{2}$

(3) $3\sqrt{5}\div(-\sqrt{10})\times\sqrt{14}=-\dfrac{3\sqrt{5}}{\sqrt{10}}\times\sqrt{14}$

$=-\dfrac{3\times\sqrt{70}}{\sqrt{10}}=-3\sqrt{7}$

(4) $\sqrt{18}\div\sqrt{6}\div(-\sqrt{12})=\sqrt{\dfrac{18}{6}}\div(-2\sqrt{3})$

$=\sqrt{3}\div(-2\sqrt{3})=-\dfrac{\sqrt{3}}{2\sqrt{3}}=-\dfrac{1}{2}$

❺ (2) $2\sqrt{18}+3\sqrt{24}-\sqrt{50}$
$=2\times3\sqrt{2}+3\times2\sqrt{6}-5\sqrt{2}=\sqrt{2}+6\sqrt{6}$

(3) $\dfrac{15}{\sqrt{6}}-\dfrac{\sqrt{54}}{6}=\dfrac{15\times\sqrt{6}}{\sqrt{6}\times\sqrt{6}}-\dfrac{3\sqrt{6}}{6}$

$=\dfrac{15\sqrt{6}}{6}-\dfrac{3\sqrt{6}}{6}=\dfrac{12\sqrt{6}}{6}=2\sqrt{6}$

(4) $\sqrt{\dfrac{5}{3}}-\sqrt{\dfrac{3}{5}}=\dfrac{\sqrt{5}}{\sqrt{3}}-\dfrac{\sqrt{3}}{\sqrt{5}}$

$=\dfrac{\sqrt{5}\times\sqrt{3}}{\sqrt{3}\times\sqrt{3}}-\dfrac{\sqrt{3}\times\sqrt{5}}{\sqrt{5}\times\sqrt{5}}$

$=\dfrac{\sqrt{15}}{3}-\dfrac{\sqrt{15}}{5}$

$=\dfrac{5\sqrt{15}-3\sqrt{15}}{15}=\dfrac{2\sqrt{15}}{15}$

(5) $\sqrt{63}-\sqrt{2}\times\sqrt{14}=3\sqrt{7}-\sqrt{2}\times\sqrt{2\times7}$
$=3\sqrt{7}-2\sqrt{7}=\sqrt{7}$

(6) $\sqrt{10}\times2\sqrt{5}-6\div\sqrt{2}=\sqrt{2\times5}\times2\sqrt{5}-\dfrac{6}{\sqrt{2}}$

$=2\times5\sqrt{2}-\dfrac{6\times\sqrt{2}}{\sqrt{2}\times\sqrt{2}}$

$=10\sqrt{2}-3\sqrt{2}=7\sqrt{2}$

❻ (1) $2\sqrt{3}(\sqrt{12}-\sqrt{6})=2\sqrt{3}(2\sqrt{3}-\sqrt{2\times3})$
$=(2\sqrt{3})^2-2\times3\sqrt{2}$
$=12-6\sqrt{2}$

(3) $(3+\sqrt{6})(-5+\sqrt{6})=(\sqrt{6}+3)(\sqrt{6}-5)$
$=(\sqrt{6})^2+(3-5)\times\sqrt{6}-15$
$=-9-2\sqrt{6}$

(5) $(\sqrt{15}+\sqrt{10})^2$
$=(\sqrt{15})^2+2\times\sqrt{15}\times\sqrt{10}+(\sqrt{10})^2$
$=15+2\times\sqrt{3\times5}\times\sqrt{2\times5}+10$
$=25+2\times5\sqrt{6}=25+10\sqrt{6}$

(6) $(\sqrt{6}-1)^2+\dfrac{12}{\sqrt{6}}=(6-2\sqrt{6}+1)$

$+\dfrac{12\times\sqrt{6}}{\sqrt{6}\times\sqrt{6}}=7-2\sqrt{6}+2\sqrt{6}=7$

❼ (1) $x^2-y^2=(x+y)(x-y)$
$x+y=(\sqrt{7}+\sqrt{3})+(\sqrt{7}-\sqrt{3})=2\sqrt{7}$
$x-y=(\sqrt{7}+\sqrt{3})-(\sqrt{7}-\sqrt{3})=2\sqrt{3}$
したがって，$x^2-y^2=2\sqrt{7}\times2\sqrt{3}=4\sqrt{21}$

(2) $x^2+2xy+y^2=(x+y)^2=(2\sqrt{7})^2=28$

**得点アップのコツ**

式の値を求める問題では，直接代入する前に，**因数**
**分解などを試し，計算の効率化**を図ろう。

**2章**

# 3章 二次方程式

**1** 2, 4

**2** (1) $x=\pm\sqrt{7}$ (2) $x=\pm2$

(3) $x=\pm\sqrt{3}$ (4) $x=\pm7$

(5) $x=\pm3\sqrt{2}$ (6) $x=\pm\dfrac{\sqrt{5}}{4}$

**3** (1) $x=3,\ 1$ (2) $x=1,\ -7$

(3) $x=-5\pm\sqrt{5}$ (4) $x=1\pm\sqrt{6}$

(5) $x=6\pm2\sqrt{3}$ (6) $x=-4\pm2\sqrt{5}$

**4** (1) 9, 3 (2) 36, 6

**5** (1) $x=-2\pm\sqrt{11}$ (2) $x=1\pm\sqrt{6}$

### 解説

**2** (5) $3x^2-54=0$　$3x^2=54$　$x^2=18$
$x=\pm3\sqrt{2}$

(6) $16x^2-5=0$　$16x^2=5$　$x^2=\dfrac{5}{16}$

$x=\pm\dfrac{\sqrt{5}}{4}$

**3** (1) $(x-2)^2=1$
$x-2=\pm1$
$x=2\pm1$
$x=3,\ 1$

(2) $(x+3)^2-16=0$　$(x+3)^2=16$
$x+3=\pm4$
$x=-3\pm4$
$x=1,\ -7$

(4) $(x-1)^2-6=0$　$(x-1)^2=6$
$x-1=\pm\sqrt{6}$
$x=1\pm\sqrt{6}$

(6) $(x+4)^2-20=0$　$(x+4)^2=20$
$x+4=\pm2\sqrt{5}$
$x=-4\pm2\sqrt{5}$

**5** (1) $x^2+4x=7$　$x^2+4x+2^2=7+2^2$
$(x+2)^2=11$
$x+2=\pm\sqrt{11}$
$x=-2\pm\sqrt{11}$

(2) $x^2-2x-5=0$　$x^2-2x=5$
$x^2-2x+1^2=5+1^2$　$(x-1)^2=6$
$x-1=\pm\sqrt{6}$
$x=1\pm\sqrt{6}$

**1** (1) $x=\dfrac{-5\pm\sqrt{13}}{2}$ (2) $x=\dfrac{7\pm\sqrt{57}}{2}$

(3) $x=\dfrac{7\pm\sqrt{37}}{6}$ (4) $x=\dfrac{-1\pm\sqrt{33}}{4}$

**2** (1) $x=-1,\ -\dfrac{4}{3}$ (2) $x=1,\ \dfrac{1}{5}$

(3) $x=\dfrac{1}{2},\ -2$ (4) $x=2,\ -\dfrac{1}{3}$

**3** (1) $x=-5\pm\sqrt{19}$ (2) $x=1\pm\sqrt{6}$

(3) $x=\dfrac{-3\pm\sqrt{15}}{3}$ (4) $x=\dfrac{4\pm\sqrt{6}}{5}$

**4** (1) $x=3,\ -2$ (2) $x=-2\pm\sqrt{7}$

(3) $x=\dfrac{3\pm\sqrt{5}}{2}$ (4) $x=3\pm2\sqrt{3}$

### 解説

**1** (2) $x^2-7x-2=0$

$x=\dfrac{-(-7)\pm\sqrt{(-7)^2-4\times1\times(-2)}}{2\times1}$

$=\dfrac{7\pm\sqrt{57}}{2}$

(3) $3x^2-7x+1=0$

$x=\dfrac{-(-7)\pm\sqrt{(-7)^2-4\times3\times1}}{2\times3}$

$=\dfrac{7\pm\sqrt{37}}{6}$

**2** (1) $3x^2+7x+4=0$

$x=\dfrac{-7\pm\sqrt{49-48}}{6}=\dfrac{-7\pm1}{6}$ より,

$x=-1,\ -\dfrac{4}{3}$　$\sqrt{\ }$ がはずれる。

**3** (1) $x^2+10x+6=0$

$x=\dfrac{-10\pm\sqrt{100-24}}{2}=\dfrac{-10\pm\sqrt{76}}{2}$

$=\dfrac{-10\pm2\sqrt{19}}{2}=-5\pm\sqrt{19}$ ←約分に注意。

(3) $3x^2+6x-2=0$

$x=\dfrac{-6\pm\sqrt{36+24}}{6}=\dfrac{-6\pm\sqrt{60}}{6}$

$=\dfrac{-6\pm2\sqrt{15}}{6}=\dfrac{-3\pm\sqrt{15}}{3}$

**4** (1) $x^2-x=6$　$x^2-x-6=0$

$x=\dfrac{1\pm\sqrt{1+24}}{2}=\dfrac{1\pm5}{2}$ より, $x=3,\ -2$

(4)　$x(x-4)=2x+3$　$x^2-6x-3=0$

$$x=\frac{6\pm\sqrt{36+12}}{2}=\frac{6\pm4\sqrt{3}}{2}$$
$$=3\pm2\sqrt{3}$$

**ポイント**

$ax^2+bx+c=0$ の形に整理する。
（ただし，$(x+m)^2=n$ の形は，$x+m=\pm\sqrt{n}$ ）

**p.46～47　ステージ1**

❶ (1)　$x=3,\ -6$ 　(2)　$x=5,\ 10$
❷ (1)　$x=-1,\ -7$ 　(2)　$x=2,\ -4$
　 (3)　$x=2,\ 4$ 　(4)　$x=-3,\ 5$
　 (5)　$x=3,\ 4$ 　(6)　$x=\pm5$
❸ (1)　$x=0,\ -4$ 　(2)　$x=0,\ 12$
　 (3)　$x=-1$ 　(4)　$x=9$
❹ (1)　$x=2,\ 5$ 　(2)　$x=2,\ -3$
　 (3)　$x=-2,\ 6$ 　(4)　$x=10$

**解説**

❷ (1)　$x^2+8x+7=0$　$(x+1)(x+7)=0$
　　$x=-1,\ -7$
　(2)　$x^2+2x-8=0$　$(x-2)(x+4)=0$
　　$x=2,\ -4$
　(4)　$x^2-2x-15=0$　$(x+3)(x-5)=0$
　　$x=-3,\ 5$
　(5)　$x^2-7x+12=0$　$(x-3)(x-4)=0$
　　$x=3,\ 4$
　(6)　$x^2-25=0$　$(x+5)(x-5)=0$　$x=\pm5$
❸ (2)　$x^2=12x$　$x^2-12x=0$
　　$x(x-12)=0$　$x=0,\ 12$
　(4)　$x^2-18x+81=0$　$(x-9)^2=0$
　　$x=9$
❹ (1)　$x^2+10=7x$　$x^2-7x+10=0$
　　$(x-2)(x-5)=0$
　　$x=2,\ 5$
　(2)　$3x^2+3x-18=0$　$x^2+x-6=0$
　　$(x-2)(x+3)=0$
　　$x=2,\ -3$
　(3)　$(x+1)(x-5)=7$　$x^2-4x-12=0$
　　$(x+2)(x-6)=0$
　　$x=-2,\ 6$
　(4)　$x(20-x)=100$　$x^2-20x+100=0$
　　$(x-10)^2=0$　$x=10$

**p.48～49　ステージ2**

❶ (1)　$x=\pm\dfrac{5}{4}$ 　(2)　$x=\pm\dfrac{\sqrt{13}}{3}$
　 (3)　$x=\pm\dfrac{\sqrt{6}}{3}$ 　(4)　$x=\dfrac{4}{3},\ \dfrac{2}{3}$
　 (5)　$x=4\pm\sqrt{6}$ 　(6)　$x=2,\ -4$
❷ (1)　$x=-1\pm2\sqrt{2}$ 　(2)　$x=9,\ -1$
❸ (1)　$x=\dfrac{1\pm\sqrt{73}}{12}$ 　(2)　$x=\dfrac{5}{2},\ 1$
　 (3)　$x=\dfrac{-2\pm\sqrt{10}}{3}$ 　(4)　$x=\dfrac{1}{2}$
　 (5)　$x=1\pm\sqrt{7}$ 　(6)　$x=\dfrac{-1\pm\sqrt{33}}{2}$
❹ (1)　$x=2,\ -\dfrac{5}{3}$ 　(2)　$x=-2,\ -18$
　 (3)　$x=8,\ -10$ 　(4)　$x=2,\ 4$
　 (5)　$x=-5,\ 6$ 　(6)　$x=0,\ \dfrac{3}{2}$
　 (7)　$x=0,\ 4$ 　(8)　$x=-11$
　 (9)　$a=1$
❺ (1)　$x=-1,\ 6$ 　(2)　$x=\dfrac{1\pm\sqrt{33}}{4}$
　 (3)　$x=-1,\ 2$ 　(4)　$x=\pm4$
　 (5)　$x=2,\ 6$ 　(6)　$x=3,\ -6$
❻ (1)①　$a=8$ 　②　$6$
　 (2)　$-9$

• • • • • •

① (1)　$x=3,\ 4$ 　(2)　$x=\dfrac{5\pm\sqrt{37}}{2}$
　 (3)　$x=\dfrac{3\pm\sqrt{17}}{4}$ 　(4)　$x=7,\ -8$
② $a=8,\ b=2$

**解説**

① (3)　$3x^2-2=0$　$3x^2=2$
　　$x^2=\dfrac{2}{3}$　$x=\pm\sqrt{\dfrac{2}{3}}$
　　$\sqrt{\dfrac{2}{3}}=\dfrac{\sqrt{2}}{\sqrt{3}}=\dfrac{\sqrt{2}\times\sqrt{3}}{\sqrt{3}\times\sqrt{3}}=\dfrac{\sqrt{6}}{3}$ だから，
　　$x=\pm\dfrac{\sqrt{6}}{3}$
⑤ (1)　$x(x-2)=3(x+2)$
　　$x^2-2x=3x+6$
　　$x^2-5x-6=0$
　　$(x+1)(x-6)=0$　$x=-1,\ 6$

3
章

(2) $2(x^2+2x-1)=5x+2$

$2x^2+4x-2=5x+2$

$2x^2-x-4=0$

$x=\dfrac{1\pm\sqrt{1+32}}{4}=\dfrac{1\pm\sqrt{33}}{4}$

**ポイント**

まず因数分解，できなければ解の公式。

**6** (1)① $x^2-ax+12=0$ に解 $x=2$ を代入して，

$2^2-a\times2+12=0$　$2a=16$　$a=8$

② $x^2-8x+12=0$ を解いて，

$(x-2)(x-6)=0$　$x=2,\ 6$

(2) $x^2+6x-3a=0$ に解 $x=3$ を代入して，

$3^2+6\times3-3a=0$

$3a=27$　$a=9$

したがって，$x^2+6x-27=0$ を解いて，

$(x-3)(x+9)=0$　$x=3,\ -9$

**ポイント**

解が与えられた問題は，方程式に代入する。

**別解** 方程式の左辺は，次のように因数分解できる。$x^2+6x-3a=(x-3)(x-b)$

つまり，$x^2+6x-3a=x^2-(3+b)x+3b$

ここから，$6=-(3+b)$，$-3a=3b$ なので，

$b=-9$ より，もう1つの解は，$x=-9$

**①** (1) $x^2-7x+12=0$　$(x-3)(x-4)=0$

$x=3,\ 4$

(2) $x^2-5x-3=0$

$x=\dfrac{5\pm\sqrt{25+12}}{2}=\dfrac{5\pm\sqrt{37}}{2}$

(3) $2x^2+x=4x+1$　$2x^2-3x-1=0$

$x=\dfrac{3\pm\sqrt{9+8}}{4}=\dfrac{3\pm\sqrt{17}}{4}$

(4) $(x-6)(x+6)=20-x$　$x^2-36=20-x$

$x^2+x-56=0$　$(x-7)(x+8)=0$

$x=7,\ -8$

**②** $x^2+ax+15=0$ に解 $x=-3$ を代入して，

$(-3)^2+a\times(-3)+15=0$　$9-3a+15=0$

$-3a=-24$　$a=8$

したがって，$x^2+8x+15=0$ を解いて，

$(x+3)(x+5)=0$　$x=-3,\ -5$

$2x+a+b=0$ に，$a=8$，$x=-5$ を代入して，

$2\times(-5)+8+b=0$　$b=2$

---

**p.50〜51 ステージ1**

**❶** 4 と 5

**❷** ① $x+1$　　② 2　　③ 0

④ 2　　⑤ 1, 2, 3

**❸** 縦 6 cm と横 9 cm，縦 9 cm と横 6 cm

**❹** (1) 6 cm²　　(2) 4 秒後

**解説**

**❶** 2つの正の整数を $x$，$x+1$ とすると，

$x^2+(x+1)=21$　$x^2+x-20=0$

$(x-4)(x+5)=0$　$x=4,\ -5$

$x$ は正の整数だから，$x=-5$ は問題にあわない。

$x=4$ のとき，求める2つの整数は4, 5となり，問題にあっている。

**❸** 縦の長さを $x$ cm とすると，横の長さは，

$30\div2-x=15-x$（cm）となり，

$x(15-x)=54$　$x^2-15x+54=0$

$(x-6)(x-9)=0$　$x=6,\ 9$

$0<x<15$ より，$x=6$ も $x=9$ も問題にあっている。

$x=6$ のとき，　縦の長さ…6 cm，

横の長さ…9 cm

$x=9$ のとき，　縦の長さ…9 cm，

横の長さ…6 cm

**❹** (1) 2秒後の PB，BQ の長さは，それぞれ，

PB $=8-1\times2=6$（cm）

BQ $=1\times2=2$（cm）

だから，△PBQ の面積は，$\dfrac{1}{2}\times2\times6=6$（cm²）

(2) P，Q が出発してから $t$ 秒後に △PBQ の面積が正方形の面積の $\dfrac{1}{8}$ になったとすると，

$\dfrac{1}{2}\times t\times(8-t)=\dfrac{1}{8}\times8\times8$

$t^2-8t+16=0$　$(t-4)^2=0$　$t=4$

点Pは A から B まで，点 Q は B から C まで動くので，$0\leqq t\leqq 8$

よって，$t=4$ は問題にあっている。

---

**p.52〜53 ステージ2**

**❶** (1) 7 と 12，−12 と −7

(2) 10

(3) 4, 5, 6

**❷** 10 cm

❸ 縦…$4+2\sqrt{10}$ (cm)，横…$8+2\sqrt{10}$ (cm)

❹ 3 m

❺ 6 cm，8 cm

❻ 4 秒後

❼ (1) 他の頂点からも 4 本ずつ対角線をひくと考えれば $(7\times4)$ 本となるが，この場合，同じ対角線を 2 回ずつ数えていることになるので，対角線の本数は $\dfrac{7\times4}{2}$ 本。

(2) 十五角形

• • • • • •

① $x=13$

② (1) $240+4x$（個）　(2) 90 円

━━━━━━ 解説 ━━━━━━

❷ もとの正方形の 1 辺の長さを $x$ cm とすると，
$(x-2)(x+3)=104$
これを解くと，$x^2+x-110=0$
$(x-10)(x+11)=0$　$x=10,\ -11$
$x=-11$ は負だから，問題にあわない。
$x=10$ は問題にあっている。

❸ はじめの紙の縦の長さを $x$ cm とすると，横の長さは，$(x+4)$ cm となり，
$3(x-6)\{(x+4)-6\}=108$
$3(x-6)(x-2)=108$
これを解くと，$x^2-8x-24=0$
$x=\dfrac{8\pm\sqrt{64+96}}{2}=\dfrac{8\pm4\sqrt{10}}{2}=4\pm2\sqrt{10}$
$3<\sqrt{10}<4$ より，$x=4-2\sqrt{10}$ は負だから，問題にあわない。
$x=4+2\sqrt{10}$ のとき，横の長さは $(8+2\sqrt{10})$ cm となり，これは問題にあっている。

❹ 道幅を $x$ m とすると，花だんは，縦 $(15-x)$ m，横 $(18-x)$ m の長方形と面積が等しいので，
$(15-x)(18-x)=180$
これを解くと，$x^2-33x+90=0$
$(x-3)(x-30)=0$　$x=3,\ 30$
$0<x<15$ だから，$x=30$ は問題にあわない。
$x=3$ は問題にあっている。

**別解** 道の面積を考えて，方程式を，
$180+(15x+18x-x^2)=15\times18$
としてもよい。

❺ 正方形 EFGH の面積が $100\,\text{cm}^2$ となるときの，AE の長さを $x$ cm とすると，

AE＝BF＝CG＝DH＝$x$（cm），
AH＝BE＝CF＝DG＝$14-x$（cm）
だから，$14^2-\dfrac{1}{2}x(14-x)\times4=100$
これを解くと，$2x^2-28x+96=0$
$x^2-14x+48=0$　　$(x-6)(x-8)=0$
$x=6,\ 8$
$0<x<14$ より，$x=6$ も $x=8$ も問題にあっている。

❻ $t$ 秒後に長方形 PBQR の面積が $84\,\text{cm}^2$ になったとすると，$(10-t)(10+t)=84$
これを解くと，$t^2=16$　$t=\pm4$
$0\leqq t\leqq10$ より，$t=-4$ は問題にあわない。
$t=4$ は問題にあっている。

❼ (2) $n$ 角形の対角線の本数は，(1)と同様に考えて $\dfrac{n(n-3)}{2}$ 本だから，$\dfrac{n(n-3)}{2}=90$
これを解くと，$n(n-3)=180$
$n^2-3n-180=0$　$(n+12)(n-15)=0$
$n=-12,\ 15$
$n$ は 3 以上の整数だから，$n=-12$ は問題にあわない。$n=15$ は問題にあっている。

① $x^2+52=17x$ より，これを解くと，
$x^2-17x+52=0$　$(x-4)(x-13)=0$
$x=4,\ 13$
$x$ は素数だから，$x=4$ は問題にあわない。
$x=13$ は問題にあっている。

② (1) 1 日に売れる個数は，240 個よりも $4x$ 個増加するので，$(240+4x)$ 個となる。

(2) 1 個の値段を $x$ 円下げるとすると，1 日で売れる金額の合計は，$(120-x)(240+4x)$ 円。
1 個 120 円で売るとき，1 日で売れる金額の合計は，$(120\times240)$ 円。
したがって，
$(120-x)(240+4x)-120\times240=3600$
これを解くと，
$120\times240+480x-240x-4x^2-120\times240$
$=3600$
$-4x^2+240x-3600=0$　$x^2-60x+900=0$
$(x-30)^2=0$　$x=30$
$x$ は整数で $0\leqq x\leqq120$ だから，$x=30$ は問題にあっている。
このとき，1 個の値段は，$120-30=90$（円）

20 解答と解説

**1** (1) $x = \pm \dfrac{\sqrt{14}}{3}$　　(2) $x = 9,\ -1$

(3) $x = \dfrac{-1 \pm \sqrt{33}}{8}$　　(4) $x = 2 \pm \sqrt{11}$

(5) $x = 2,\ \dfrac{3}{2}$　　(6) $x = -5,\ 6$

(7) $t = 0,\ 8$　　(8) $y = -9$

**2** (1) $x = -2,\ 5$　　(2) $x = 0,\ \dfrac{1}{2}$

(3) $x = \dfrac{3 \pm \sqrt{33}}{2}$　　(4) $x = 3,\ 5$

(5) $x = 2,\ -3$　　(6) $x = -2,\ 4$

**3** $a = -7$, もう1つの解は $-2$

**4** 6と7

**5** 2 m

**6** 5 cm

**7** 6 cm

**8** 4秒後と6秒後

━━━━━ 解説 ◀━━━━

**2** (1) $x^2 - x + 2 = 2(x+6)$　$x^2 - 3x - 10 = 0$

$(x+2)(x-5) = 0$

$x = -2,\ 5$

(2) $10x^2 = 5x$　$2x^2 - x = 0$

$x(2x-1) = 0$

$x = 0,\ \dfrac{1}{2}$

(3) $(x+1)(x-4) = 2$　$x^2 - 3x - 6 = 0$

$x = \dfrac{3 \pm \sqrt{9+24}}{2} = \dfrac{3 \pm \sqrt{33}}{2}$

(6) $\dfrac{1}{2}x^2 = x + 4$　$x^2 - 2x - 8 = 0$

$(x+2)(x-4) = 0$

$x = -2,\ 4$

**3** $x^2 - ax + 10 = 0$ に $x = -5$ を代入して,

$(-5)^2 - a \times (-5) + 10 = 0$

$5a = -35$　　$a = -7$

したがって, $x^2 + 7x + 10 = 0$ を解いて,

$(x+2)(x+5) = 0$

$x = -2,\ -5$

**4** 2つの正の整数のうち, 小さい方を $x$ とすると, 大きい方は $x+1$ となり,

$x^2 = 4(x+1) + 8$

これを解くと, $x^2 - 4x - 12 = 0$

$(x+2)(x-6) = 0$

$x = -2,\ 6$

$x$ は正の整数だから, $x = -2$ は問題にあわない。

$x = 6$ のとき, 求める2つの整数は6, 7で, 問題にあっている。

**5** 道幅を $x$ m とすると, $(12-x)(21-x) = 190$

これを解くと, $x^2 - 33x + 62 = 0$

$(x-2)(x-31) = 0$

$x = 2,\ 31$

$0 < x < 12$ だから, $x = 31$ は問題にあわない。

$x = 2$ は問題にあっている。

**6** ワクの幅を $x$ cm とすると,

$(20-2x)(30-2x) = 200$

これを解くと, $x^2 - 25x + 100 = 0$

$(x-5)(x-20) = 0$

$x = 5,\ 20$

$x > 0$, $2x < 20$ より, $0 < x < 10$ だから, $x = 20$ は問題にあわない。

$x = 5$ は問題にあっている。

**7** もとの正方形の1辺の長さを $x$ cm とすると,

$(x+2)(x+3) = 2x^2$

これを解くと, $x^2 - 5x - 6 = 0$

$(x+1)(x-6) = 0$

$x = -1,\ 6$

$x = -1$ は負だから, 問題にあわない。

$x = 6$ は問題にあっている。

**8** P, Q が B を出発してから $t$ 秒後に $\triangle$PQC の面積が 12 cm² になったとすると,

$\triangle \text{PQC} = \dfrac{1}{2} \times \text{QC} \times \text{PB}$

$\text{QC} = 10 - \text{BQ} = 10 - t$ (cm), $\text{PB} = t$ cm であるから,

$\dfrac{1}{2} \times (10-t) \times t = 12$

これを解くと, $t^2 - 10t + 24 = 0$

$(t-4)(t-6) = 0$　　$t = 4,\ 6$

点 P は B から A まで, 点 Q は B から C まで動くので, $0 \leqq t \leqq 10$

よって, $t = 4$ も $t = 6$ も問題にあっている。

> 得点アップの コツ
>
> 頂点が動く三角形の問題では, 直角に注意して, 底辺と高さを, 文字を使って表す。

# **4**章 関数 $y=ax^2$

p.56〜57 **ステージ1**

❶ (1) $y=2\pi x$ ×

(2) $y=\dfrac{1}{2}x^2$ ○

(3) $y=\dfrac{\pi}{4}x^2$ ○

> $y=-100$ のとき,
> $x=\pm5$ だが,
> $x$ の値は左から
> 右に増加している。

❷ (1) (順に) 5, 20, 45, 80, 125, 180

(2) 4倍, 9倍

❸ (1) $y=3x^2$　　(2) $y=81$

(3) $x=\pm2$

❹
| $x$ | 0 | 0.5 | 1 | 2 | 5 |
|---|---|---|---|---|---|
| $y$ | 0 | $-1$ | $-4$ | $-16$ | $-100$ |

## 解 説

❶ (1) $y=2\pi\times\underset{半径}{x}=2\pi x$

$y$ は $x$ に比例し, $x$ の2乗には比例しない。

(2) $y=\dfrac{1}{2}\times\underset{底辺}{x}\times\underset{高さ}{x}=\dfrac{1}{2}x^2$

$y$ は $x$ の2乗に比例し, 比例定数は $\dfrac{1}{2}$

(3) $y=\pi\times x^2\times\dfrac{90}{360}=\dfrac{\pi}{4}x^2$

$y$ は $x$ の2乗に比例し, 比例定数は $\dfrac{\pi}{4}$

❷ (1) $y=5x^2$ に, $x$ のそれぞれの値を代入して, $y$ の値を求める。

(2) 例えば, $x$ の値が1から2に2倍になると, $y$ の値は5から20に4倍になる。また, $x$ の値が1から3に3倍になると, $y$ の値は5から45に9倍になる。他の値の場合も同様である。

| $x$ | 0 | 1 | 2 | 3 | 4 | 5 | 6 |
|---|---|---|---|---|---|---|---|
| $y$ | 0 | 5 | 20 | 45 | 80 | 125 | 180 |

❸ (1) $y=ax^2$ に, $x=-5$, $y=75$ を代入して,
$75=a\times(-5)^2$　$25a=75$　$a=3$
したがって, $y=3x^2$

(2) 比例定数を $a$ とすると, $y=ax^2$
$x=2$ のとき $y=36$ だから,
$36=a\times2^2$　$4a=36$　$a=9$
よって, $y=9x^2$

この式に $x=-3$ を代入すると,
$y=9\times(-3)^2=9\times9=81$

**別解** $x$ の値は, 2 から $-3$ になるので,

$(-3)\div2=-\dfrac{3}{2}$ （倍）

このとき, $y$ の値は $\left(-\dfrac{3}{2}\right)^2$ 倍になるから,

$y=36\times\left(-\dfrac{3}{2}\right)^2=36\times\dfrac{9}{4}=81$

(3) $y=ax^2$ に, $x=4$, $y=-32$ を代入して,
$-32=a\times4^2$
$16a=-32$
$a=-2$
よって, $y=-2x^2$
この式に $y=-8$ を代入すると,
$-8=-2x^2$
$x^2=4$
$x=\pm2$

**別解** $x$ の値が 4 から $n$ 倍になったとすると, $y$ の値は $-32$ から $n^2$ 倍になるので,

$-32\times n^2=-8$　$n^2=\dfrac{1}{4}$　$n=\pm\dfrac{1}{2}$

したがって, $x=4\times\left(\pm\dfrac{1}{2}\right)=\pm2$

❹ $y=ax^2$ に, $x=2$, $y=-16$ を代入すると,
$-16=a\times2^2$　$4a=-16$　$a=-4$
よって, $y=-4x^2$ に, $x$ や $y$ の値を代入する。

**参考** $a$ の値を求めるのに, $x=0.5$, $y=-1$ を代入してもよい。また, ❸ の **別解** のように考えてもよい。

### ポイント

関数 $y=ax^2$ では, 0 以外の $x$, $y$ の値を1組使えば, $a$ の値を求めることができる。

p.58〜59 **ステージ1**

❶ (順に) 9, 4, 1,
0, 1, 4, 9
右の図

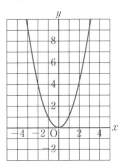

❷ (1) （順に）9, $\dfrac{25}{4}$,

4, $\dfrac{9}{4}$, 1, $\dfrac{1}{4}$,

0, $\dfrac{1}{4}$, 1, $\dfrac{9}{4}$,

4, $\dfrac{25}{4}$, 9

右の図

(2) 右の図

❸ (1) 放物線, 線, $y$, 原点

(2) 上, 上

(3) 下, 下

(4) $-4x^2$

❹ ①…$y = 2x^2$, ②…$y = x^2$,

③…$y = \dfrac{1}{2}x^2$, ④…$y = -2x^2$,

⑤…$y = -x^2$, ⑥…$y = -\dfrac{1}{2}x^2$

=== 解説 ===

❶ グラフは, $y$ 軸を対称の軸として線対称であり, 原点を通り, $x$ 軸の上側にある。

また, 原点近くでは右の図のようになり, 全体として, なめらかな曲線である。

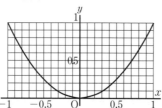

❷ (2)　$y = ax^2$ と $y = -ax^2$ のグラフは, $x$ 軸について線対称である。

❹　$y = ax^2$ のグラフで,

①, ②, ③は $a > 0$ であり, ④, ⑤, ⑥は $a < 0$ である。

また, $a$ の絶対値をくらべると,

①＞②＞③, ④＞⑤＞⑥

である。

**ポイント**

$y = ax^2$ のグラフ

・放物線で, 軸は $y$ 軸, 頂点は原点。

・$a > 0$…$x$ 軸の上側にあり, 上に開いている。

・$a < 0$…$x$ 軸の下側にあり, 下に開いている。

・$a$ の絶対値が大きいほど, 開き方は小さい。

・$y = ax^2$ と $y = -ax^2$ は $x$ 軸について線対称。

---

❶ (1) ⑦, ⑤, ⑥, ⑥

(2) ⑦, ⑤, ⑥, ⑥

(3) ⑦, ⑨

❷ (1) 右の図

(2) 右の図

　　$0 \leqq y \leqq 12$

(3) $-6 \leqq y \leqq 0$

(4) $2 \leqq y \leqq 8$

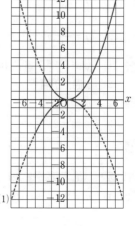

❸ (1) $a = \dfrac{1}{4}$　　　　(2) $a = -\dfrac{1}{3}$

=== 解説 ===

❶ $y = ax^2$ で, (1)は $a < 0$ のもの, (2)は $a < 0$ のもの, (3)は $a > 0$ のものである。

❷ (3), (4)のグラフは次の図のようになる。

(3)
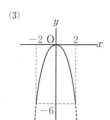

(4)
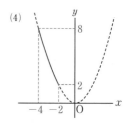

❸ (1)　$y$ の変域が 0 以上だから, $a > 0$

グラフは右の図のようになり, $x = 2$ のとき, $y$ は最大値 1 をとるから,

$1 = a \times 2^2$　　$a = \dfrac{1}{4}$

(2)　$y$ の変域が 0 以下だから, $a < 0$

グラフは右の図のようになり, $x = 3$ のとき, $y$ は最小値 $-3$ をとるから,

$-3 = a \times 3^2$　　$a = -\dfrac{1}{3}$

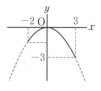

**p.62〜63** ═══ **ステージ1**

**❶** (1)① **16**　② **−8**

(2)① **−18**　② **12**

**❷** (1) **秒速 14 m**　(2) **秒速 18 m**

**❸** (1) ㋑, ㋒

(2) ㋒

(3) ㋑, ㋖, ㋒

(4) ㋑, ㋒

(5) ㋐

(6) ㋐, ㋒

═══ **解説** ═══

**❶** (1)①　$x=3$ のとき，$y=2\times3^2=18$

$x=5$ のとき，$y=2\times5^2=50$

よって，$x$ の増加量は，$5-3=2$

　　　　　$y$ の増加量は，$50-18=32$

だから，変化の割合は，$\dfrac{32}{2}=16$

**参考** 次のように，まとめることができる。

$$\frac{2\times5^2-2\times3^2}{5-3}=\frac{50-18}{5-3}=\frac{32}{2}=16$$

②　$x=-3$ のとき，$y=2\times(-3)^2=18$

$x=-1$ のとき，$y=2\times(-1)^2=2$

よって，

$x$ の増加量は，$\underset{\text{「まで」「から」}}{-1-(-3)}=-1+3=2$

$y$ の増加量は，$\underset{\text{順番は}x\text{にそろえる。}}{2-18}=-16$

だから，変化の割合は，$\dfrac{-16}{2}=-8$

**ミス注意！** $x$ と $y$ で，値の対応順をそろえるようにしよう。

(2)①　$x=2$ のとき，$y=-3\times2^2=-12$

$x=4$ のとき，$y=-3\times4^2=-48$

よって，$x$ の増加量は，$4-2=2$

　　　　　$y$ の増加量は，$-48-(-12)$

　　　　　　　　　　　　$=-48+12=-36$

だから，変化の割合は，$\dfrac{-36}{2}=-18$

②　$x=-3$ のとき，$y=-3\times(-3)^2=-27$

$x=-1$ のとき，$y=-3\times(-1)^2=-3$

よって，

$x$ の増加量は，$-1-(-3)=-1+3=2$

$y$ の増加量は，$-3-(-27)=-3+27=24$

だから，変化の割合は，$\dfrac{24}{2}=12$

**❷** 平均の速さ $=\dfrac{\text{進んだ道のり}}{\text{かかった時間}}=\dfrac{y\text{の増加量}}{x\text{の増加量}}$

なので，変化の割合として求められる。

(1)　$x=0$ のとき，$y=0$ ←$2\times0^2=0$

$x=7$ のとき，$y=2\times7^2=98$

よって，

平均の速さ $=\dfrac{98-0}{7-0}=\dfrac{98}{7}=14$ （m/s）

(2)　$x=3$ のとき，$y=2\times3^2=18$

$x=6$ のとき，$y=2\times6^2=72$

よって，

平均の速さ $=\dfrac{72-18}{6-3}=\dfrac{54}{3}=18$ （m/s）

**❸** (1)　$y=ax^2$

(2)　$y=ax^2$ で，$a<0$ のもの。

(3)　$y=ax$ または $y=ax^2$

(4)　$y=ax^2$

(5)　$y=ax+b$ で $a>0$ のもの。

(6)　$y=ax+b$ で $a>0$ のもの，または，$y=ax^2$ で $a<0$ のもの。

**ポイント**

| 関数 | $y=ax+b$ | $y=ax^2$ |
|------|----------|----------|
| グラフ | 直線 | 放物線 |
| $y$ の値の増減 | $a>0$ 増加 | $a>0$ 減少 増加 最小 |
|  | $a<0$ 減少 | $a<0$ 最大 増加 減少 |
| 変化の割合 | 一定で $a$ に等しい。 | 一定ではない。 |

**4**
**章**

**❶** (1) $y = -2x^2$

(2) 右の図

(3) $y = -\dfrac{1}{2}$

(4) $x = \pm 2\sqrt{3}$

**❷** (1)① $y = 3x^2$　② $y = \dfrac{1}{3}x^2$

③ $y = -x^2$

(2) $y = \dfrac{1}{2}x^2 \cdots$イ　$y = -2x^2 \cdots$エ

$y = 4x^2 \cdots$ア

**❸** (1) $y = -\dfrac{1}{2}x^2$

(2) $y = -18$

(3) $x = \pm 4$

**❹** (1) $-18 \leqq y \leqq 0$　(2) $-50 \leqq y \leqq -8$

**❺** (1) $-5 \leqq y \leqq 9$　(2) $0 \leqq y \leqq 12$

**❻** (1) $a = 4$　(2) $a = \dfrac{3}{8}$

**❼** (1)① $-30$　② $21$

(2)① $4$　② $-\dfrac{5}{2}$

(3) $a = \dfrac{1}{4}$

・・・・・・

**①** (1) $a = 2$

(2) $a = -\dfrac{1}{2}$

**②** $a = \dfrac{6}{25}$

解説

**❶** (1) $y = ax^2$ に，$x = -4$，$y = -32$ を代入すると，

$-32 = a \times (-4)^2$　$16a = -32$　$a = -2$

したがって，$y = -2x^2$

(4) $y = -2x^2$ に，$y = -24$ を代入して，

$-24 = -2x^2$　$x^2 = 12$　$x = \pm 2\sqrt{3}$

**❷** (2) $\dfrac{1}{3} < \dfrac{1}{2} < 3$ だから，$y = \dfrac{1}{2}x^2$ のグラフは，

①と②の間のイの部分を通る。

$1 < 2$ だから，$y = -2x^2$ のグラフは，③より開き方が小さいエの部分を通る。

$3 < 4$ だから，$y = 4x^2$ のグラフは，①より開き方が小さいアの部分を通る。

**❸** (1) グラフは点 $(2, -2)$ を通るので，

$y = ax^2$ に $x = 2$，$y = -2$ を代入する。

**❹** (1) $y$ は，$x = 0$ のとき最大値，$x = 3$ のとき最小値をとる。

(2) $y$ は，$x = -5$ のとき最小値，$x = -2$ のとき最大値をとる。

**ポイント**

関数 $y = ax^2$ で，$x$ の変域が示されているときの $y$ の変域

→ $x$ の変域に $0$ をふくむかふくまないかでようすが異なる。グラフを思いうかべよう。

**❺** (1) $y$ は，$x = -4$ のとき最大値，$x = 3$ のとき最小値をとる。

(2) $y$ は，$x = 0$ のとき最小値，$x = -4$ のとき最大値をとる。

**❻** (1) $y = -\dfrac{1}{2}x^2$ で，

$x = -3$ のとき，

$y = -\dfrac{9}{2}$ である。$y$ の

変域が $-8 \leqq y \leqq 0$ より，グラフは右の図のようになり，$a > 0$ だとわかる。

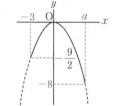

$x = a$ のとき，$y = -8$ となるので，

$-8 = -\dfrac{1}{2}a^2$　$a^2 = 16$

$a > 0$ より，$a = 4$

(2) $y = -x + 4$ について，$y$ の変域は，$0 \leqq y \leqq 6$

$y = ax^2$ の $y$ の変域も $0 \leqq y \leqq 6$ となる。よって，$y = ax^2$ のグラフは上に開いた放物線で，$x = 4$ のとき，$y$ は最大値 $6$ をとるから，$6 = a \times 4^2$

$a = \dfrac{3}{8}$

**❼** (1)① $\dfrac{-3 \times 6^2 - (-3 \times 4^2)}{6 - 4} = \dfrac{-108 + 48}{2}$

$= -30$

② $\dfrac{-3 \times (-2)^2 - \{-3 \times (-5)^2\}}{-2 - (-5)} = \dfrac{-12 + 75}{3}$

$= 21$

(2)① $x$ の増加量は，$5 - 3 = 2$

$y$ の増加量は，

$\dfrac{1}{2} \times 5^2 - \dfrac{1}{2} \times 3^2 = \dfrac{25}{2} - \dfrac{9}{2} = \dfrac{16}{2} = 8$

変化の割合は，$\dfrac{8}{2} = 4$

② $x$ の増加量は，$-1-(-4) = 3$

$y$ の増加量は，

$$\dfrac{1}{2} \times (-1)^2 - \dfrac{1}{2} \times (-4)^2 = \dfrac{1}{2} - \dfrac{16}{2} = -\dfrac{15}{2}$$

変化の割合は，$-\dfrac{15}{2} \div 3 = -\dfrac{5}{2}$

(3) $y = ax^2$ の変化の割合は，

$$\dfrac{a \times 5^2 - a \times 3^2}{5-3} = \dfrac{16a}{2} = 8a$$

$y = 2x+1$ の変化の割合は 2 なので，次のようになる。

$8a = 2$

$a = \dfrac{1}{4}$

参考 一般に，関数 $y = ax^2$ で，$x$ の値が $p$ から $q$ まで増加するときの変化の割合は $a(p+q)$ で求めることができる。

$$\dfrac{aq^2 - ap^2}{q-p} = \dfrac{a(q+p)(q-p)}{q-p} = a(p+q)$$

① (2) 関数①の変化の割合は，

$$\dfrac{a \times 3^2 - a \times 1^2}{3-1} = \dfrac{8a}{2} = 4a$$

よって，$4a = -2$

$a = -\dfrac{1}{2}$

② 点 B の $x$ 座標は $-5$ だから，$y$ 座標は

$y = a \times (-5)^2 = 25a$

点 B と点 C は $y$ 座標が等しく，$y = ax^2$ のグラフは $y$ 軸について線対称だから，点 C の $x$ 座標は 5，$y$ 座標は $25a$ である。

よって，2 点 A，C を通る直線 $\ell$ の傾きは，

$$\dfrac{25a-0}{5-(-5)} = \dfrac{25a}{10} = \dfrac{5}{2}a$$

したがって，$\dfrac{5}{2}a = \dfrac{3}{5}$

$25a = 6$

$a = \dfrac{6}{25}$

**p.66〜67 ステージ1**

① (1) 4 m

(2) 6 秒

② $y = 8x^2$, $0 \leqq x \leqq 5$

---

③ (1) 右の図

(2) 700 円

(3) 2 時間以下の場合と，4 時間をこえて 5 時間以下の場合

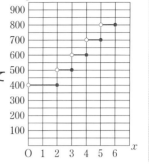

**解説**

① (1) $y = \dfrac{1}{4} \times 4^2 = 4$ (m)

(2) $9 = \dfrac{1}{4}x^2$ $x^2 = 36$ $x = \pm 6$

$x > 0$ より，$x = 6$ (秒)

② $x$ 秒後に BR $= 4x$ cm であり，重なってできる部分は直角二等辺三角形だから，

$$y = \dfrac{1}{2} \times 4x \times 4x = 8x^2$$

点 R が点 C に重なるのは 5 秒後より，$0 \leqq x \leqq 5$

③ (3) 駐車場 B の利用時間と料金の関係もグラフに表すと，右の図のようになる。$0 < x \leqq 6$ の範囲で，A のグラフが B のグラフより下にあるのは，$0 < x \leqq 2$ と $4 < x \leqq 5$

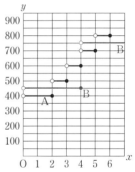

**p.68〜69 ステージ1**

① (1) $(-1, 1)$, $(3, 9)$

(2) $(-2, 4)$, $(-1, 1)$

(3) $(0, 0)$, $\left(-\dfrac{1}{2}, \dfrac{1}{2}\right)$

(4) $(-3, -3)$, $(6, -12)$

② (1) $A(-2, 2)$, $B(4, 8)$

(2) 16

(3) 12

③ (1) $A(-3, 9)$, $B(1, 1)$

(2) $a = -2$, $b = 3$

(3) $\dfrac{27}{4}$

(4) 6

━━━■ 解　説 ■━━━

**❶** 2つの式から $y$ を消去してできる二次方程式の解が，グラフの交点の $x$ 座標である。$x$ 座標を求めたら，どちらかの式に代入して $y$ 座標を求める。

(1) $x^2 = 2x+3$　$x^2-2x-3 = 0$

$(x+1)(x-3) = 0$　$x = -1, 3$

$x = -1$ のとき $y = 1$，$x = 3$ のとき $y = 9$

(2) $x^2 = -3x-2$ を解く。

(3) $2x^2 = -x$　$2x^2+x = 0$　$x(2x+1) = 0$

(4) $-\dfrac{1}{3}x^2 = -x-6$　両辺に 3 をかける。

**❷** (1) $\dfrac{1}{2}x^2 = x+4$ を解いて，交点の $x$ 座標を求める。

(2) 点 C は $y = x+4$ 上の点で，$y$ 座標は 0 だから，

$0 = x+4$　$x = -4$

よって，点 C の座標は $(-4, 0)$ となるから，

$\triangle \text{COB} = \dfrac{1}{2} \times 4 \times 8 = 16$

(3) $\triangle \text{AOB} = \triangle \text{COB} - \triangle \text{COA}$

$\triangle \text{COA} = \dfrac{1}{2} \times 4 \times 2 = 4$

したがって，$\triangle \text{AOB} = 16-4 = 12$

**別解** 直線②と $y$ 軸との交点を D とすると，

$\triangle \text{AOB} = \triangle \text{AOD} + \triangle \text{BOD}$

OD $= 4$ だから，

$\triangle \text{AOB} = \dfrac{1}{2} \times 4 \times 2 + \dfrac{1}{2} \times 4 \times 4 = 4+8 = 12$

**❸** (1) 点 A の $x$ 座標は $-3$ だから，$y$ 座標は，

$y = (-3)^2 = 9$

点 B の $x$ 座標は 1 だから，$y$ 座標は，

$y = 1^2 = 1$

(2) $y = ax+b$ は点 A$(-3, 9)$，点 B$(1, 1)$ を通るから，$a = \dfrac{1-9}{1-(-3)} = \dfrac{-8}{4} = -2$

$y = -2x+b$ に $x = 1$，$y = 1$ を代入して，

$1 = -2+b$　$b = 3$

(3) $0 = -2x+3$ より，C$\left(\dfrac{3}{2}, 0\right)$

$\triangle \text{OAC} = \dfrac{1}{2} \times \dfrac{3}{2} \times 9 = \dfrac{27}{4}$

(4) $\triangle \text{OAB} = \triangle \text{OAC} - \triangle \text{OBC}$

$= \dfrac{27}{4} - \dfrac{1}{2} \times \dfrac{3}{2} \times 1 = 6$

**別解** $\triangle \text{OAB} = \dfrac{1}{2} \times 3 \times 3 + \dfrac{1}{2} \times 3 \times 1 = 6$

---

**ポイント**

座標平面の三角形の面積
→底辺・高さは座標軸に平行にとる。

**p.70〜71**　ステージ**2**

**❶** (1) $y = \dfrac{2}{3}x^2$

(2) 右の図

(3) $\dfrac{9}{2}$ 秒後

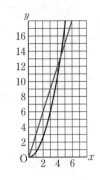

**❷** (1)① $y = 0$

②　$y = 2$

③　$y = 3$

(2) 右の図

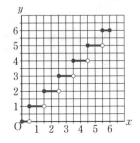

**❸** (1) $y = x-4$　(2) 12　(3) $3:1$

**❹** (1) $y = \dfrac{1}{2}x^2$

$0 \leqq x \leqq 6$

(2) 右の図

(3) $0 \leqq y \leqq 18$

(4) $x$ 秒後とすると，

$\triangle \text{ABC} = 18 \text{cm}^2$ より，

$\dfrac{1}{2}x^2 = \dfrac{1}{2} \times 18$

$x^2 = 18$　$x = \pm 3\sqrt{2}$

$0 \leqq x \leqq 6$ だから，$x = 3\sqrt{2}$

よって，$3\sqrt{2}$ 秒後

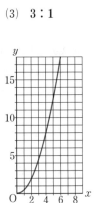

● ● ● ● ●

**❶** (1) C$\left(-2, \dfrac{4}{3}\right)$

(2) 2

(3) $t = 3$

━━━━━━ 解説 ━━━━━━

❶ (1) $y = ax^2$ に $x = 3$, $y = 6$ を代入して $a$ の値を求めると, $a = \dfrac{2}{3}$

(2) 毎秒 3 m の速さなので, 傾き 3 の直線である。ボールと同時に出発するので, 原点を通る。

(3) A さんについて, 式は $y = 3x$ となる。ボールについての式とで $y$ を消去すると,

$\dfrac{2}{3}x^2 = 3x \quad 2x^2 = 9x \quad x(2x-9) = 0$

追いつかれたときは $x > 0$ である。

❷ (2) $0 \leqq x < 0.5$ のとき, $y = 0$
$0.5 \leqq x < 1.5$ のとき, $y = 1$
$1.5 \leqq x < 2.5$ のとき, $y = 2$
‥‥‥‥‥

❸ (1) $A(-4, -8)$, $B(2, -2)$ となるので, この 2 点を通る直線の式を求める。

傾きは $\dfrac{-2-(-8)}{2-(-4)} = 1$ なので $y = x + b$ とおき, A または B の座標を代入する。

(2) 直線 $\ell$ と $y$ 軸との交点を D とすると,
$\triangle OAB = \triangle OAD + \triangle OBD$
$\ell$ の式から, $OD = 4$ だから,
$\triangle OAB = \dfrac{1}{2} \times 4 \times 4 + \dfrac{1}{2} \times 4 \times 2$
$\qquad\qquad = 8 + 4 = 12$

(3) 点 C は直線 $\ell$ 上の点で, $y$ 座標は 0 だから,
$0 = x - 4 \quad x = 4$
よって, 点 C の座標は $(4, 0)$ となるから,
$\triangle OBC = \dfrac{1}{2} \times 4 \times 2 = 4$
したがって, $\triangle OAB : \triangle OBC = 12 : 4 = 3 : 1$

❹ (1) 重なった部分は, $\angle PQR = 45°$,
$\angle ACB = 90°$ より, 直角二等辺三角形となる。
$QC = x$ cm より, $y = \dfrac{1}{2} \times x \times x = \dfrac{1}{2}x^2$
また, $QR = 6$ cm より, 点 C が点 R に重なるのは 6 秒後なので, $0 \leqq x \leqq 6$

① (1) 点 A は $y = \dfrac{1}{3}x^2$ のグラフ上にあり, $x$ 座標が 2 だから, $y$ 座標は,
$y = \dfrac{1}{3} \times 2^2 = \dfrac{4}{3}$
したがって, $A\left(2, \dfrac{4}{3}\right)$

点 C は, 点 A と $y$ 軸について対称だから,
$C\left(-2, \dfrac{4}{3}\right)$

(2) 点 B は $y = x^2$ のグラフ上にあり, $x$ 座標が 6 だから, $y$ 座標は,
$y = 6^2 = 36$
したがって, $B(6, 36)$

点 A の $x$ 座標も 6 であり, $y = \dfrac{1}{3}x^2$ のグラフ上にあるから, $y$ 座標は,
$y = \dfrac{1}{3} \times 6^2 = 12$
したがって, $A(6, 12)$

このとき, $C(-6, 12)$ だから, 2 点 B, C を通る直線の傾きは,
$\dfrac{36-12}{6-(-6)} = \dfrac{24}{12} = 2$

(3) 点 A, 点 B の $x$ 座標はどちらも $t$ だから, $y$ 座標はそれぞれ $\dfrac{1}{3}t^2$, $t^2$ となる。

したがって,
$AB = t^2 - \dfrac{1}{3}t^2 = \dfrac{2}{3}t^2$

また, 点 C の $x$ 座標は $-t$ だから,
$AC = t - (-t) = 2t$

$\angle BAC = 90°$ で, $\triangle ABC$ が直角二等辺三角形だから, $AB = AC$

$\dfrac{2}{3}t^2 = 2t$
$2t^2 = 6t$
$2t(t-3) = 0$
$t = 0, 3$

$t > 0$ だから, $t = 3$

▰▰ **p.72〜73** ▰▰ ステージ**3**

① (1) $\boldsymbol{y = 7x^2}$ (2) $\boldsymbol{x = \pm 4}$

② (1) $\boldsymbol{a = -\dfrac{1}{3}}$ (2) $\boldsymbol{y = -\dfrac{3}{4}}$

(3) 右の図
$\boldsymbol{y = \dfrac{1}{3}x^2}$

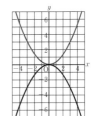

❸ (1) ⑦と㋤

(2) ㋤

(3) ⑦, ㋩

(4) ㋩

❹ (1) $a = -6$　　　(2) $a = 4$

(3) $a = 2$　　　(4) $a = \dfrac{2}{3}$

❺ (1) A$(-2,\ 2)$　　　(2) C$(2,\ -4)$

(3) $a = -1$

❻ (1) 式…$y = \dfrac{3}{2}x^2$

変域…$0 \leqq x \leqq 4$

(2) 右の図

(3) $0 \leqq y \leqq 24$

(4) $2\sqrt{2}$ 秒後

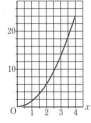

❼ (1) $a = 2$

(2) $y = 2x + 4$

(3) 6

(4) C$(0,\ 6)$, C$(0,\ -6)$

◀━━━━━ 解 説 ◀━━━━━

❶ (1) $y = ax^2$ と表せるから，

$28 = a \times (-2)^2$　$4a = 28$　$a = 7$

(2) $-27 = a \times 3^2$　$9a = -27$　$a = -3$

よって，$y = -3x^2$ となるから，

$-48 = -3x^2$　$x^2 = 16$　$x = \pm 4$

❷ (1) グラフ上の点で，$x,\ y$ 座標がともに整数
である点に着目する。

問題のグラフは，点$(3,\ -3)$を通る。

(3) $y = ax^2$ のグラフと $x$ 軸について線対称なグ
ラフの式は，$y = -ax^2$

❸ (3) $a < 0$ の，グラフが下に開いた放物線とな
る関数を選ぶ。

(4) それぞれの変化の割合は，

⑦…$-6$, ⑦…$4$, ⑦…$-9$, ㋤…$-4$, ㋩…$12$

参考 変化の割合は，グラフでは直線の傾きを
表すので，⑦〜㋩のそれぞれのグラフ上の，
$x$ 座標が $-5$ の点と，$x$ 座標が $-1$ の点を結
ぶ直線の傾きを比較してもよい。

❹ (1) $y$ の変域が 0 以下だから，$a < 0$

よって，$y$ は，$x = 0$ のとき最大で，$y = 0$

また，$y$ は，$y$ 軸からもっとも遠い $x = -3$ の
とき最小となるから，

$-54 = a \times (-3)^2$　$9a = -54$　$a = -6$

(2) 下に開いたグラフで，$x \geqq 0$ の範囲では，$x$
の値が増加するにつれて，$y$ の値は減少する。
したがって，$x = a$ のとき $y = -32$ となるから，

$-32 = -2 \times a^2$

$a^2 = 16$

$a = \pm 4$

$a > 2$ より，$a = 4$

(3) $x$ の増加量は，$(a+1) - a = 1$

$y$ の増加量は，$\dfrac{1}{4}(a+1)^2 - \dfrac{1}{4}a^2 = \dfrac{1}{4}(2a+1)$

よって，変化の割合について，

$\dfrac{1}{4}(2a+1) = \dfrac{5}{4}$

$2a + 1 = 5$

$a = 2$

(4) $y = ax^2$ の変化の割合は，

$\dfrac{a \times 5^2 - a \times 1^2}{5 - 1} = 6a$

$y = 4x + 1$ の変化の割合は 4 だから，

$6a = 4$

$a = \dfrac{2}{3}$

得点アップのコツ♪

・変域の問題は，グラフのおよits形をかいて考え
るとよい。

・変化の割合では，増加量の計算を正確に！
式が複雑になるときは，$x,\ y$ 別々に計算すると
よい。

❺ (1) AD は $x$ 軸に平行だから，点 A と点 D は
$y$ 軸について線対称で，AD $= 4$ より，点 A の
$x$ 座標は $-2$ となる。

(2) 点 D の座標は，D$(2,\ 2)$

また，長方形 ABCD で，

CD $\perp x$ 軸，CD $=$ AB $= 6$

よって，点 C は，

$x$ 座標が 2，

$y$ 座標が $2 - 6 = -4$

(3) $y = ax^2$ は点 C$(2,\ -4)$ を通るから，

$-4 = a \times 2^2$

$4a = -4$

$a = -1$

別解 (2)(3) 点 C は $y = ax^2$ 上の点で，$x$ 座標
は 2 となるから，C$(2,\ 4a)$

また，CD $= 6$ より，

$2 - 4a = 6$

$4a = -4$

$a = -1$

したがって，C$(2, -4)$

**得点アップの コツ**

・$y = ax^2$ のグラフは，$y$ 軸について線対称。
グラフの問題では，この性質を活用しよう！

・点がグラフ上にある。
→グラフの式に点の座標を代入する。

**6** (1) $\triangle APQ = \dfrac{1}{2} \times AP \times AQ$

$AP = x$，$AQ = 3x$ より，

$y = \dfrac{1}{2} \times x \times 3x = \dfrac{3}{2}x^2$

また，点 P が B に，点 Q が D に着くのはともに 4 秒後だから，$0 \leq x \leq 4$

(4) $12 = \dfrac{3}{2}x^2$

$x^2 = 8$

$x = \pm 2\sqrt{2}$

$0 \leq x \leq 4$ より，$x = 2\sqrt{2}$

**得点アップの コツ**

動く点がつくる三角形の面積
→底辺と高さを $x$ の式で表して計算。

**7** (1) $y = ax^2$ は点 A$(-1, 2)$ を通るから，

$2 = a \times (-1)^2$

$a = 2$

(2) $y = 2x^2$ 上の点 B の座標は，B$(2, 8)$

よって，点 A$(-1, 2)$，B$(2, 8)$ を通る直線の
式を $y = bx + c$ とすると，

$b = \dfrac{8-2}{2-(-1)} = \dfrac{6}{3} = 2$

$y = 2x + c$ に $x = -1$，$y = 2$ を代入して，

$2 = -2 + c$

$c = 4$

(3) 直線 AB と $y$ 軸との交点を D とすると，

$\triangle AOB = \triangle AOD + \triangle BOD$

OD $= 4$ だから，

$\triangle AOB = \dfrac{1}{2} \times 4 \times 1 + \dfrac{1}{2} \times 4 \times 2$

$= 2 + 4 = 6$

**別解** 直線 AB と $x$ 軸との交点を E とすると，

E の $x$ 座標は，

$0 = 2x + 4$ より，$x = -2$

したがって，OE $= 2$ である。

$\triangle AOB = \triangle BEO - \triangle AEO$

$= \dfrac{1}{2} \times 2 \times 8 - \dfrac{1}{2} \times 2 \times 2$

$= 8 - 2 = 6$

(4) $\triangle BOC$ の底辺を OC とすると，

$\triangle BOC = \triangle AOB$ のとき，

$\dfrac{1}{2} \times OC \times 2 = 6$　$OC = 6$

したがって，C の $y$ 座標は $\pm 6$

**別解** 点 C のうち，
$y$ 座標が正であるも
のを $C_1$ とする。

$C_1$ は，点 A を通っ
て直線 OB に平行な
直線 $\ell$ と $y$ 軸との交
点である。

$\ell$ の式を求めると，

$y = 4x + 6$ なので，

$C_1(0, 6)$

点 C は，$y$ 座標が負
の場合も考えられるが，OC $= 6$ より，その
場合は $(0, -6)$ となる。

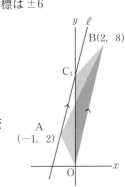

**得点アップの コツ**

座標平面の三角形の面積は，底辺・高さを座標軸に
平行にとって計算するとよい。

また，図形の性質を使う別解を考えることで，理解
が深まる。

別の解き方を考える
ことも，理解を深め
るのに役に立つよ！

## 5章 図形と相似

❶ (1) 四角形ABCD∽四角形EFGH，
四角形ABCD∽四角形LKJI

(2) 3：4     (3) ∠L＝85°

❷ (1) 3：5     (2) 5：2，6 cm

❸ (1) ∠F＝71°     (2) 4：3

(3) AB＝9.6 cm，EF＝12 cm

━━━ 解説 ━━━

❶ (1) ⑦と⑦では，AとL，BとK，CとJ，D
とIが対応している。

(2) 対応する線分の長さの比は，すべて等しい。

(3) ∠Aと∠Lは対応する角なので等しい。

❷ (1) DC：HG＝9：15＝3：5

(2) 相似比は，AB：DF＝20：8＝5：2

また，EF＝$x$ cm とすると，

$20：8＝15：x$    ←15：$x$＝5：2でもよい。

$20x＝8×15$

$x＝\dfrac{8×15}{20}＝6$

> $a：b＝c：d$ ならば
> $ad＝bc$

❸ (3) AB＝$x$ cm，EF＝$y$ cm とすると，

$x：7.2＝12：9$    $16：y＝12：9$

❶ △ABC∽△HIG

2組の角が，それぞれ等しい。

△DEF∽△MNO

3組の辺の比が，すべて等しい。

△JKL∽△PRQ

2組の辺の比とその間の角が，それぞれ等しい。

❷ (1) △ABC∽△AED

2組の角が，それぞれ等しい。

(2) △ABC∽△EBD

2組の辺の比とその間の角が，それぞれ
等しい。

(3) △ABC∽△EDC

2組の辺の比とその間の角が，それぞれ
等しい。

(4) △ABC∽△EDC

2組の角が，それぞれ等しい。

(5) △ABC∽△DAC

2組の辺の比とその間の角が，それぞれ
等しい。

❸ (1) AB：DE＝AC：DF，∠A＝∠D から，
2組の辺の比とその間の角が，それぞれ等
しいから。

(2) 4：3

(3) 6 cm

━━━ 解説 ━━━

❶ △ABC で，∠C＝180°−（80°＋60°）＝40°

❷ (1) ∠ABC＝∠AED，∠A は共通。

(2) AB：EB＝12：8＝3：2，
BC：BD＝15：10＝3：2，∠B は共通。

(3) AC：EC＝3：6＝1：2，
BC：DC＝2：4＝1：2，対頂角は等しい。

(4) 平行線の錯角や対頂角は等しい。

(5) BC：AC＝9：6＝3：2，
AC：DC＝6：4＝3：2，∠C は共通。

**ポイント**

着目する三角形を取り出した図をかく。慣れるまで
は向きもそろえてかくとよい。

❸ 次の図のようになっている。

(3) BC＝8 cm
のとき，
EF＝$x$ cm と
すると，
$12：9＝8：x$

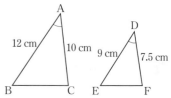

❶ △ABD と △ACE で，
仮定より，∠ADB＝∠AEC＝90° …①
∠BAD＝∠CAE …②
①，②から，2組の角が，それぞれ等しいので，
△ABD∽△ACE

❷ △ABC と △DBA で，
仮定より，∠BAC＝∠BDA＝90° …①
∠ABC＝∠DBA …②
①，②から，2組の角が，それぞれ等しいので，
△ABC∽△DBA
相似な図形の対応する辺の比は等しいので，
AB：DB＝BC：BA

❸ △ABC と △CBD で,
CA = CB だから, ∠CBA = ∠CAB
△DBC で, DB = DC だから,
∠DBC = ∠DCB
よって,
∠CAB = ∠DCB　…①
∠ABC = ∠CBD　…②
①, ②から, 2 組の角が, それぞれ等しいので,
△ABC ∽ △CBD
BD = 1.8 cm

❹ △ABD と △ACB で,
AB : AC = 6 : 9 = 2 : 3
AD : AB = 4 : 6 = 2 : 3
よって, AB : AC = AD : AB　…①
∠BAD = ∠CAB　…②
①, ②から, 2 組の辺の比とその間の角が,
それぞれ等しいので, △ABD ∽ △ACB

❺ △AOD と △COB で,
AO : CO = 3 : 4.5 = 2 : 3
DO : BO = 4 : 6 = 2 : 3
よって, AO : CO = DO : BO　…①
対頂角は等しいから,
∠AOD = ∠COB　…②
①, ②から, 2 組の辺の比とその間の角が,
それぞれ等しいので, △AOD ∽ △COB
相似な図形の対応する角の大きさは等しいので,
∠OAD = ∠OCB
錯角が等しいので, AD ∥ BC

◀━━━━━━━━━ 解説 ◀━━━━━

❷ 次の図の 3 つの直角三角形は, すべて相似であり, ここでは ⑦ と ⑦ の相似に着目している。

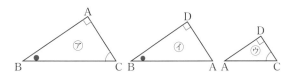

❸ △ABC と △CBD は, ともに二等辺三角形。
BD = x cm と
すると, 辺の長
さは右の図のよ
うになり, 相似
であることから,
5 : 3 = 3 : x　　5x = 9　　x = 1.8

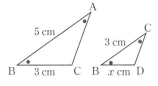

5 cm
3 cm
3 cm
C
x cm
D

p.80〜81 **━━ ステージ2**

❶ △ABC ∽ △UST
相似条件…2 組の角が, それぞれ等しい。
相似比…4 : 5
△DEF ∽ △KLJ
相似条件…2 組の辺の比とその間の角が,
それぞれ等しい。
相似比…3 : 2
△GHI ∽ △RPQ
相似条件…3 組の辺の比が, すべて等しい。
相似比…3 : 4

❷ △CBD, △AFD, △CFE

❸ (1) △ABC ∽ △DAC
(2) △ABC と △DAC で,
AC : DC = 10 : 5 = 2 : 1
BC : AC = 20 : 10 = 2 : 1
よって, AC : DC = BC : AC　…①
∠ACB = ∠DCA　…②
①, ②から, 2 組の辺の比とその間の
角が, それぞれ等しいので,
△ABC ∽ △DAC
(3) 7 cm

❹ △ABC と △DCA で,
AB : DC = 15 : 10 = 3 : 2　…①
BC : CA = 27 : 18 = 3 : 2　…②
CA : AD = 18 : 12 = 3 : 2　…③
①, ②, ③から, 3 組の辺の比が, すべて等しいので,
△ABC ∽ △DCA
また, 相似な図形の対応する角の大きさは等しいので, ∠ACB = ∠DAC
錯角が等しいので, AD ∥ BC

❺ (1) x = 4　　　　(2) x = 14

❻ (1) △HBA, △HAC
(2) x = 6.4, y = 4.8, z = 3.6

❼ (1) △AFE と △CFB で,
平行線の錯角は等しいので, AD ∥ BC から,
∠EAF = ∠BCF　…①
対頂角は等しいから,
∠AFE = ∠CFB　…②
①, ②から, 2 組の角が, それぞれ
等しいので, △AFE ∽ △CFB
(2) △AEF…8 cm², △CBF…18 cm²

・ ・ ・ ・ ・ ・

**❶** (1) △ABD と △CHG で，

AD ⊥ BC だから，

∠ADB = 90° …①

四角形 EGCF は長方形だから，

∠CGH = 90° …②

①，②より，∠ADB = ∠CGH …③

△ABC は AB = AC の二等辺三角形だから，

∠ABD = ∠ACD …④

平行線の錯角は等しいので，EG∥AC から，

∠CHG = ∠ACD …⑤

④，⑤より，∠ABD = ∠CHG …⑥

③，⑥より，2 組の角がそれぞれ等しいので，

△ABD ∽ △CHG

(2) **4.4 cm**

━━━━━━● 解 説 ●━━━━━━

**❷** △ABE ∽ △CBD より，∠BAE = ∠FCE

または，△AFD で ∠BAE = 90°−∠AFD，

△CFE で ∠FCE = 90°−∠CFE，

∠AFD = ∠CFE より，∠BAE = ∠FCE

**❸** (3) △ABC ∽ △DAC で，

BA : AD = AC : DC 14 : AD = 10 : 5

10AD = 14×5 AD = 7 cm

**❺** (1) △ABD ∽ △ACB だから，

AD : AB = BD : CB 2 : 3 = x : 6

3x = 2×6

x = 4

(2) △ADE ∽ △ACB だから，

AD : AC = DE : CB 5 : 10 = 7 : x

5x = 10×7

x = 14

**❻** (2) △HBA ∽ △ABC だから，

AB : CB = BH : BA，AH : CA = AB : CB

したがって，

8 : 10 = x : 8

10x = 8×8

x = 6.4

y : 6 = 8 : 10

10y = 6×8

y = 4.8

また，z = 10−x = 10−6.4 = 3.6

**❼** (2) 高さが等しい 2 つの三角形の面積の比は，

底辺の長さの比に等しいから，

△AEF : △ABF = EF : BF

△CBF : △ABF = CF : AF

△AFE ∽ △CFB で，

EF : BF = AE : CB

= 2 : (2+1) = 2 : 3

CF : AF = CB : AE

= 3 : 2

△ABF = 12 cm² だから，

△AEF : 12 = 2 : 3 より，

△AEF = 8 cm²

△CBF : 12 = 3 : 2 より，

△CBF = 18 cm²

**❶** (2) △ABD ∽ △CHG だから，

AB : CH = BD : HG

11 : 5 = BD : 2

5BD = 11×2

BD = 4.4 cm

━━ **p.82〜83** ══ ▌**ステージ**▌**1**

**❶** (1) x = 4，y = 9

(2) x = 12，y = 21

(3) x = 6，y = $\dfrac{8}{3}$

(4) x = 6

(5) x = 5

(6) x = 20，y = 30，z = 18

**❷** x = 12

**❸** 線分 FD

**❹**

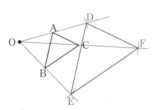

━━━━━━● 解 説 ●━━━━━━

**❶** (1) 5 : 10 = x : 8 より，10x = 40 x = 4

5 : 10 = 4.5 : y より，5y = 45 y = 9

(2) 15 : (15+5) = x : 16

ミス注意！ 15 : 5 = x : 16 としないように。

y : 28 = 15 : (15+5)

別解 y : (28−y) = 15 : 5 としてもよい。

(3)　$2:3=4:x$　　　$y:4=2:3$

(4)　$x:8=9:12$

(5)　$10:x=12:6$

(6)　直線 $\ell$ と $m$ で，$12:x=15:25$

　　直線 $m$ と $n$ で，$25:20=y:24$

　　直線 $m$ と $n$ で，$y=30$ を使い，

　　$15:25=z:30$

❷ $21:14=x:(20-x)$ より，

　$21(20-x)=14x$　←両辺を7でわると簡単。

❸ $\mathrm{BF:FA}=3:4.5=2:3$

　$\mathrm{BD:DC}=4:6=2:3$

　$\mathrm{CE:EA}=2.5:2=5:4$

　よって，$\mathrm{BF:FA}=\mathrm{BD:DC}$ となるから，

　$\mathrm{FD}\ /\!/\ \mathrm{AC}$

❹ **参考**　点 D，E，F は点 O について，A，B，
　C と反対側にとることもできる。

---

**p.84〜85　ステージ1**

❶ 7.5 cm

　$\triangle\mathrm{DEF}\backsim\triangle\mathrm{CAB}$（相似比は $1:2$）

❷ (1)　$x=2$，$y=4$　　(2)　$z=14$

❸ (1)　平行四辺形　　(2)　長方形

❹ $x=2$，$y=2$

**解　説**

❶ 中点連結定理より，

　$\mathrm{DE}=\dfrac{1}{2}\mathrm{AC}$，$\mathrm{EF}=\dfrac{1}{2}\mathrm{BA}$，$\mathrm{FD}=\dfrac{1}{2}\mathrm{CB}$

　したがって，

　$\dfrac{1}{2}\times4+\dfrac{1}{2}\times5.2+\dfrac{1}{2}\times5.8=7.5$（cm）

❷ (1)　AD，EF，BC は平行で，$\mathrm{AE}=\mathrm{BE}$ より，

　　$\mathrm{DG}=\mathrm{BG}$，$\mathrm{DF}=\mathrm{CF}$

　　$\triangle\mathrm{BAD}$，$\triangle\mathrm{DBC}$ で，中点連結定理より，

　　$\mathrm{EG}=\dfrac{1}{2}\mathrm{AD}=\dfrac{1}{2}\times4=2$（cm）

　　$\mathrm{GF}=\dfrac{1}{2}\mathrm{BC}=\dfrac{1}{2}\times8=4$（cm）

　(2)　対角線 BD と EF との交点を G とすると，

　　(1)と同様に，

　　$\mathrm{EG}=\dfrac{1}{2}\times8=4$（cm），

　　$\mathrm{GF}=\dfrac{1}{2}\times20=10$（cm）

　　したがって，$z=4+10=14$

---

❸ (1)　中点連結定理より，

　　$\triangle\mathrm{BAC}$ で，$\mathrm{PQ}\ /\!/\ \mathrm{AC}$，

　　$\mathrm{PQ}=\dfrac{1}{2}\mathrm{AC}$

　　$\triangle\mathrm{DAC}$ で，$\mathrm{SR}\ /\!/\ \mathrm{AC}$，$\mathrm{SR}=\dfrac{1}{2}\mathrm{AC}$

　　よって，$\mathrm{PQ}\ /\!/\ \mathrm{SR}$，$\mathrm{PQ}=\mathrm{SR}$ となり，1 組の
　　向かいあう辺が，等しくて平行であるので，四
　　角形 PQRS は平行四辺形になる。

　(2)　4 つの角がすべて $90°$ になる。

❹ $\mathrm{AG:GD}=2:1$ だから，$4:x=2:1$

　また，$\mathrm{EF}\ /\!/\ \mathrm{BC}$ より，$\mathrm{AG:AD}=\mathrm{EG:BD}$
　だから，　$2:(2+1)=y:3$

---

**p.86〜87　ステージ2**

❶ (1)　$x=\dfrac{20}{3}$，$y=7$，$z=12$

　(2)　$x=6$，$y=\dfrac{16}{3}$，$z=7.2\left(\dfrac{36}{5}\right)$

　(3)　$x=4.8\left(\dfrac{24}{5}\right)$，$y=6$

　(4)　$x=\dfrac{26}{3}$

❷ (1)　$2:3$　　　　　　(2)　10 cm

❸

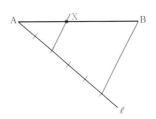

❹ $\angle\mathrm{PRQ}=132°$，$\angle\mathrm{RPQ}=24°$

❺ 2 cm

❻ (1)　$1:1:1$　　　　　(2)　$3:5:4$

　　　　・　・　・　・　・　・

① (1)　③

　(2)　$\triangle\mathrm{APR}\backsim\triangle\mathrm{ABC}$ より，

　　$\mathrm{AP:AB}=\mathrm{PR:BC}$ だから，

　　$2:(x+2)=x:12$　$x(x+2)=24$

　　$x^2+2x-24=0$　$(x+6)(x-4)=0$

　　$x=-6$，$4$

　　$0<x<12$ より，$x=-6$ は問題にあわない。

　　$x=4$ のとき，これは問題にあっている。

　　したがって，正方形 PBQR の 1 辺の長さは

　　4 cm

━━━━━━━━━━ 解 説 ━━━━━━━━━━

**❶** (4) 次の①や②のように考えられる。

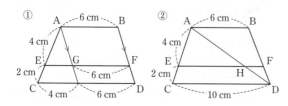

① EG : 4 = 4 : (4＋2) より，

$$EG = \frac{4 \times 4}{6} = \frac{8}{3} \text{ (cm)}$$

$$EF = \frac{8}{3} + 6 = \frac{26}{3} \text{ (cm)}$$

② EH : 10 = 4 : (4＋2) より，

$$EH = \frac{10 \times 4}{6} = \frac{20}{3} \text{ (cm)}$$

HF : 6 = 2 : (2＋4) より，

HF = 2 cm

$$EF = \frac{20}{3} + 2 = \frac{26}{3} \text{ (cm)}$$

**❷** (1) EF ∥ CD より，

BF : BD = EF : CD

　　　＝ 6 : 15 = 2 : 5

よって，BF : FD = 2 : (5－2) = 2 : 3

(2) AB ∥ CD より，AB : DC = BE : CE

(1)より，BE : CE = BF : FD = 2 : 3

よって，AB : 15 = 2 : 3　3AB = 15×2

AB = 10 cm

**❹** 中点連結定理より，

△DAB で，PR ∥ AB　…①，

　　　$PR = \frac{1}{2}AB$　…②

△BCD で，QR ∥ CD　…③，

　　　$QR = \frac{1}{2}CD$　…④

①より，同位角が等しいので，∠DRP = 30°

③より，同位角が等しいので，∠BRQ = 78°

よって，∠DRQ = 180°－∠BRQ = 102°

したがって，∠PRQ = ∠DRP＋∠DRQ = 132°

また，②，④と，AB = CD より，PR = QR で，

△RPQ は二等辺三角形だから，

$$\angle RPQ = \frac{1}{2}(180° - \angle PRQ)$$

$$= \frac{1}{2} \times 48° = 24°$$

**❺** AD，PS，BC は平行で，AP = BP より，

AR = CR，DQ = BQ

△ABC，△BAD で，中点連結定理より，

$$PR = \frac{1}{2}BC = 5 \text{ cm},$$

$$PQ = \frac{1}{2}AD = 3 \text{ cm}$$

よって，QR = PR－PQ = 5－3 = 2 (cm)

**❻** (1) AB ∥ DC，AB : MD = 2 : 1 だから，

BQ : DQ = AB : MD = 2 : 1

よって，$BQ = \frac{2}{3}BD$，$DQ = \frac{1}{3}BD$

AD ∥ BC，AD : LB = 2 : 1 だから，

BP : DP = LB : AD = 1 : 2

よって，$BP = \frac{1}{3}BD$

また，PQ = BQ－BP

$$= \frac{2}{3}BD - \frac{1}{3}BD = \frac{1}{3}BD$$

したがって，

$$BP : PQ : QD = \frac{1}{3}BD : \frac{1}{3}BD : \frac{1}{3}BD$$

$$= 1 : 1 : 1$$

(2) 対角線 AC と BD の交点を O とすると，

$$BO = DO = \frac{1}{2}BD$$

△BAC で，中点連結定理より，LN ∥ CA だから，

BP : PO = BL : LC = 1 : 1

よって，$BP = PO = \frac{1}{2}BO$

$$= \frac{1}{2} \times \frac{1}{2}BD = \frac{1}{4}BD$$

また，(1)より，$DQ = \frac{1}{3}BD$ だから，

QO = DO－DQ

$$= \frac{1}{2}BD - \frac{1}{3}BD = \frac{1}{6}BD$$

$$PQ = PO + QO = \frac{1}{4}BD + \frac{1}{6}BD = \frac{5}{12}BD$$

したがって，

$$BP : PQ : QD = \frac{1}{4}BD : \frac{5}{12}BD : \frac{1}{3}BD$$

$$= 3 : 5 : 4$$

**別解** 重心を利用してもよい。

**参考** この問題のように3つ以上の数量の比を考えることもあり，連比という。

**①** (1)　対応する辺の比がそろうものを選ぶ。

---

**p.88〜89** ◤◤ **ステージ1**

**①** (1)　$3:5$　　　(2)　$3:5$　　　(3)　$9:25$

**②** (1)　$192\,cm^2$　　(2)　$375\,cm^2$

**③** △ADE…$28\,cm^2$，台形 DBCE…$35\,cm^2$

**④** B…3 倍，C…5 倍，D…7 倍

◤◤ **解 説** ◤◤

**①** (2)　$3\pi:5\pi=3:5$

(3)　$\pi\times\left(\dfrac{3}{2}\right)^2:\pi\times\left(\dfrac{5}{2}\right)^2=\pi\times\dfrac{3^2}{2^2}:\pi\times\dfrac{5^2}{2^2}$
$=3^2:5^2=9:25$

**②** 図形 F と G の面積の比は，$5^2:4^2=25:16$

(1)　G の面積を $x\,cm^2$ とすると，
$300:x=25:16$　$25x=300\times16$　$x=192$

(2)　F の面積を $y\,cm^2$ とすると，
$y:240=25:16$　$16y=240\times25$　$y=375$

**③** △ADE ∽ △ABC で，相似比は，
$2:(2+1)=2:3$ だから，
△ADE : △ABC $=2^2:3^2=4:9$

よって，△ADE $=\dfrac{4}{9}$△ABC $=\dfrac{4}{9}\times63$
$=28$（$cm^2$）

台形DBCE $=$ △ABC$-$△ADE $=63-28$
$=35$（$cm^2$）

**④** A の部分，(A+B) の部分，(A+B+C) の部分，
(A+B+C+D) の部分の面積をそれぞれ $S$，$T$，
$U$，$V$ とする。
$S$ と $T$ の比は，相似比が $1:2$ なので，
$S:T=1^2:2^2=1:4$
よって，$T=4S$
したがって，B の部分の面積は，
$T-S=4S-S=3S$
同様にして，
$U=3^2S=9S$，$V=4^2S=16S$ より，
C の部分の面積は，
$U-T=9S-4S=5S$
D の部分の面積は，
$V-U=16S-9S=7S$

◤ **ポイント** ◢

まず相似な図形で面積の比を求め，
それらの面積の差について考える。

---

**p.90〜91** ◤◤ **ステージ1**

**①** (1)　$2:5$　　　(2)　$4:25$　　　(3)　$8:125$

**②** (1)　表面積…$352\,cm^2$，体積…$384\,cm^3$

(2)　表面積…$126\,cm^2$，体積…$81\,cm^3$

**③** (1)　$4:9$　　(2)　$16\,cm^3$　　(3)　$8:19$

**④** $84\pi\,cm^3$

◤◤ **解 説** ◤◤

**①** (2)　$4\pi\times4^2:4\pi\times10^2=4^2:10^2$
$=2^2\times2^2:2^2\times5^2=2^2:5^2=4:25$

(3)　$\dfrac{4}{3}\pi\times4^3:\dfrac{4}{3}\pi\times10^3=4^3:10^3$
$=2^3\times2^3:2^3\times5^3=2^3:5^3=8:125$

**②** 立体 F と G の表面積の比と体積の比は，それ
ぞれ，$3^2:4^2=9:16$，$3^3:4^3=27:64$

(1)　G の表面積を $x\,cm^2$，体積を $y\,cm^3$ とすると，
$198:x=9:16$　$9x=198\times16$　$x=352$
$162:y=27:64$　$27y=162\times64$　$y=384$

(2)　F の表面積を $x\,cm^2$，体積を $y\,cm^3$ とすると，
$x:224=9:16$　$16x=224\times9$　$x=126$
$y:192=27:64$　$64y=192\times27$　$y=81$

**③** (1)　三角錐 OPQR と三角錐 OABC は相似で，
相似比は，$2:(2+1)=2:3$
よって，表面積の比は，$2^2:3^2=4:9$

(2)　三角錐 OPQR と三角錐 OABC の体積の比は，
$2^3:3^3=8:27$
三角錐 OPQR の体積を $x\,cm^3$ とすると，
$x:54=8:27$　$27x=54\times8$　$x=16$

(3)　(2)より，三角錐 OPQR の体積を $8V$ とする
と三角錐 OABC の体積は $27V$ となる。このと
き，L で分けられた下側の部分の体積は，
$27V-8V=19V$
したがって，上側の部分と下側の部分の体積の
比は，$8V:19V=8:19$

**④** 取り除いた円錐ともとの円錐は相似で相似比が
$1:2$ だから，体積の比は，$1^3:2^3=1:8$
よって，取り除いた円錐の体積を $V$ とすると，
もとの円錐の体積は $8V$ であり，求める体積は，
$8V-V=7V$ となる。
取り除いた円錐は，底面の半径が $3\,cm$，高さが
$4\,cm$ だから，$V=\dfrac{1}{3}\times\pi\times3^2\times4=12\pi$（$cm^3$）
したがって，$7V=7\times12\pi=84\pi$（$cm^3$）

**5章**

❶ (1) B

(2) BとCの相似比は，4：6＝2：3
よって体積の比は，$2^3 : 3^3 = 8 : 27$
Cの値段が $x$ 円のとき，BとCで体積の
比と値段の比が等しいとすると，
$8 : 27 = 240 : x$  $8x = 27 \times 240$
$x = 810$
したがって，Cが810円より安ければ，B
よりも割安になる。

❷ (1) 25 mm

(2)

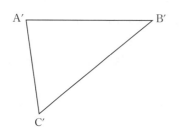

(3) 約35 m

❸ (1) 3.2 m        (2) 3.84 m

━━━━ 解説 ━━━━

❶ (1) 例えば，240円でAを6個買う場合と，B
を1個買う場合を考えてみる。
AとBの相似比は，2：4＝1：2
よって，1個ずつの体積の比は，
$1^3 : 2^3 = 1 : 8$
したがって，A6個とB1個の体積の比は，
$1 \times 6 : 8 \times 1 = 3 : 4$
となり，Bが割安。

❷ (1) 25 m＝25000 mm
$25000 \div 1000 = 25$ （mm）

(2) B′C′＝$40000 \div 1000 = 40$ （mm）となる。

(3) 縮図でA′B′の長さを測ると約35 mmである。
AB＝$35 \times 1000 = 35000$ （mm）→ 35 m

❸ △ABC∽△DEF より，
AB：DE＝BC：EF

(1) AB：1.6＝2.4：1.2＝2：1
AB＝$1.6 \times 2 = 3.2$ （m）

(2) AB：1.6＝2.4：1
AB＝$1.6 \times 2.4 = 3.84$ （m）

❶ B…3倍，C…5倍

❷ (1) 9：4        (2) 9：25        (3) $\dfrac{8}{25}$ 倍

❸ (1) 2：1

(2) △BDP…8 cm²，
△ADE…12 cm²，
△ABC…48 cm²

❹ (1) 2：5        (2) $\dfrac{18}{7}$ cm²

❺ 4.5 cm

❻ (1) 4.5 m        (2) 4.5 m

● ● ● ● ● ● ●

① (1) 6 cm        (2) 7：1        (3) 2 cm

━━━━ 解説 ━━━━

❶ Aの部分の面積を $S$ とすると，(A＋B) の部分，
(A＋B＋C) の部分の面積はそれぞれ $2^2 S$，$3^2 S$
となる。

❷ (2) $3^2 : (3+2)^2 = 9 : 25$

(3) △APM＝$9S$ とすると，△ACD＝$25S$
台形PCDM＝$25S - 9S = 16S$
▱ABCD＝$25S \times 2 = 50S$
より，$16S \div 50S = \dfrac{16S}{50S} = \dfrac{8}{25}$ （倍）

❸ (1) △PBC∽△PED で，相似比は2：1

(2) 底辺の比を考えて，
△BDP＝$2$△PDE＝$2 \times 4 = 8$ （cm²）
△ADE＝△BDE＝△BDP＋△PDE
$\qquad\qquad = 8 + 4 = 12$ （cm²）
また，相似な三角形の面積の比から，
△ABC＝$2^2$△ADE＝$4 \times 12 = 48$ （cm²）

❹ (1) Eを通り辺BCに平行な直線をひき，線分
DMとの交点をGとすると，EG∥BCより，
EF：CF＝EG：CM
また，CM＝BMより，
EF：CF＝EG：BM＝DE：DB
AD∥BCより，DE：EB＝AD：BM
$= 2 : 3$
よって，EF：CF＝DE：DB
$= 2 : (2+3) = 2 : 5$

(2) △AED∽△MEB で，相似比は2：3だから，
△AED：△MEB＝$2^2 : 3^2 = 4 : 9$
△AED＝$4$ cm²だから，△MEB＝$9$ cm²

よって，BM＝CM より，

$\triangle$EMC＝$\triangle$MEB＝9 cm²

(1)より，$\triangle$EMF：$\triangle$CMF＝EF：CF

　　　　　　　　　　　　　＝2：5

よって，$\triangle$EMF＝$\dfrac{2}{2+5}$$\triangle$EMC

　　　　　　　　　＝$\dfrac{2}{7}$×9＝$\dfrac{18}{7}$（cm²）

**❺** 四角錐の容器で，水の部分と容器全体は相似であり，相似比は，24：32＝3：4

よって，水の体積と四角錐の容器の容積の比は，

3³：4³＝27：64

水の体積を 27$V$ とすると，容器の容積は，

四角錐…64$V$，四角柱…64$V$×3＝192$V$

より，四角柱の容器には深さの $\dfrac{27V}{192V}＝\dfrac{9}{64}$

まで水が入る。

**❻** (1) $\triangle$CPQ で，AB∥PQ より，

AB：PQ＝CB：CQ

1.5：PQ＝2：(2+4)＝1：3

PQ＝1.5×3＝4.5 (m)

(2) $\triangle$QCC′ で，BB′∥CC′ より，

BB′：CC′＝QB：QC

3：CC′＝4：(4+2)＝2：3

2CC′＝3×3　CC′＝4.5 m

**①** (1) 切ったようすは，
立方体の平面図で右
のように表される。
立方体の向かいあう
面は平行だから，
MN∥FP である。
このとき，
$\triangle$MCN∽$\triangle$FGP
であり，

CM：GF＝CN：GP　4：8＝3：GP

GP＝6 cm

(2) $V_1＋V_2$ と $V_2$ は相似な三角錐であり，相似比は，GF：CM＝2：1

よって，体積の比は，2³：1³＝8：1

ここから，$V_1$ と $V_2$ の体積の比は，

(8−1)：1＝7：1

（$V_2$ の体積を $V$ とすると，$V_1＋V_2$ の体積は

8$V$ となり，$V_1$ の体積は 8$V$−$V$＝7$V$）

(3) $\triangle$MCN∽$\triangle$FGP で，相似比は1：2だから，面積の比は，1²：2²＝1：4

QC：QG＝1：2より，QC＝CG＝8 cm

$V_2$ の底面を $\triangle$MCN，$V_3$ の底面を $\triangle$FGP とすると，$V_2$ と $V_3$ で，体積が等しく底面積の比が1：4だから，高さの比は4：1となる。

よって，QC：GR＝4：1　8：GR＝4：1

4GR＝8　GR＝2 cm

**別解** $V_3$ と $V_2$ の体積が等しいとき，$V_3$ と $V_1＋V_2$ の体積の比は1：8である。この2つの三角錐の共通の底面を $\triangle$FGP とすると，高さの比は1：8である。

GR：GQ＝1：8　GR：16＝1：8

8GR＝16　GR＝2 cm

**p.96〜97　ステージ③**

**①** $\triangle$ABC∽$\triangle$PRQ

相似条件…3組の辺の比が，すべて等しい。

$\triangle$DEF∽$\triangle$GHI

相似条件…2組の角が，それぞれ等しい。

$\triangle$JKL∽$\triangle$NOM

相似条件…2組の辺の比とその間の角が，それぞれ等しい。

**②** (1) $x＝6$

(2) $x＝6.4$，$y＝5.6$

(3) $x＝4.8$ $\left(\dfrac{24}{5}\right)$

(4) $x＝8$

(5) $x＝4.5$ $\left(\dfrac{9}{2}\right)$

(6) $x＝12$，$y＝19$

**③** $\triangle$HBA と $\triangle$HAC で，

仮定より，∠BHA＝∠AHC＝90°　…①

∠BAC＝90° だから，

∠BAH＋∠CAH＝90°　…②

また，$\triangle$HAC で，

∠ACH＋∠CAH＋90°＝180° だから，

∠ACH＋∠CAH＝90°　…③

②，③から，∠BAH＝∠ACH　…④

①，④から，2組の角が，それぞれ等しいので，

$\triangle$HBA∽$\triangle$HAC

**④** 1：3

**⑤** ① 中点連結 ② $\dfrac{1}{2}$BD

③ $\dfrac{1}{2}$AC ④ 4つの辺

⑤ PQ ⑥ AC

**⑥** (1) **2：3** (2) **12 cm** (3) $\dfrac{25}{4}$ 倍

**⑦** (1) **75 cm²** (2) **234 cm³**

━━━━━━━━━◆ 解説 ◆━━━━━━━━━

**②** (2) AE：AD＝EF：DC より，

$x：(x+3.2)=4：6$ $6x=4(x+3.2)$

$2x=4\times3.2$ $x=6.4$

BC：BG＝CD：GE より，

$8：(8+4.8)=6：(y+4)$

$8(y+4)=12.8\times6$ $8y=44.8$ $y=5.6$

(3) BE：CE＝AB：DC＝8：12＝2：3

よって，EF：CD＝BE：BC より，

$x：12=2：(2+3)$ $5x=24$ $x=4.8$

(4) BD：DC＝AB：AC＝24：16＝3：2

よって，$x=\dfrac{2}{3+2}\times$BC$=\dfrac{2}{5}\times20=8$

**別解** $(20-x)：x=3：2$ $3x=2(20-x)$

$5x=40$ $x=8$

(6) AL：LB＝AM：MC＝DN：NC＝1：1

△ABC，△CAD で，中点連結定理より，

LM$=\dfrac{1}{2}$BC，MN$=\dfrac{1}{2}$AD

よって，$x=\dfrac{1}{2}\times24=12$，

MN$=\dfrac{1}{2}\times14=7$

したがって，$y=x+$MN$=12+7=19$

**④** △ACE で，中点連結定理より，DF$=\dfrac{1}{2}$EC

また，DG∥EC より，

BC：CG＝BE：ED＝1：1 となるから，

△BGD で，中点連結定理より，DG＝2EC

したがって，

DF：FG＝DF：(DG−DF)

$=\dfrac{1}{2}$EC$：\left(2$EC$-\dfrac{1}{2}$EC$\right)$

$=\dfrac{1}{2}$EC$：\dfrac{3}{2}$EC

$=1：3$

**⑥** (1) AD∥BC より，AO：OC＝AD：CB

$\qquad\qquad\qquad\qquad =10：15=2：3$

EF∥BC より，AE：EB＝AO：OC

よって，AE：EB＝2：3

(2) AD，EF，BC は平行だから，

EO：BC＝AE：AB OF：BC＝DF：DC

また，(1)より，DF：FC＝AE：EB＝2：3

よって，EO：BC＝2：(2+3)＝2：5，

OF：BC＝2：(2+3)＝2：5 となるから，

EO：15＝2：5 5EO＝15×2 EO＝6 cm

OF：15＝2：5 5OF＝15×2 OF＝6 cm

したがって，EF＝EO+OF＝6+6＝12 (cm)

(3) △AOD＝$S$ とすると，DO：OB＝2：3

より，△AOB$=\dfrac{3}{2}S$ ←底辺の比から。

また，AO：OC＝2：3 より，

△COB$=\dfrac{3}{2}\times\dfrac{3}{2}S=\dfrac{9}{4}S$ ←(相似比)²からも求められる。

△COD$=\dfrac{3}{2}S$

よって，$S+\dfrac{3}{2}S+\dfrac{9}{4}S+\dfrac{3}{2}S=\dfrac{25}{4}S$

┌─ 得点アップの**コツ** ♪ ─ ─ ─ ─ ─ ┐

相似な三角形の面積の比に加えて，高さの等しい三角形の面積の比（＝ 底辺の比）も有用。

└ ─ ─ ─ ─ ─ ─ ─ ─ ─ ─ ─ ─ ─ ─ ┘

**⑦** 三角錐 ODEF と三角錐 OABC は相似で，対応する △DEF と △ABC も相似であり，相似比は，

OD：DA＝2：3 より，2：(2+3)＝2：5

(1) △DEF∽△ABC で，面積の比は，

$2^2：5^2=4：25$

よって，△DEF＝12 cm² より，

12：△ABC＝4：25

4△ABC＝12×25

△ABC＝3×25＝75 (cm²)

(2) 三角錐 ODEF と三角錐 OABC の体積の比は，

$2^3：5^3=8：125$

よって，三角錐 OABC から三角錐 ODEF を取り除いてできる立体と，三角錐 OABC の体積の比は，

$(125-8)：125=117：125$

したがって，求める立体の体積は，

$\left(\dfrac{1}{3}\times75\times10\right)\times\dfrac{117}{125}=250\times\dfrac{117}{125}=234$ (cm³)

# 6章 円の性質

p.98〜99 **ステージ1**

❶ ① OAP ② OAP

③ 2 ④ 2

⑤, ⑥ OPA, OPB

⑦ APB

❷ (1) $\angle x = 30°$, $\angle y = 30°$

(2) $\angle x = 40°$, $\angle y = 95°$

(3) $\angle x = 75°$

(4) $\angle x = 56°$

(5) $\angle x = 112°$

(6) $\angle x = 80°$, $\angle y = 100°$

(7) $\angle x = 50°$

(8) $\angle x = 52°$

(9) $\angle x = 58°$

**■ 解説 ■**

❷ (1) $\angle x = \dfrac{1}{2} \times 60° = 30°$,

$\angle y = 2 \times 15° = 30°$ ←△OPBはPO=BOの二等辺三角形

(2) $\angle x = \angle BDC = 40°$,

$\angle y = 180° - (40° + 45°) = 95°$ ←内角の和

(3) $\angle ADB = \angle ACB = 35°$

$\angle x = 35° + 40° = 75°$ ←外角の性質

(4) $\angle AOB = 2 \times 32° = 64°$

$\angle APB = 32° + \angle x = 64° + 24° = 88°$ だから,

$\angle x = 88° - 32° = 56°$

(5) 円周角 $\angle x$ に対する中心角の大きさは,

$360° - 136° = 224°$

よって, $\angle x = \dfrac{1}{2} \times 224° = 112°$

(6) $\angle x = \dfrac{1}{2} \times 160° = 80°$

円周角 $\angle y$ に対する中心角の大きさは,

$360° - 160° = 200°$

よって, $\angle y = \dfrac{1}{2} \times 200° = 100°$

(7) $\angle ABC = 90°$, $\angle ACB = \angle ADB = 40°$ より,

$\angle x = 180° - (90° + 40°) = 50°$

(8) $\angle ABD = \angle ACD = \angle x$, $\angle ABC = 90°$ より,

$\angle x + 38° = 90°$ $\angle x = 52°$

(9) OA = OB より, $\angle OBA = \angle OAB = 32°$

$\angle ABC = 90°$ より, $\angle x + 32° = 90°$ $\angle x = 58°$

p.100〜101 **ステージ1**

❶ (1) $\angle x = 32°$

(2) $\angle x = 60°$

(3) $\angle x = 75°$

❷ (1)① $\dfrac{1}{3}$ ② $120°$

③ $\angle x = 60°$, $\angle y = 75°$, $\angle z = 45°$

(2) $\angle x = 90°$, $\angle y = 30°$

❸ ㋐, ㋒

❹ 同じ円周上にある。

$\angle x = 47°$, $\angle y = 25°$

**■ 解説 ■**

❶ (1) $\overset{\frown}{AB} = \overset{\frown}{CD}$ より, $\angle COD = \angle AOB = 64°$

よって, $\angle x = \dfrac{1}{2} \angle COD$

$= \dfrac{1}{2} \times 64° = 32°$

(2) $\angle APB : \angle AQC = \overset{\frown}{AB} : \overset{\frown}{AC} = 2 : 5$ より,

$24° : \angle x = 2 : 5$ $2\angle x = 24° \times 5$ $\angle x = 60°$

(3) $\overset{\frown}{AB} = 2\overset{\frown}{BC}$ より,

$\angle ACB = 2\angle BAC = 2 \times 35° = 70°$

したがって, $\angle x = 180° - (35° + 70°) = 75°$

❷ (1)① $\dfrac{4}{3 + 4 + 5} = \dfrac{4}{12} = \dfrac{1}{3}$

② $360° \times \dfrac{1}{3} = 120°$

③ $\angle x = \dfrac{1}{2} \angle BOC = \dfrac{1}{2} \times 120° = 60°$

$\angle AOC = 360° \times \dfrac{5}{12} = 150°$,

$\angle AOB = 360° \times \dfrac{1}{4} = 90°$ より,

$\angle y = \dfrac{1}{2} \angle AOC = \dfrac{1}{2} \times 150° = 75°$,

$\angle z = \dfrac{1}{2} \angle AOB = \dfrac{1}{2} \times 90° = 45°$

**参考** 次の ～～ のように考えてもよい。

**ポイント**

弧の長さが円周の長さの $\dfrac{\triangle}{\square}$ →中心角は $360° \times \dfrac{\triangle}{\square}$

→円周角は, $\dfrac{1}{2} \times \left(360° \times \dfrac{\triangle}{\square}\right) = \underline{180° \times \dfrac{\triangle}{\square}}$

6章

(2) $\angle x$, $\angle y$ に対する中心角の大きさは,

$$360° \times \frac{6}{12} = 180°, \quad 360° \times \frac{2}{12} = 60°$$

よって, $\angle x = \frac{1}{2} \times 180° = 90°$,

$$\angle y = \frac{1}{2} \times 60° = 30°$$

**❸** ㋐ $\angle BDC = 110° - 40° = 70°$

よって, $\angle BAC = \angle BDC = 70°$

㋒ $\angle BDC = 180° - (76° + 52°) = 52°$

AB // CD より, $\angle BAC = \angle ACD = 52°$

よって, $\angle BAC = \angle BDC = 52°$

**❹** $\angle CAD = \angle CBD = 57°$ だから, 4点 A, B, C, D は同じ円周上にある。

よって, $\angle x = \angle BDC = 47°$,

$$\angle y = \angle ABD = 25°$$

---

**p.102〜103 ステージ❷**

**❶** (1) $\angle x = 43°$　(2) $\angle x = 75°$

(3) $\angle x = 21°$　(4) $\angle x = 50°$

(5) $\angle x = 20°$　(6) $\angle x = 20°$

(7) $\angle x = 60°$, $\angle y = 110°$

(8) $\angle x = 61°$

(9) $\angle x = 120°$

(10) $\angle x = 100°$, $\angle y = 60°$

(11) $\angle x = 124°$

(12) $\angle x = 58°$

**❷** $15°$

$\angle APB$ は, $\overset{\frown}{AB}$ に対する円周角と, $\overset{\frown}{CD}$ に対する円周角の差になる。

**❸** (1) $\angle x = 15°$

(2) $\angle x = 60°$, $\angle y = 120°$

(3) $\angle x = 108°$

**❹** (1) 点 P, B, C, Q

点 A, P, R, Q

(2) △CPB

・・・・・・

① $\angle x = 50°$

② $\angle x = 26°$

③ $54°$

---

**解説**

**❶** (1) $\angle ABD = \angle BQC - \angle BAQ$

$$= 73° - 58° = 15°$$

$\angle ACP = \angle ABD = 15°$

---

よって, $\angle x = \angle BAC - \angle ACP$

$$= 58° - 15° = 43°$$

(2) $\angle ACB = \frac{1}{2} \angle AOB$

$$= \frac{1}{2} \times 50° = 25°$$

AC // BO より, $\angle CAO = \angle AOB = 50°$

よって, $\angle x = \angle ACB + \angle CAO$

$$= 25° + 50° = 75°$$

(3) $\angle COP = 180° - 130° = 50°$

$\angle BAC = \frac{1}{2} \angle COP$

$$= \frac{1}{2} \times 50° = 25°$$

$\angle APO = \angle COP + \angle x = \angle ABP + \angle BAC$ だから, $50° + \angle x = 46° + 25°$

$\angle x = 71° - 50° = 21°$

(4) BE をひくと, $\angle AEB = \angle AFB = 20°$

$\angle BEC = \angle BDC = 30°$

よって, $\angle x = \angle AEB + \angle BEC$

$$= 20° + 30° = 50°$$

(5) OB, OC をひくと,

$\angle AOB = 2 \angle AGB$

$$= 2 \angle x$$

$\angle BOC = 2 \angle BFC$

$$= 2 \times 30° = 60°$$

$\angle COD = 2 \angle CED$

$$= 2 \times 15° = 30°$$

$\angle AOB + \angle BOC + \angle COD = \angle AOD$ より,

$2 \angle x + 60° + 30° = 130°$　$2 \angle x = 40°$

$\angle x = 20°$

**別解** AF, DF をひくと,

$\angle AFB = \angle AGB = \angle x$

$\angle CFD = \angle CED = 15°$

よって, $\angle AFD = \angle AFB + \angle BFC + \angle CFD$

$$= \angle x + 30° + 15°$$

$$= \angle x + 45°$$

$\angle AFD = \frac{1}{2} \angle AOD = \frac{1}{2} \times 130° = 65°$ だから,

$\angle x + 45° = 65°$　$\angle x = 20°$

(6) AB をひくと, AC は円 O の直径だから,

$\angle ABC = 90°$

よって, $\angle BAC = 180° - (90° + 70°) = 20°$

したがって, $\angle x = \angle BAC = 20°$

⑺　BC をひくと，AC は円 O の直径だから，
　　∠ABC = 90°
　　よって，∠ACB = 180° − (90° + 30°) = 60°
　　したがって，∠x = ∠ACB = 60°
　　また，∠y = ∠x + ∠DAP
　　　　　　　= 60° + 50° = 110°

⑻　AC をひくと，BC は円 O の直径だから，
　　∠CAP = ∠CAB = 90°
　　また，∠ACP = $\frac{1}{2}$∠AOD
　　　　　　　　 = $\frac{1}{2}$ × 58° = 29°
　　よって，∠x = 180° − (90° + 29°) = 61°

⑼　OB をひくと，OA = OB = OC より，
　　∠OBA = 25°，∠OBC = 35°
　　よって，∠ABC = 25° + 35° = 60°
　　したがって，∠x = 2∠ABC
　　　　　　　　　　 = 2 × 60° = 120°

⑽　∠EOD = 2∠EAD
　　　　　　 = 2 × 30° = 60°
　　よって，∠x = 180° − (20° + 60°) = 100°
　　また，∠BOE = 180° − 60° = 120°
　　したがって，∠y = $\frac{1}{2}$∠BOE
　　　　　　　　　　 = $\frac{1}{2}$ × 120° = 60°

⑾　BC = BP より，∠BCP = ∠BPC = 31°
　　よって，∠OBC = 31° + 31° = 62°
　　したがって，∠x = 2∠OBC
　　　　　　　　　　 = 2 × 62° = 124°

⑿　OD をひくと，
　　∠BOD = 2∠BCD = 2 × 65° = 130°
　　よって，∠AOD = 130° − 66° = 64°
　　OA = OD より，∠x = $\frac{1}{2}$ × (180° − 64°) = 58°

❷　∠DBC = ∠x とすると，∠DAC = ∠DBC = ∠x
　また，∠ADB = ∠DBC + ∠DPB
　　　　　　　 = ∠x + 21°
　よって，∠DAC + ∠ADB = ∠AQB だから，
　∠x + (∠x + 21°) = 51°　∠x = 15°

　**参考**　右の図で，
　　∠a + ∠b + ∠c = ∠d
　　が成り立つ。
　　これを使うと，

21° + ∠x + ∠x = 51°
　より，∠x = 15°
また，右の図
において，
∠AQB は
△AQD の外
角だから，
　∠AQB

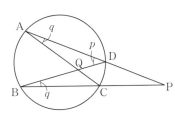

= ∠p + ∠q　したがって，∠AQB は，$\overset{\frown}{AB}$ に対
する円周角と，$\overset{\frown}{CD}$ に対する円周角の和である。
同様に，∠APB = ∠DPB = ∠p − ∠q
したがって，∠APB は，$\overset{\frown}{AB}$ に対する円周角と，
$\overset{\frown}{CD}$ に対する円周角の差である。

❸　⑴　∠ACB : ∠ABC = $\overset{\frown}{AB}$ : $\overset{\frown}{AC}$ = 3 : 4 より，
　　∠ACB : 60° = 3 : 4　∠ACB = 45°
　　よって，∠BAC = 180° − (60° + 45°) = 75°
　　∠BOC = 2∠BAC
　　　　　　 = 2 × 75° = 150°
　　OB = OC より，∠x = $\frac{1}{2}$ × (180° − 150°) = 15°

　⑵　∠AEB，∠BFC，∠EBF に対する中心角の
　　大きさは，360° × $\frac{1}{6}$ = 60° だから，
　　∠AEB = ∠BFC = ∠EBF = $\frac{1}{2}$ × 60° = 30°
　　よって，∠x = 30° + 30° = 60°，
　　∠y = 180° − (30° + 30°) = 120°

　⑶　∠ADB，∠DBE に対する中心角の大きさは，
　　360° × $\frac{1}{5}$ = 72° だから，
　　∠ADB = ∠DBE = $\frac{1}{2}$ × 72° = 36°
　　よって，∠x = 180° − (36° + 36°) = 108°

❹　⑴　∠BPC = ∠BQC = 90° より，4 点 P，B，C，
　　Q は，BC を直径とする同じ円周上にある。
　　また，∠APR = ∠AQR = 90° より，4 点 A，P，
　　R，Q は，AR を直径とする同じ円周上にある。

　⑵　∠APR = ∠CPB = 90°
　　また，⑴より，∠PAR = ∠PQR = ∠PCB
　　よって，△APR と △CPB で，2 組の角が，
　　それぞれ等しいので，△APR ∽ △CPB

①　円周角の定理を使うと，三角形の内角の和から，
　∠x = 180° − (35° + 95°) = 50°

**②** $\widehat{\text{AD}}$ に対する円周角と中心角の関係より，

$\angle\text{AOD} = 2\angle\text{ACD} = 2\times58° = 116°$

線分 AB，CD の交点を H とすると，$\angle\text{AOD}$ は

$\triangle\text{ODH}$ の外角だから，$\angle\text{AOD} = 90°+\angle x$

$\angle x = \angle\text{AOD}-90° = 116°-90° = 26°$

**③** $\angle\text{COD} = x°$ とする

と，$\widehat{\text{CD}} = 2\pi$ cm より，

$2\pi\times5\times\dfrac{x}{360} = 2\pi$

ここから，$x = 72$

$\widehat{\text{CD}}$ に対する円周角と

中心角の関係より，

$\angle\text{CAD} = \dfrac{1}{2}\angle\text{COD} = \dfrac{1}{2}\times72° = 36°$

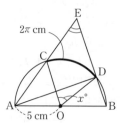

半円の弧に対する円周角は直角だから，

$\angle\text{ADB} = 90°$

$\angle\text{ADB}$ は $\triangle\text{EAD}$ の外角だから，

$\angle\text{ADB} = \angle\text{EAD}+\angle\text{AED}$ より，

$\angle\text{CED} = \angle\text{AED} = \angle\text{ADB}-\angle\text{EAD}$
$\qquad\qquad\qquad = 90°-36° = 54°$

---

**p.104〜105** ステージ**1**

**❶**

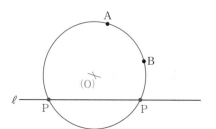

**❷**

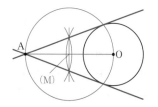

**❸** $\triangle\text{ABC}$ と $\triangle\text{DEC}$ で，

$\widehat{\text{AB}} = \widehat{\text{AD}}$ より，等しい弧に対する円周角の

大きさは等しいので，

$\angle\text{ACB} = \angle\text{DCE}$ …①

$\widehat{\text{BC}}$ に対する円周角だから，

$\angle\text{BAC} = \angle\text{EDC}$ …②

①，②から，2 組の角が，それぞれ等しいので，

$\triangle\text{ABC} \infty \triangle\text{DEC}$

---

**❹** $\triangle\text{ABC}$ と $\triangle\text{HAC}$ で，

BC は円 O の直径だから，$\angle\text{BAC} = 90°$

仮定より，$\angle\text{AHC} = 90°$

よって，$\angle\text{BAC} = \angle\text{AHC}$ …①

$\angle\text{ACB} = \angle\text{HCA}$ …②

①，②から，2 組の角が，それぞれ等しいので，

$\triangle\text{ABC} \infty \triangle\text{HAC}$

● 解 説 ●

**❶** AB を 1 辺とする正三角形 OAB を直線 $\ell$ に近い側にかき，O を中心として半径 OA の円をかく。この円と直線 $\ell$ の交点が求める 2 点である。

$\angle\text{APB} = \dfrac{1}{2}\angle\text{AOB} = \dfrac{1}{2}\times60° = 30°$

**❷** 線分 AO の中点 M を中心とし，MO を半径とする円をかき，この円と円 O の交点の 1 つと，点 A を通る直線をかく。

---

**p.106〜107** ステージ**1**

**❶** (1) $\angle x = 78°$

(2) $\angle x = 50°$，$\angle y = 40°$

(3) $\angle x = 99°$，$\angle y = 105°$

(4) $\angle x = 100°$，$\angle y = 115°$

(5) $\angle x = 110°$，$\angle y = 70°$

(6) $\angle x = 45°$，$\angle y = 80°$

**❷** (1) $\angle x = 65°$

(2) $\angle x = 65°$

**❸** (1) $x = 8$

(2) $x = 2.4\left(\dfrac{12}{5}\right)$

(3) $x = 18$

● 解 説 ●

**❶** (1) $\angle\text{BAD} = 180°-(38°+40°) = 102°$

四角形 ABCD は円に内接するので，

$\angle\text{BAD}+\angle x = 180°$

よって，$102°+\angle x = 180°$ $\angle x = 78°$

(2) 四角形 ABCD は円に内接するので，

$\angle\text{ADC}+\angle x = 180°$

よって，$130°+\angle x = 180°$ $\angle x = 50°$

BC は円 O の直径だから，$\angle\text{BAC} = 90°$

よって，$\angle y = 180°-(90°+50°) = 40°$

(3) 四角形 ABCD は円に内接するので，$\angle x$ は，

それに向かいあう $\angle\text{ADC}$ のとなりにある外角

に等しくなるから，$\angle x = 99°$

また，∠$y$ は，それに向かいあう ∠BAD のと
なりにある外角に等しくなるから，

　　∠$y = 105°$

(4)　四角形 ABCD は円に内接するので，

　　∠ADC＋∠$x = 180°$

　　よって，$80° + ∠x = 180°$　∠$x = 100°$

　　また，∠$y = ∠BAD = 115°$

(5)　接線と弦のつくる角の性質から，

　　∠$x = ∠CAT = 110°$

　　四角形 ABCD は円に内接するので，

　　∠$x + ∠y = 180°$　∠$y = 180° - 110° = 70°$

　　**別解**　$180° - ∠CAT = 180° - 110° = 70°$ より，

　　　∠$y = 70°$

(6)　接線と弦のつくる角の性質から，

　　∠$x = ∠DAT = 45°$

　　よって，∠$BAD = 180° - (35° + 45°) = 100°$

　　四角形 ABCD は円に内接するので，

　　∠BAD＋∠$y = 180°$

　　∠$y = 180° - 100° = 80°$

**❷** (1)　円の接線は，その接点を通る半径に垂直だ
から，∠OAP ＝ ∠OBP ＝ 90°

　　よって，∠AOB ＝ 360° − (50° + 90° + 90°) ＝ 130°

　　したがって，∠$x = \dfrac{1}{2}∠AOB = \dfrac{1}{2} × 130° = 65°$

(2)　PA ＝ PB より，

　　∠$PAB = \dfrac{1}{2} × (180° - 50°) = 65°$

　　接線と弦のつくる角の性質から，

　　∠$x = ∠PAB = 65°$

**ポイント**

円の接線と角の関係

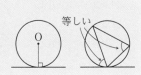

**❸** 方べきの定理を使って計算する。

(1)　PA×PB ＝ PC×PD より，

　　$x × 3 = 4 × 6$　$3x = 24$　$x = 8$

(2)　PA×PB ＝ PC×PD より，

　　$3 × (3 + 5) = x × 10$　$10x = 24$　$x = 2.4$

(3)　PA×PB ＝ PT$^2$ より，

　　$8 × x = 12^2$　$8x = 144$　$x = 18$

---

p.108〜109 **ステージ2**

**❶** (1)

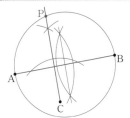

(2)

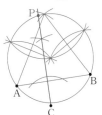

**❷** ①　$12 - x$　　②　$x$　　③　5

**❸** (1)　∠ACD，∠CAD，∠CBD

(2)　△ABD と △PBC で，

　　仮定より，BD ＝ BC　…①

　　$\overarc{AB}$ に対する円周角だから，

　　∠ADB ＝ ∠PCB　…②

　　$\overarc{AD}$ に対する円周角だから，

　　∠ABD ＝ ∠ACD

　　DA ＝ DC より，∠ACD ＝ ∠CAD

　　$\overarc{CD}$ に対する円周角だから，

　　∠CAD ＝ ∠PBC

　　よって，∠ABD ＝ ∠PBC　…③

　　①，②，③から，1 組の辺とその両端の角
　　が，それぞれ等しいので，

　　△ABD ≡ △PBC

(3)　$\dfrac{48}{25}$（1.92）

**❹** (1)　∠$x = 130°$　　　　(2)　∠$x = 85°$

(3)　∠$x = 50°$，∠$y = 40°$

(4)　∠$x = 26°$，∠$y = 38°$

(5)　$x = 4$　　　　　　(6)　$x = 3$

● ● ● ● ● ●

**❶** (1)　24 cm$^2$

(2)　△AOQ と △COR で，

　　OA と OC は円 O の半径だから，

　　OA ＝ OC　…①

　　対頂角は等しいから，

　　∠AOQ ＝ ∠COR　…②

　　$\overarc{DP} = \overarc{PB}$ より，$\overarc{BP}$ と $\overarc{DP}$ に対する円周
　　角は等しいから，∠BAP ＝ ∠DCP

つまり，∠OAQ ＝ ∠OCR　…③

①，②，③から，1 組の辺とその両端の角

が，それぞれ等しいので，

△AOQ ≡ △COR

(3)　ウ

(4)　$\dfrac{72}{11}$ cm²

(5)　$\dfrac{100}{11}$ cm²

(6)　$\dfrac{40}{11}$ cm

━━━━ 解説 ━━━━

**❶** (1)　点 P は，点 C を通る線分 AB の垂線上にある。

また，点 P は，AB を直径とする円の周上にある。

(2)　点 P は，点 C を通る線分 AB の垂線上にある。

また，点 P は，AB を 1 辺とする正三角形の 3

つの頂点を通る円の周上にある。

**❷** 接線の長さが等しいことを使って，BC の長さ

を $x$ の式で表すことがポイント。

**❸** (1)　DA ＝ DC より，∠ACD ＝ ∠CAD

これと円周角の定理を使う。

(3)　∠PAD ＝ ∠PBC，∠PDA ＝ ∠PCB より，

△ADP ∽ △BCP だから，DP：CP ＝ AD：BC

(2)より，CP ＝ AD ＝ CD ＝ 3 だから，

DP：3 ＝ 3：5　5DP ＝ 9　DP ＝ $\dfrac{9}{5}$

よって，BP ＝ BD － DP

$\qquad = $ BC － DP ＝ 5 － $\dfrac{9}{5}$ ＝ $\dfrac{16}{5}$

AP：BP ＝ AD：BC より，

AP：$\dfrac{16}{5}$ ＝ 3：5

5AP ＝ $\dfrac{16}{5}$ × 3　AP ＝ $\dfrac{48}{5}$ × $\dfrac{1}{5}$ ＝ $\dfrac{48}{25}$

**参考** DP ＝ $\dfrac{9}{5}$，BP ＝ $\dfrac{16}{5}$ を求めたあとは，

方べきの定理を使って次のようにしてもよい。

AP × 3 ＝ $\dfrac{16}{5}$ × $\dfrac{9}{5}$ より，

AP ＝ $\dfrac{16}{5}$ × $\dfrac{9}{5}$ × $\dfrac{1}{3}$ ＝ $\dfrac{48}{25}$

**❹** (1)　∠ADC ＋ 100° ＝ 180° より，∠ADC ＝ 80°

AD ＝ CD より，∠ACD ＝ $\dfrac{1}{2}$ ×(180° － 80°) ＝ 50°

∠$x$ ＋ 50° ＝ 180° より，∠$x$ ＝ 130°

(2)　∠DCE ＝ ∠BAD ＝ 95°

∠$x$ ＋ 95° ＝ 180° より，∠$x$ ＝ 85°

**ポイント**

(1)，(2)のように，円に内接する複数の四角形に注目する。

(3)　∠$x$ ＝ ∠BAT ＝ 50°，∠AOB ＝ 2∠$x$ ＝ 100°

OA ＝ OB より，∠$y$ ＝ $\dfrac{1}{2}$ ×(180° － 100°) ＝ 40°

**別解** ∠OAT ＝ 90° より，∠OAB ＝ 40°

OA ＝ OB より，∠$y$ ＝ 40°

AC は円の直径だから，∠ABC ＝ 90°

∠$x$ ＝ 180° －(90° ＋ 40°) ＝ 50°

(4)　∠ACB ＝ ∠BAT ＝ 64°

∠BAC ＝ 90° より，∠$x$ ＝ 180° －(90° ＋ 64°) ＝ 26°

∠$y$ ＝ 64° － 26° ＝ 38°

(5)　PA × PB ＝ PC × PD より，

6 ×(6 ＋ 10) ＝ $x$($x$ ＋ 20)　$x^2$ ＋ 20$x$ － 96 ＝ 0

($x$ － 4)($x$ ＋ 24) ＝ 0

$x$ ＞ 0 より，$x$ ＝ 4

(6)　直線 PO と円 O との，点 C 以外の交点を D

とすると，PA × PB ＝ PC × PD より，

5 ×(5 ＋ 3) ＝ 4(4 ＋ 2$x$)　4 ＋ 2$x$ ＝ 10　$x$ ＝ 3

**①** (1)　半円の弧に対する円周角は直角なので，

∠ACB ＝ 90°

△ABC ＝ $\dfrac{1}{2}$ × CA × BC ＝ $\dfrac{1}{2}$ × 8 × 6

$\qquad = $ 24　(cm²)

(3)　$\overset{\frown}{DP}$ ＝ $\overset{\frown}{PB}$ より，∠DCP ＝ ∠PCB

OP をひくと，

OC ＝ OP より，

∠OCP ＝ ∠OPC

つまり，

∠DCP ＝ ∠OPC

したがって，

∠PCB ＝ ∠OPC

錯角が等しいから，

OP ∥ CB

したがって，

OR：RB ＝ PO：CB ＝ CO：CB

**別解** △COB で，∠C の二等分線と辺 OB の

交点が R だから，OR：RB ＝ CO：CB

(4) 円 O の半径は 5 cm で，CO：CB = 5：6

よって，OR：RB = 5：6 だから，RB = 6a と

すると OR = 5a，OB = 11a，OA = 11a となり，

RB：AB = 6a：22a = 3：11

$$\triangle CRB = \frac{3}{11}\triangle CAB = \frac{3}{11}\times 24$$

$$= \frac{72}{11}\ (cm^2)$$

(5) △PRO ∽ △CRB であり，相似比は，

OR：BR = 5：6

よって，面積の比は，$5^2：6^2 = 25：36$

$$\triangle PRO = \frac{25}{36}\triangle CRB = \frac{25}{36}\times\frac{72}{11}$$

$$= \frac{50}{11}\ (cm^2)$$

ここで，$\overparen{DP} = \overparen{PB}$ より，∠DOP = ∠POB

すなわち，∠POQ = ∠POR

また，(2)より，OQ = OR

さらに，OP = OP より，△PQO ≡ △PRO

したがって，四角形 OQPR の面積は，

$$2\triangle PRO = 2\times\frac{50}{11} = \frac{100}{11}\ (cm^2)$$

(6) △OQR は OQ = OR の二等辺三角形だから，

頂角 ∠QOR の二等分線 OP は，底辺 QR を垂

直に 2 等分する。このとき，四角形 OQPR の

面積は，$\frac{1}{2}\times OP\times QR$ で求められる。

よって，$\frac{1}{2}\times 5\times QR = \frac{100}{11}$

ここから，$QR = \frac{100}{11}\times\frac{2}{5} = \frac{40}{11}\ (cm)$

---

**p.110～111 ステージ3**

**1**
(1) ∠x = 57°
(2) ∠x = 140°
(3) ∠x = 53°
(4) ∠x = 90°
(5) ∠x = 20°
(6) ∠x = 35°
(7) ∠x = 47°
(8) ∠x = 100°
(9) ∠x = 24°
(10) ∠x = 26°
(11) ∠x = 100°
(12) ∠x = 45°

(13) ∠x = 72°
(14) ∠x = 54°
(15) ∠x = 65°

**2**
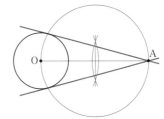

**3** △ABH と △ADC で，

$\overparen{AC}$ に対する円周角だから，

∠ABH = ∠ADC …①

仮定より，∠AHB = 90°

AD は円 O の直径だから，

∠ACD = 90°

よって，∠AHB = ∠ACD …②

①，②から，2 組の角が，それぞれ等しいので，

△ABH ∽ △ADC

**4** (1) 180° − ∠a    (2) 180° − 2∠a

**5** (1) △AEC と △DEA で，

∠AEC = ∠DEA …①

仮定より，∠ACE = ∠BCE

$\overparen{BE}$ に対する円周角だから，

∠BCE = ∠DAE

よって，∠ACE = ∠DAE …②

①，②から，2 組の角が，それぞれ等しいの

で，△AEC ∽ △DEA

(2) $\frac{15}{7}$

**解説**

**1** (1) $\angle x = \frac{1}{2}\times 114° = 57°$

(2) ∠x = 360° − 2×110° = 140°

**ミス注意!** ∠x は，110°×2 = 220° ではない。

注目する弧に印をつけるなどして，ミスを防ごう。

(3) ∠x = 180° − (90° + 37°) = 53°

(4) ∠ABP = ∠ACD = 40°

∠x = 50° + 40° = 90°

(5) ∠AOP = 2∠ACB

    = 2×30° = 60°

∠APB = ∠AOP + ∠OAP

    = ∠PBC + ∠PCB

より，60° + ∠x = 50° + 30°    ∠x = 20°

(6) $\angle BAD = 90°$

よって，$\angle BAP = 90° - 70° = 20°$

したがって，$\angle x = 55° - 20° = 35°$

(7) $\angle BDC = \angle BAC = 43°$

$\angle ADC = 90°$

よって，$\angle x = 90° - 43° = 47°$

(8) $OA = OB = OC$ より，

$\angle OAB = \angle OBA = 30°$

$\angle OAC = \angle OCA = 20°$

よって，$\angle BAC = \angle OAB + \angle OAC$

$= 30° + 20° = 50°$

したがって，$\angle x = 2\angle BAC$

$= 2 \times 50° = 100°$

(9) $\angle BFC = \angle BAC = 26°$

$\angle CFD = \angle CED = \angle x$

よって，$\angle BFC + \angle CFD = \angle BFD$ より，

$26° + \angle x = 50°$　$\angle x = 24°$

(10) $\angle ADB = 62° - 36° = 26°$

よって，$\angle x = \angle ADB = 26°$

(11) AD をひくと，$\angle CAD = \angle CED = 25°$

また，AE をひくと，$\angle DAE = \angle DCE = 45°$

また，$\angle EAF = \angle EBF = 30°$

$\angle CAD + \angle DAE + \angle EAF = \angle x$ だから，

$\angle x = 25° + 45° + 30° = 100°$

**得点アップのコツ**

円周角の定理が使えるように，補助線をひく。(11)のような場合は，大きさのわかっている角を頂点 A に集めることを目標にする。

(12) $\angle BAC = \angle BDC = 50°$ だから，4 点 A，B，C，D は同じ円周上にある。

よって，$\angle ADB = \angle ACB = 54°$

したがって，$\angle x = 180° - (54° + 31° + 50°) = 45°$

**得点アップのコツ**

四角形の角の問題では，4 つの頂点が同じ円周上にある条件にも注意する。

(13) $\overset{\frown}{BDC}$ に対する中心角 $\angle BOC$ の大きさは，

$\angle BOC = 360° \times \dfrac{2}{3+2} = 360° \times \dfrac{2}{5} = 144°$

よって，$\angle x = \dfrac{1}{2}\angle BOC = \dfrac{1}{2} \times 144° = 72°$

(14) $\overset{\frown}{BC}$，$\overset{\frown}{EG}$ に対する中心角の大きさは，それぞれ，

$360° \times \dfrac{1}{10} = 36°$，$360° \times \dfrac{2}{10} = 72°$

よって，BG をひくと，

$\angle BGC = \dfrac{1}{2} \times 36° = 18°$，

$\angle EBG = \dfrac{1}{2} \times 72° = 36°$

したがって，$\angle x = 18° + 36° = 54°$

(15) AD をひくと，$\angle BAD = 90°$ より，

$\angle x = \angle ADB = 180° - (90° + 25°) = 65°$

**得点アップのコツ**

円の直径があれば，補助線をひいて直角三角形をつくることを考える。

❷ 点 A を通る円 O の接線と，円 O の接点を P とすると，$AP \perp OP$ となるから，$\angle APO = 90°$

よって，接点 P は，AO を直径とする円周上にある。

❹ $\overset{\frown}{ABC}$ に対する中心角 $\angle AOC$ の大きさは，

$\angle AOC = 2\angle ADC = 2\angle a$

(1) $\overset{\frown}{ADC}$ に対する中心角 $\angle AOC$ の大きさは，

$\angle AOC = 360° - 2\angle a$

よって，$\angle ABC = \dfrac{1}{2} \times (360° - 2\angle a)$

$= 180° - \angle a$

**別解** 四角形 ABCD は円に内接するので，

$\angle ABC + \angle ADC = 180°$ であるから，

$\angle ABC = 180° - \angle a$

としてもよい。

(2) $\angle OAP = \angle OCP = 90°$ より，

$\angle APC = 360° - (90° + 90° + 2\angle a)$

$= 180° - 2\angle a$

**別解** 接線と弦のつくる角の性質より，

$\angle PAC = \angle PCA = \angle a$

よって，$\angle APC = 180° - 2\angle a$

❺ (2) (1)より，$\triangle AEC \backsim \triangle DEA$ だから，

$CA : AD = EC : EA$

よって，$5 : AD = 7 : 3$　$7AD = 15$

$AD = \dfrac{15}{7}$

# 7章 三平方の定理

p.112～113 ステージ1

**❶** (1) $\sqrt{58}$ cm     (2) 4 cm

    (3) 3 cm          (4) $2\sqrt{3}$ cm

    (5) $\sqrt{7}$ cm      (6) 8 cm

**❷** $2\sqrt{13}$ cm

**❸** (イ), (エ)

**❹** $2\sqrt{34}$ cm, 8 cm

━━━━━━━━━━━━━ 解 説 ━━━━━━━━━━━━━

**❶** 求める辺の長さを $x$ cm とする。

(1) $3^2+7^2=x^2$   $x^2=58$

   $x>0$ だから, $x=\sqrt{58}$

   **参考** $x=\sqrt{3^2+7^2}=\sqrt{9+49}=\sqrt{58}$

(2) $(\sqrt{6})^2+(\sqrt{10})^2=x^2$   $x^2=16$

   $x>0$ だから, $x=4$

   **参考** $x=\sqrt{(\sqrt{6})^2+(\sqrt{10})^2}=\sqrt{6+10}=\sqrt{16}$

     $=4$

(3) $2^2+(\sqrt{5})^2=x^2$   $x^2=9$

   $x>0$ だから, $x=3$

   **参考** $x=\sqrt{2^2+(\sqrt{5})^2}=\sqrt{4+5}=\sqrt{9}=3$

(4) $2^2+x^2=4^2$   $x^2=12$

   $x>0$ だから, $x=2\sqrt{3}$

   **参考** $x=\sqrt{4^2-2^2}=\sqrt{16-4}=\sqrt{12}=2\sqrt{3}$

(5) $3^2+x^2=4^2$   $x^2=7$

   $x>0$ だから, $x=\sqrt{7}$

   **参考** $x=\sqrt{4^2-3^2}=\sqrt{16-9}=\sqrt{7}$

(6) $15^2+x^2=17^2$   $x^2=64$

   $x>0$ だから, $x=8$

   **参考** $x=\sqrt{17^2-15^2}=\sqrt{289-225}=\sqrt{64}=8$

   この計算は, 次のような工夫ができる。

   $\sqrt{(17+15)\times(17-15)}=\sqrt{32\times2}=\sqrt{64}=8$

**❷** 対角線の長さを $x$ cm とする。

$4^2+6^2=x^2$   $x^2=52$

$x>0$ だから, $x=2\sqrt{13}$

**❸** (ア) もっとも長い辺は 4 cm で, $4^2=16$

   また, $2^2+3^2=4+9=13$

   よって, 直角三角形ではない。

(イ) もっとも長い辺は 13 cm で, $13^2=169$

   また, $5^2+12^2=25+144=169$

   よって, $5^2+12^2=13^2$ となるから,

   直角三角形である。

(ウ) もっとも長い辺は 1.9 cm で, $1.9^2=3.61$

   また, $0.9^2+1.5^2=0.81+2.25=3.06$

   よって, 直角三角形ではない。

(エ) もっとも長い辺は $\sqrt{7}$ cm で, $(\sqrt{7})^2=7$

   また, $(\sqrt{2})^2+(\sqrt{5})^2=2+5=7$

   よって, $(\sqrt{2})^2+(\sqrt{5})^2=(\sqrt{7})^2$ となるから,

   直角三角形である。

**❹** 求める残りの 1 辺の長さを $x$ cm とする。

6 cm の辺は斜辺にならないから, 斜辺の長さは,

$x$ cm のときと 10 cm のときが考えられる。

・斜辺の長さが $x$ cm

  (直角をはさむ 2 辺の長さ

  が 10 cm, 6 cm) のとき

  $10^2+6^2=x^2$   $x^2=136$

  $x>0$ だから, $x=2\sqrt{34}$

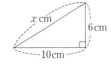

・斜辺の長さが 10 cm のとき

  $x^2+6^2=10^2$   $x^2=64$

  $x>0$ だから, $x=8$

p.114～115 ステージ2

**❶** AB を 1 辺とする正方形の面積を $S$ とすると,

1 辺の長さが $c$ の正方形だから,

$S=c^2$ …①

また, 面積 $S$ は,

(1辺の長さが $a+b$ の正方形)－△ABC×4

として求められるので,

$S=(a+b)^2-\dfrac{1}{2}ab\times4$

  $=a^2+2ab+b^2-2ab$

  $=a^2+b^2$ …②

①, ②から, $a^2+b^2=c^2$

**❷** ① 3          ② 13

   ③ 17         ④ $5\sqrt{2}$

   ⑤ $4\sqrt{3}$

**❸** 8 cm と 15 cm

**❹** (1) いえる。      (2) いえる。

   (3) いえない。     (4) いえる。

**❺** (1) $x=12$, $y=13$

   (2) $x=2\sqrt{6}$, $y=7$

   (3) $x=2$        (4) $x=\sqrt{5}$

   (5) $x=15$      (6) $x=18$

**❻** $P+Q=R$

BC $=a$, AC $=b$, AB $=c$ とすると,

$P = \dfrac{1}{2} \times \pi \times \left(\dfrac{a}{2}\right)^2 = \dfrac{\pi}{8} a^2$,

$Q = \dfrac{1}{2} \times \pi \times \left(\dfrac{b}{2}\right)^2 = \dfrac{\pi}{8} b^2$,

$R = \dfrac{1}{2} \times \pi \times \left(\dfrac{c}{2}\right)^2 = \dfrac{\pi}{8} c^2$

また, $\triangle ABC$ で, $\angle ACB = 90°$ だから,

$a^2 + b^2 = c^2$

よって, $\dfrac{\pi}{8} a^2 + \dfrac{\pi}{8} b^2 = \dfrac{\pi}{8} c^2$ だから,

$P + Q = R$

**❼** (1)① $\triangle ABH \cdots h^2 = 13^2 - x^2$

$\triangle ACH \cdots h^2 = 20^2 - (21-x)^2$

② $x = 5$, $h = 12$

③ $126 \text{ cm}^2$

(2) $210 \text{ cm}^2$

・ ・ ・ ・ ・ ・

**①** $\dfrac{45}{2} \text{ cm}^2$

**解 説**

**❸** ほかの2辺のうちの1辺の長さを $x$ cm とすると, 残りの1辺の長さは,

$40 - 17 - x = 23 - x$ (cm)

よって, $x^2 + (23-x)^2 = 17^2$   $x^2 - 23x + 120 = 0$

$(x-8)(x-15) = 0$   $x = 8$, $15$

$x = 8$ のとき, $23 - x = 23 - 8 = 15$

$x = 15$ のとき, $23 - x = 23 - 15 = 8$

どちらの場合も, 求める2辺の長さは,

8 cm と 15 cm

**❺** (1) $\triangle ABD$ で, $\angle ADB = 90°$ だから,

$9^2 + x^2 = 15^2$   $x^2 = 144$

$x > 0$ だから, $x = 12$

$\triangle ACD$ で, $\angle ADC = 90°$ だから,

$5^2 + x^2 = y^2$   $y^2 = x^2 + 25 = 144 + 25 = 169$

$y > 0$ だから, $y = 13$

(2) $\triangle ADC$ で, $\angle ACD = 90°$ だから,

$1^2 + x^2 = 5^2$   $x^2 = 24$

$x > 0$ だから, $x = 2\sqrt{6}$

$\triangle ABC$ で, $\angle ACB = 90°$ だから,

$(4+1)^2 + x^2 = y^2$   $y^2 = 5^2 + 24 = 49$

$y > 0$ だから, $y = 7$

(3) $\triangle BCA$ で, $\angle BAC = 90°$ だから,

$4^2 + 4^2 = BC^2$   $BC^2 = 32$

また, $\triangle BDC$ で, $\angle BCD = 90°$ だから,

$BC^2 + x^2 = 6^2$   $x^2 = 36 - BC^2 = 36 - 32 = 4$

$x > 0$ だから, $x = 2$

(4) 対角線 AC をひくと, $\triangle ACB$ で,

$\angle ABC = 90°$ だから, $4^2 + 5^2 = AC^2$

$AC^2 = 41$

また, $\triangle ACD$ で, $\angle ADC = 90°$ だから,

$x^2 + 6^2 = AC^2$

よって, $x^2 + 36 = 41$   $x^2 = 5$

$x > 0$ だから, $x = \sqrt{5}$

(5) 点 D から辺 BC に垂線 DE をひくと, 四角形 ABED は長方形だから, $DE = 12$ cm,

$BE = 9$ cm

よって, $CE = BC - BE = 18 - 9 = 9$ (cm)

$\triangle DCE$ で, $\angle DEC = 90°$ だから,

$9^2 + 12^2 = x^2$   $x^2 = 225$

$x > 0$ だから, $x = 15$

(6) 点 A, D から辺 BC に垂線 AE, DF をひくと, 四角形 AEFD は長方形だから,

$AE = DF = 12$ cm, $EF = AD = 8$ cm

$\triangle ABE$ で, $\angle AEB = 90°$ だから,

$BE^2 + 12^2 = 13^2$   $BE^2 = 25$

$BE > 0$ だから, $BE = 5$ (cm)

また, $\triangle ABE \equiv \triangle DCF$ より, $BE = CF$

よって, $x = 5 + 8 + 5 = 18$

**❼** (1)① $\triangle ABH$ で, $x^2 + h^2 = 13^2$

$\triangle ACH$ で, $CH = 21 - x$ (cm) より,

$(21-x)^2 + h^2 = 20^2$

② ①より, $13^2 - x^2 = 20^2 - (21-x)^2$

$42x + 400 - 441 = 169$   $42x = 210$   $x = 5$

よって, $h^2 = 13^2 - 5^2 = 144$

$h > 0$ だから, $h = 12$

③ $\triangle ABC = \dfrac{1}{2} \times 21 \times 12 = 126$ (cm²)

**ポイント**

**3辺が与えられた三角形の面積**

① $h^2$ を $x$ の式で2通りに表す。

② ①から $h^2$ を消去して, $x$ の値を求める。

③ $x$ の値から $h$ の値を求め, それを使って面積を計算する。

13cm  20cm  $h$ cm  $x$ cm  (21−x) cm  21cm

(2) $AH = h$ cm, $BH = x$ cm とすると,

CH $= 28 - x$ （cm）

△ABH で，∠AHB $= 90°$ だから，

$x^2 + h^2 = 25^2$

$h^2 = 25^2 - x^2$ …①

△ACH で，∠AHC $= 90°$ だから，

$(28 - x)^2 + h^2 = 17^2$

$h^2 = 17^2 - (28 - x)^2$ …②

①，②から，$25^2 - x^2 = 17^2 - (28 - x)^2$

$56x - 784 + 289 = 625$

$56x = 1120$　$x = 20$

よって，①から，$h^2 = 25^2 - 20^2 = 225$

$h > 0$ だから，$h = 15$

したがって，△ABC $= \dfrac{1}{2} \times 28 \times 15 = 210$ （cm²）

**①** △ABC で，∠BAC $= 90°$ だから，

$15^2 + AC^2 = 25^2$　$AC^2 = 400$

$AC > 0$ だから，$AC = 20$ cm

また，△ABC ∽ △EBA なので，

$25 : 15 = 20 : AE$ より，$AE = 12$ cm

$25 : 15 = 15 : BE$ より，$BE = 9$ cm

AD // BC だから，

$BG : GF = BE : AF = 9 : 15 = 3 : 5$

$BH : HF = BC : AF = 25 : 15 = 5 : 3$

よって，$BG : GH : HF = 3 : 2 : 3$

$△AGH = \dfrac{2}{3 + 2 + 3} △ABF = \dfrac{1}{4} △ABF$

$\qquad = \dfrac{1}{4} \times \dfrac{1}{2} \times 15 \times 12 = \dfrac{45}{2}$（cm²）

---

**p.116〜117 ステージ1**

**①** (1) 高さ…$4\sqrt{3}$ cm,
　　　面積…$16\sqrt{3}$ cm²

　(2) 高さ…15 cm,
　　　面積…120 cm²

**②** (1) $x = 4$, $y = 2\sqrt{3}$

　(2) $x = 3$, $y = 3\sqrt{2}$

　(3) $x = 3$, $y = 3\sqrt{3}$

　(4) $x = \sqrt{2}$, $y = \sqrt{2}$

**③** (1) $x = 8\sqrt{3}$　　(2) $x = 3$

**④** $x = 7$

**⑤** (1) $\sqrt{85}$　　(2) $5\sqrt{2}$

**解説**

**①** 二等辺三角形だから，点 H は底辺 BC の中点になる。

---

(1) △ABH で，BH $= 4$ cm，∠AHB $= 90°$ だから，

$4^2 + AH^2 = 8^2$　$AH^2 = 48$

$AH > 0$ だから，$AH = 4\sqrt{3}$ cm

また，△ABC $= \dfrac{1}{2} \times 8 \times 4\sqrt{3} = 16\sqrt{3}$ （cm²）

**別解** △ABH は，3つの角が $30°$，$60°$，$90°$ で
ある直角三角形だから，

BH : AB $= 1 : 2$ より，BH $= 4$ cm

BH : AH $= 1 : \sqrt{3}$ より，AH $= 4\sqrt{3}$ cm

(2) △ABH で，BH $= 8$ cm，∠AHB $= 90°$ だから，

$8^2 + AH^2 = 17^2$　$AH^2 = 225$

$AH > 0$ だから，$AH = 15$ cm

また，△ABC $= \dfrac{1}{2} \times 16 \times 15 = 120$ （cm²）

**②** (1) $2 : x = 1 : 2$　$x = 4$

　　　$2 : y = 1 : \sqrt{3}$　$y = 2\sqrt{3}$

　(2) $x : 3 = 1 : 1$　$x = 3$

　　　$3 : y = 1 : \sqrt{2}$　$y = 3\sqrt{2}$

　(3) $x : 6 = 1 : 2$　$2x = 6$　$x = 3$

　　　$6 : y = 2 : \sqrt{3}$　$2y = 6\sqrt{3}$　$y = 3\sqrt{3}$

　(4) $x : 2 = 1 : \sqrt{2}$　$\sqrt{2}\,x = 2$　$x = \dfrac{2}{\sqrt{2}} = \sqrt{2}$

　　　$x : y = 1 : 1$　$y = \sqrt{2}$

**③** 円の中心 O から弦 AB へ垂線 OH をひく。

H は弦 AB の中点だから，

AB $= 2$AH（AH $=$ BH）

(1) △OAH で，∠OHA $= 90°$ だから，

$AH^2 + 4^2 = 8^2$　$AH^2 = 48$

$AH > 0$ だから，$AH = 4\sqrt{3}$

よって，$x = AB = 2AH = 2 \times 4\sqrt{3} = 8\sqrt{3}$

(2) △OAH で，∠OHA $= 90°$，AH $= 4$ cm だから，

$4^2 + x^2 = 5^2$　$x^2 = 9$

$x > 0$ だから，$x = 3$

**④** △AOP で，∠APO $= 90°$ だから，

$24^2 + x^2 = 25^2$　$x^2 = 49$

$x > 0$ だから，$x = 7$

**⑤** (1) 右の図の △ABH で，

∠AHB $= 90°$

BH $= 3 - (-4) = 7$

HA $= 4 - (-2) = 6$

したがって，

$AB^2 = 7^2 + 6^2 = 85$

$AB > 0$ だから，$AB = \sqrt{85}$

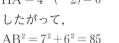

(2) 右の図の △CDK で，

∠CKD = 90°

CK = 4−(−1) = 5

KD = 2−(−3) = 5

したがって，

$CD^2 = 5^2 + 5^2 = 50$

CD > 0 だから，$CD = 5\sqrt{2}$

**ポイント**

座標が与えられた2点間の距離を求めるときは，簡単な図をかいて考えるとよい。

**p.118〜119 ステージ1**

❶ (1) $10\sqrt{2}$ cm

(2) 11 cm

❷ $6\sqrt{3}$ cm

❸ (1) $2\sqrt{17}$ cm

(2) $\dfrac{128\sqrt{17}}{3}$ cm³

(3) $32\sqrt{21}$ cm²

❹ (1) $x = 8$，体積…96π cm³

(2) $x = 3\sqrt{7}$，体積…189π cm³

❺ (1)

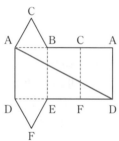

(2) $6\sqrt{5}$ cm

**———— 解説 ————**

❶ 3辺の長さが $a$ cm，$b$ cm，$c$ cm の直方体の対角線の長さを $\ell$ とすると，$\ell^2 = a^2 + b^2 + c^2$ より，

$\ell = \sqrt{a^2 + b^2 + c^2}$ （cm）

(1) $\sqrt{6^2 + 8^2 + 10^2} = \sqrt{200} = 10\sqrt{2}$ （cm）

(2) $\sqrt{6^2 + 6^2 + 7^2} = \sqrt{121} = 11$ （cm）

❷ $\sqrt{6^2 + 6^2 + 6^2} = \sqrt{36 \times 3} = 6\sqrt{3}$ （cm）

**ポイント**

・直方体の対角線の長さ
$\sqrt{(縦)^2 + (横)^2 + (高さ)^2}$

・立方体の対角線の長さ
$\sqrt{(1辺)^2 + (1辺)^2 + (1辺)^2}$
（これは，$\sqrt{3} \times (1辺)$ と等しい。）

❸ 正四角錐の頂点 O から底面に垂線 OH をひくと，H は底面の正方形の対角線の交点になる。

(1) 線分 OH の長さが，この正四角錐の高さである。

△OAH で，

∠OHA = 90° だから，

$OH^2 = OA^2 − AH^2$

また，OA = 10 cm

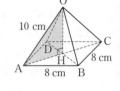

$AH = \dfrac{1}{2}AC = \dfrac{1}{2} \times \sqrt{2}\,AB = 4\sqrt{2}$ （cm）

だから，$OH^2 = 10^2 − (4\sqrt{2})^2 = 68$

したがって，$OH = 2\sqrt{17}$ cm

(2) $\dfrac{1}{3} \times 8^2 \times 2\sqrt{17} = \dfrac{128\sqrt{17}}{3}$ （cm³）

(3) 4つの側面はすべて合同な二等辺三角形である。

△OAB で，OA = OB だから，O から辺 AB に垂線 OM をひくと，△OAM で，

∠OMA = 90°，AM = 4 cm である。

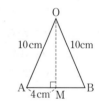

$OM^2 = OA^2 − AM^2 = 10^2 − 4^2 = 84$

よって，$OM = 2\sqrt{21}$ cm

したがって，$\triangle OAB = \dfrac{1}{2} \times 8 \times 2\sqrt{21}$

$= 8\sqrt{21}$ （cm²）

側面積は，$8\sqrt{21} \times 4 = 32\sqrt{21}$ （cm²）

❹ (1) $x^2 = 10^2 − 6^2 = 64$

$x > 0$ だから，$x = 8$

体積は，$\dfrac{1}{3} \times \pi \times 6^2 \times 8 = 96\pi$ （cm³）

(2) $x^2 = 12^2 − 9^2 = 63$

$x > 0$ だから，$x = 3\sqrt{7}$

体積は，$\dfrac{1}{3} \times \pi \times (3\sqrt{7})^2 \times 9 = 189\pi$ （cm³）

❺ (2) 右の展開図の，色がついた部分の直角三角形で，

$AD^2 = 6^2 + 12^2$

$= 180$

AD > 0 だから，

$AD = 6\sqrt{5}$ cm

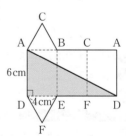

**❶** (1)　$x = 12$, $y = 8\sqrt{3}$

(2)　$x = 3\sqrt{2}$, $y = 3\sqrt{2} + \sqrt{6}$

(3)　$x = 4\sqrt{3}$, $y = 4\sqrt{7}$

**❷** 高さ…$2\sqrt{2}$ cm,
面積…$4 + 4\sqrt{3}$ （cm²）

**❸** (1)　AB…$5\sqrt{2}$, BC…5, CA…5

(2)　∠C = 90° の直角二等辺三角形

**❹** $16\sqrt{3}$ cm²

**❺** 半径…$2\sqrt{6}$ cm, 面積…$24\pi$ cm²

**❻** $32\sqrt{6}$ cm²

**❼** (1)　$\sqrt{5}$ cm　　　(2)　12 cm²

**❽** (1)　高さ…$6\sqrt{2}$ cm, 体積…$18\sqrt{2}\,\pi$ cm³

(2)　$9\sqrt{3}$ cm

● ● ● ● ●

**①** (1)　△ABE と △ACD で,

正三角形の 3 つの辺は等しいから,

AB = AC　…①

仮定より,

BE = CD　…②

同じ弧に対する円周角は等しいから,

∠ABE = ∠ACD　…③

①, ②, ③より, 2 組の辺とその間の角が,

それぞれ等しいので,

△ABE ≡ △ACD

(2)①　$4\sqrt{3}$ cm²

②　$2\sqrt{7}$ cm

━━━━━━━━ 解　説 ━━━━━━━━

**❶** (1)　$6\sqrt{2} : x = 1 : \sqrt{2}$　$x = 6\sqrt{2} \times \sqrt{2} = 12$

$y : 12 = 2 : \sqrt{3}$　$\sqrt{3}\,y = 24$　$y = \dfrac{24}{\sqrt{3}} = 8\sqrt{3}$

(2)　$x : 6 = 1 : \sqrt{2}$　$\sqrt{2}\,x = 6$　$x = \dfrac{6}{\sqrt{2}} = 3\sqrt{2}$

また, BH = AH = $3\sqrt{2}$

CH : $3\sqrt{2}$ = 1 : $\sqrt{3}$　$\sqrt{3}$ CH = $3\sqrt{2}$

よって, CH = $\dfrac{3\sqrt{2}}{\sqrt{3}} = \sqrt{6}$

したがって, $y = 3\sqrt{2} + \sqrt{6}$

(3)　$8 : x = 2 : \sqrt{3}$　$2x = 8\sqrt{3}$　$x = 4\sqrt{3}$

また, CH : 8 = 1 : 2　2CH = 8　CH = 4

よって, △ABH で,

$y^2 = (4\sqrt{3})^2 + (4+4)^2 = 112$

したがって, $y = 4\sqrt{7}$

**❷** A から辺 BC に
垂線 AH をひくと,

∠CAH = 60°

∠BAH = 105° − 60°
　　　= 45°

よって, AH = BH = $\dfrac{1}{\sqrt{2}}$ AB = $\dfrac{4}{\sqrt{2}} = 2\sqrt{2}$ （cm）

CH = $\sqrt{3}$ AH = $\sqrt{3} \times 2\sqrt{2} = 2\sqrt{6}$　（cm）

△ABC = $\dfrac{1}{2} \times (2\sqrt{2} + 2\sqrt{6}) \times 2\sqrt{2}$

　　　= $\sqrt{2}(2\sqrt{2} + 2\sqrt{6}) = 4 + 4\sqrt{3}$　（cm²）

**ポイント**

「90°, 45°, 45°」「90°, 30°, 60°」の直角三角形の辺
の長さの割合を活用する。

**❸** (1)　$AB^2 = \{(-2) - (-3)\}^2 + (8-1)^2$

$= 1^2 + 7^2 = 50$

$BC^2 = \{1 - (-3)\}^2 + (4-1)^2 = 4^2 + 3^2 = 25$

$CA^2 = \{1 - (-2)\}^2 + (8-4)^2 = 3^2 + 4^2 = 25$

よって, AB = $5\sqrt{2}$, BC = CA = 5

(2)　$BC^2 + CA^2 = AB^2$, BC = CA

**❹** △ABE ≡ △ADF だから, BE = DF

よって, CE = CF だから, △CEF は直角二等
辺三角形で, CE = CF = $x$ cm とすると,

$\dfrac{1}{2} \times x^2 = 16$　$x^2 = 32$

よって, $x = 4\sqrt{2}$ だから,

EF = $\sqrt{2}$ CE = 8 cm

したがって, △AEF は 1 辺
の長さが 8 cm の正三角形で,
高さを $h$ cm とすると,

$h = \dfrac{\sqrt{3}}{2} \times 8 = 4\sqrt{3}$　（cm）

したがって,

△AEF = $\dfrac{1}{2} \times 8 \times 4\sqrt{3} = 16\sqrt{3}$　（cm²）

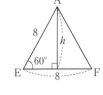

**❺** 円の半径を $r$ cm とすると, △OHP で,

$HP^2 = OP^2 - OH^2$　$r^2 = 7^2 - 5^2 = 24$

したがって, $r = 2\sqrt{6}$

また, 円の面積は, $\pi \times (2\sqrt{6})^2 = 24\pi$　（cm²）

**6** △BCM ≡ △DCN ≡ △FEM ≡ △HEN より，
CM = CN = EM = EN だから，四角形 CNEM
はひし形である。そこで，MN = BD より，
MN = BD = $\sqrt{2}$ AB = $\sqrt{2}$ ×8 = 8$\sqrt{2}$ （cm）
また，CE = $\sqrt{8^2+8^2+8^2}$ = $\sqrt{8^2×3}$ = 8$\sqrt{3}$ （cm）
よって，面積は，$\frac{1}{2}$×8$\sqrt{2}$×8$\sqrt{3}$ = 32$\sqrt{6}$ （cm²）

**7** (1) 頂点 O から底面
ABCD に垂線 OH
をひくと， 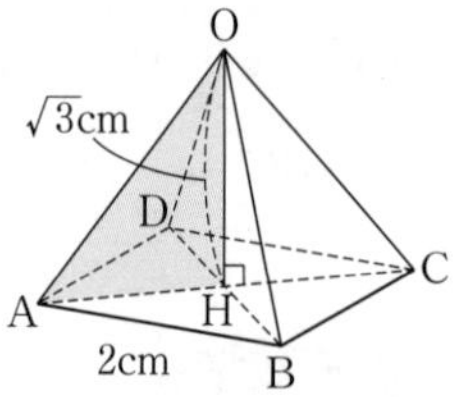
AH = $\frac{1}{2}$AC
  = $\frac{1}{2}$×$\sqrt{2}$ AB = $\sqrt{2}$ （cm）
だから，OA² = $(\sqrt{3})^2$ + $(\sqrt{2})^2$ = 5
したがって，OA = $\sqrt{5}$ cm

(2) 4 つの側面はすべて合同
な二等辺三角形である。
△OAB で，OA = OB だ
から，O から辺 AB に垂線
OM をひくと，△OAM で，
OM² = $(\sqrt{5})^2$ − 1² = 4
よって，OM = 2 cm

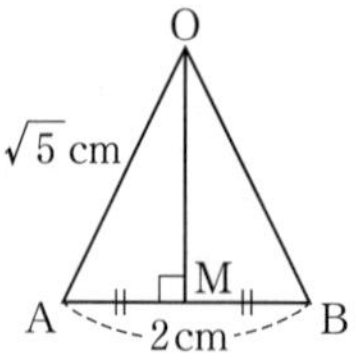

したがって，△OAB = $\frac{1}{2}$×2×2 = 2 （cm²）

側面積は，2×4 = 8 （cm²）
よって，表面積は，2² + 8 = 12 （cm²）

**8** (1) 高さを $h$ cm とすると，$h^2$ = 9² − 3² = 72
$h$ = 6$\sqrt{2}$
よって，体積は，
$\frac{1}{3}$×$\pi$×3²×6$\sqrt{2}$ = 18$\sqrt{2}$ $\pi$ （cm³）

(2) もっとも短くなる
ときのひもの長さ
は，右の側面の展
開図のように，弧
の両端 A を結んだ
弦の長さで表される。 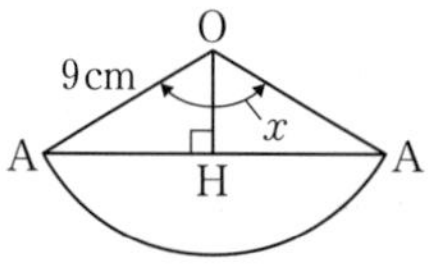
図のおうぎ形の中心角を $x$° とすると，
$2\pi$×9×$\frac{x}{360}$ = $2\pi$×3
$\frac{x}{360}$ = $\frac{1}{3}$
$x$ = 120

O から弦に垂線 OH をひくと，△AOH で，
AH = $\frac{\sqrt{3}}{2}$OA = $\frac{\sqrt{3}}{2}$×9 = $\frac{9\sqrt{3}}{2}$ （cm）
よって，求めるひもの長さは，
2AH = 2×$\frac{9\sqrt{3}}{2}$ = 9$\sqrt{3}$ （cm）

**1** (2)① ∠ADC = ∠ADB + ∠BDC
        = ∠ACB + ∠BAC
        = 60° + 60° = 120°

(1)より，∠AEB = ∠ADC = 120°
よって，∠BEF = 180° − 120° = 60°
また，∠EFB = ∠AFB = ∠ACB = 60°
したがって，△BFE は正三角形であり，
(1)より，BE = CD = 4 cm
1 辺の長さが 4 cm の正三角形の高さは
2$\sqrt{3}$ cm で，
面積は，$\frac{1}{2}$×4×2$\sqrt{3}$ = 4$\sqrt{3}$ （cm²）

② 右の図で， 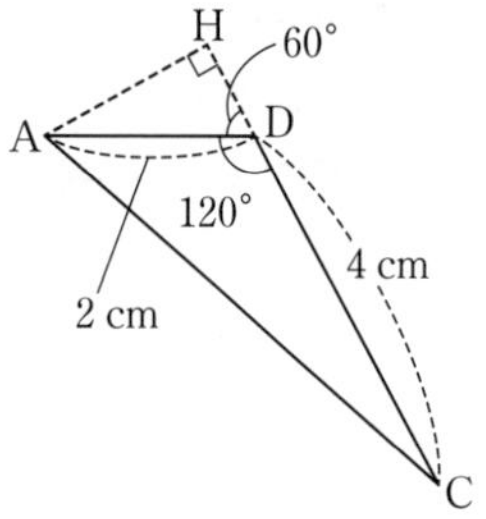
DH = $\frac{1}{2}$AD
  = 1 cm
AH = $\sqrt{3}$ DH
  = $\sqrt{3}$ cm
CH = 4 + 1
  = 5 （cm）
より，AC² = $(\sqrt{3})^2$ + 5² = 28
よって，AC = 2$\sqrt{7}$ cm
したがって，BC = AC = 2$\sqrt{7}$ cm

**p.122～123** ステージ3

**1** (1) $x$ = 6
(2) $x$ = 6
(3) $x$ = 8
(4) $x$ = 2$\sqrt{19}$
(5) $x$ = 6
(6) $x$ = 2$\sqrt{3}$
(7) $x$ = 6$\sqrt{2}$，$y$ = 4$\sqrt{6}$
(8) $x$ = 12$\sqrt{2}$
(9) $x$ = 15

**2** (1) いえない。
(2) いえない。
(3) いえる。
(4) いえる。

**❸** (1)　$2\sqrt{34}$

　　(2)　$4\sqrt{3}$ cm²

　　(3)　$5\sqrt{2}$ cm

　　(4)　$12\sqrt{7}$ cm³

**❹** $6\sqrt{2}$ cm²

**❺** $\dfrac{8\sqrt{15}}{3}\pi$ cm³

**❻** 13 cm

**❼** (1)　$\dfrac{16}{3}$ cm³

　　(2)　$4\sqrt{6}$ cm²

　　(3)　$\dfrac{2\sqrt{6}}{3}$ cm

━━━━━━ 解 説 ━━━━━━

**❶** (3)　右の図の △ABC で，

　　$AB^2 = 10^2 - 8^2 = 36$

　　よって，AB = 6 cm

　　したがって，

　　$x = 14 - 6 = 8$

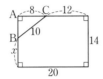

　(4)　右の図の △ABE で，

　　$AB^2 = 6^2 - 3^2 = 27$

　　また，△ABD で，

　　$x^2 = 7^2 + AB^2$

　　　　$= 49 + 27 = 76$

　　よって，$x = 2\sqrt{19}$

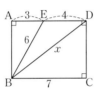

得点アップのコツ

補助線をひいて，直角三角形をつくり出す。

　(6)　$x : 3 = 2 : \sqrt{3}$　　$\sqrt{3}\,x = 6$　　$x = \dfrac{6}{\sqrt{3}} = 2\sqrt{3}$

　(7)　$6 : x = 1 : \sqrt{2}$　　$x = 6\sqrt{2}$

　　　$y : 6\sqrt{2} = 2 : \sqrt{3}$　　$\sqrt{3}\,y = 12\sqrt{2}$

　　　$y = \dfrac{12\sqrt{2}}{\sqrt{3}} = 4\sqrt{6}$

得点アップのコツ

「90°，45°，45°」「90°，30°，60°」の直角三角形を使いこなす。

　(8)　中心 O から弦 AB に

　　垂線 OH をひくと，

　　△OAH で，

　　$AH^2 = 9^2 - 3^2 = 72$

　　よって，AH = $6\sqrt{2}$ cm

　　したがって，$x = 2AH = 12\sqrt{2}$

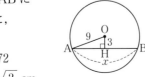

　(9)　線分 OA をひくと，△OPA で，

　　$\angle OAP = 90°$，OP = 17 cm，OA = 8 cm

　　よって，$x^2 = 17^2 - 8^2 = 225$

　　したがって，$x = 15$

**参考** 方べきの定理でも求められる。

**❷** (1)　$(\sqrt{5})^2 = 5,\ 2^2 + (\sqrt{3})^2 = 4 + 3 = 7$

　　(2)　$3^2 = 9,\ (\sqrt{2})^2 + (\sqrt{5})^2 = 2 + 5 = 7$

　　(3)　$6^2 = 36,\ 5^2 + (\sqrt{11})^2 = 25 + 11 = 36$

　　(4)　$(5\sqrt{2})^2 = 50,\ (3\sqrt{2})^2 + (4\sqrt{2})^2 = 18 + 32 = 50$

**❸** (1)　右の図の △ABH で，

　　$\angle AHB = 90°$

　　$HB = 7 - (-3) = 10$

　　$AH = 2 - (-4) = 6$

　　したがって，

　　$AB^2 = 10^2 + 6^2 = 136$

　　よって，AB = $2\sqrt{34}$

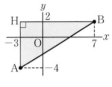

　(2)　底辺が 4 cm で，高さは，$\dfrac{\sqrt{3}}{2} \times 4 = 2\sqrt{3}$ (cm)

　　よって，面積は，$\dfrac{1}{2} \times 4 \times 2\sqrt{3} = 4\sqrt{3}$ (cm²)

　(3)　$\sqrt{3^2 + 4^2 + 5^2} = \sqrt{50} = 5\sqrt{2}$ (cm)

　(4)　頂点 O から底面 ABCD に垂線 OH をひくと，

　　$AH = \dfrac{1}{2}AC$

　　　　$= \dfrac{1}{2} \times \sqrt{2}\,AB = 3\sqrt{2}$ cm

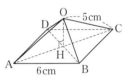

　　だから，$OH^2 = 5^2 - (3\sqrt{2})^2 = 7$

　　よって，OH = $\sqrt{7}$ cm

　　したがって，求める体積は，

　　$\dfrac{1}{3} \times 6^2 \times \sqrt{7} = 12\sqrt{7}$ (cm³)

得点アップのコツ

正四角錐の高さ

　→頂点から底面に垂線をひく。

　→底面の対角線の交点を通る。

　→「1，1，$\sqrt{2}$」の利用。

**7**
**章**

平面や空間のなかに
直角三角形を
みつけよう！

**4** △EGH は，∠EHG = 90°
となる。
△EHF で，EF = HF = 4 cm，
∠EFH = 90° だから，
EH = $\sqrt{2}$ EF = $4\sqrt{2}$ cm
また，HG = CA = 3 cm
よって，△EGH = $\frac{1}{2} \times 4\sqrt{2} \times 3$
  = $6\sqrt{2}$ （cm²）

**ポイント**

**4**では，直線と平面の垂直に注目する。
GH ⊥ 平面BCFE → GH ⊥ HE

**5** 円錐の底面の円の半径を $r$ cm と

すると，$2\pi \times 8 \times \frac{90}{360} = 2\pi \times r$

$r = 2$
高さを $h$ cm とすると，
$h^2 = 8^2 - 2^2 = 60$
よって，$h = 2\sqrt{15}$
したがって，求める体積は，

$\frac{1}{3} \times \pi \times 2^2 \times 2\sqrt{15} = \frac{8\sqrt{15}}{3} \pi$ （cm³）

**6** もっとも短くなる
ときの糸の長さは，
右の展開図（一部）
のように，直角三角
形の斜辺 AE の長さで表される。
右上の図の，色がついた部分の直角三角形で，
(斜辺AE)² = 5² + 12² = 169
よって，求める糸の長さは，$\sqrt{169} = 13$ （cm）

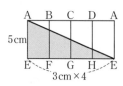

**ポイント**

**立体の表面を通る最短の線**
→展開図で線分の長さを考える。

**7** (1) △ABF を底面とすると，求める体積は，

$\frac{1}{3} \times \left(\frac{1}{2} \times 4 \times 4\right) \times 2 = \frac{16}{3}$ （cm³）

**別解** △ABM または △BFM を底面とすると
 求める体積は，

$\frac{1}{3} \times \left(\frac{1}{2} \times 4 \times 2\right) \times 4 = \frac{16}{3}$ （cm³）

(2) △ABM で，AM² = 4² + 2² = 20
 よって，AM = $2\sqrt{5}$ cm
 △BFM で，FM² = 4² + 2² = 20
 よって，FM = $2\sqrt{5}$ cm
 △AFE で，AF = $\sqrt{2}$ AE = $4\sqrt{2}$ cm
 したがって，△AFM は，
 AM = FM の二等辺三角形だから，
 M から辺 AF に垂線 MN を
 ひくと，

 AN = $\frac{1}{2}$ AF = $2\sqrt{2}$ cm

 △MAN で，
 MN² = $(2\sqrt{5})^2 - (2\sqrt{2})^2 = 12$
 よって，MN = $2\sqrt{3}$ cm
 したがって，

 △AFM = $\frac{1}{2} \times 4\sqrt{2} \times 2\sqrt{3} = 4\sqrt{6}$ （cm²）

(3) 求める高さを $h$ cm とすると，

 $\frac{1}{3} \times \triangle\text{AFM} \times h = $ 三角錐BAFM の体積

 よって，(1)，(2)より，

 $\frac{1}{3} \times 4\sqrt{6} \times h = \frac{16}{3}$

 $4\sqrt{6} \times h = 16$

 $\sqrt{6} \times h = 4$

 $h = \frac{4}{\sqrt{6}} = \frac{2\sqrt{6}}{3}$

**ポイント**

**三角錐の高さ**
 三角錐は，どの面も底面とすることができる。異なる面を底面としたときの体積が等しいことを利用して，高さを求める。

必要な補助線をひくと，
三平方の定理が使える
直角三角形が見えてくるよ！

# 8章 標本調査とデータの活用

## p.124〜125 ステージ1

❶ ① 全数調査　② 標本調査
　③ 母集団　④ 標本
　⑤ 標本の大きさ

❷ (1) 全数調査　(2) 標本調査
　(3) 標本調査　(4) 全数調査

❸ 母集団…ある中学校の3年生男子200人
　標本…無作為に選び出された20人
　標本の大きさ…20

❹ およそ37900人

❺ およそ320匹

━━━ 解 説 ━━━

❷ (1), (4) 個人の学力や個人の意見を調査する必要があるので，全数調査を行う。

　(2) 全数調査を行うと，売る果物や食べる果物がなくなってしまうし，およその数値がわかればじゅうぶんなので，標本調査を行う。

　(3) 全数調査だと，労力や費用，時間がかかりすぎるし，およその傾向がわかればじゅうぶんなので，標本調査を行う。

❹ 標本内で政党Aを支持する人の割合は，

$$\frac{140}{400} = 0.35$$

よって，求める人数は，$108260 \times 0.35 = 37891$（人）

**別解** 求める人数を$x$人とすると，

$108260 : x = 400 : 140$　　$400x = 108260 \times 140$

$x = 37891$

❺ はじめに池の中にいた黒い金魚の数を$x$匹とすると，池の中と標本で，黒い金魚と赤い金魚の数の比は等しいと考えられるので，

$x : 200 = 16 : 10$　　$10x = 3200$　　$x = 320$

すくった金魚では，
$\dfrac{黒の数}{赤の数} = \dfrac{16}{10} = 1.6$
これを使うと，答えは，
$200 \times 1.6 = 320$（匹）

**ポイント**

母集団と標本で割合が等しいとして，母集団について推定する。

## p.126〜127 ステージ2

❶ (1) ◯
　(2) × 標本の選び方によっては，母集団の性質を反映しないことがある。
　(3) × 調査員の気に入った人だけの意見では，世論のようすを表すとはいえない。
　(4) × 無作為に抽出した標本でも，その性質が母集団の性質とまったく同じとはかぎらない。

❷ およそ72匹

❸ およそ2700個

❹ およそ54個

❺ およそ31000語

❻ およそ26m

・・・・・・

① 無作為に抽出した120個の空き缶にふくまれるアルミ缶の割合は$\dfrac{75}{120} = \dfrac{5}{8}$である。

したがって，回収した4800個の空き缶にふくまれるアルミ缶は，

およそ$4800 \times \dfrac{5}{8} = 3000$

**答え** およそ3000個

━━━ 解 説 ━━━

❷ 池にいるふなの総数を$x$匹とすると，

$x : 20 = 18 : 5$

$5x = 360$

$x = 72$

❸ はじめに箱の中にはいっていた白玉の数を$x$個とすると，

$x : 300 = (100 - 10) : 10$

$10x = 300 \times 90$

$x = 2700$

❹ 6回の作業で，取り出した玉の総数は，

$20 \times 6 = 120$（個）

その中にふくまれる白玉の総数は，

$6 + 5 + 5 + 7 + 6 + 7 = 36$（個）

袋の中の白玉の数を$x$個とすると，

$180 : x = 120 : 36$

$120x = 180 \times 36$

$x = 54$

**❺** 8 ページに掲載されていた見出し語の総数は，

$22+18+35+27+19+23+31+29 = 204$ （語）

抽出した 8 ページの平均は，辞典の全ページの平均にほぼ等しいと考えられるから，

$$1200 \times \frac{204}{8} = 30600$$

百の位を四捨五入して，およそ 31000 語。

**❻** 抽出した 10 人の記録は，25 m，25 m，24 m，23 m，27 m，26 m，30 m，24 m，24 m，31 m だから，これらの平均を求めると，

$$\frac{25+25+24+23+27+26+30+24+24+31}{10}$$

$= 25.9$ （m）

**①** 次のように比例式をたててもよい。

回収した空き缶のうちアルミ缶の数を $x$ 個とすると，$4800 : x = 120 : 75$

$120x = 4800 \times 75$

$x = 3000$

---

**p.128** ステージ**3**

**❶** (1) 標本調査　　(2) 全数調査
　　(3) 全数調査　　(4) 標本調査

**❷** およそ 1000 個

**❸** およそ 250 個

**❹** およそ 500 匹

**❺** およそ 700 個

**❻** 標本の大きさが大きいほど，標本の平均値は母集団の平均値に近づく。

▶━━━━ 解 説 ◀━━━

**❶** (1) すべての電池の寿命を検査すると，売る商品がなくなってしまうので，標本調査を行う。

(2) すべての生徒の出欠状況を確認する必要があるので，全数調査を行う。

(3) 個人の進路希望を調査するのが目的なので，全数調査を行う。

(4) 全数調査だと，労力や時間がかかりすぎるし，およその傾向がわかればじゅうぶんなので，標本調査を行う。

**❷** この工場で，不良品が発生した割合は，

$$\frac{5}{300} = \frac{1}{60}$$

よって，求める不良品の個数は，

$$60000 \times \frac{1}{60} = 1000 \text{（個）}$$

---

**別解** 求める個数を $x$ 個とすると，

$60000 : x = 300 : 5$

$300x = 60000 \times 5$

$x = 1000$

**❸** 袋の中の白い碁石の数を $x$ 個とすると，

$400 : x = (15+9) : 15$

$24x = 400 \times 15$

$x = 250$

**❹** 池にいる魚の総数を $x$ 匹とすると，

$x : 50 = (36+4) : 4$

$4x = 50 \times 40$

$x = 500$

**❺** はじめに袋の中にはいっていた赤玉の数を $x$ 個とすると，

$x : 100 = (40-5) : 5$

$5x = 100 \times 35$

$x = 700$

---

**得点アップのコツ♪**

母集団と標本で割合が等しいとして，母集団中の数を推定する。これを確実にできるようにしておこう。

母集団の数がいくつで，標本の数がいくつかを確認して，それぞれの割合が等しいと考えて答えを求めるんだよ！

**❻** 標本の大きさが 5 → 20 → 50 と大きくなるにつれて，標本の平均値の範囲や四分位範囲は小さくなり，標本の平均値が母集団の平均値に近づくようすが読み取れる。

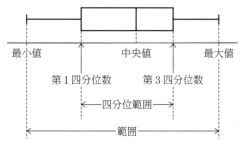

# 定期テスト対策　得点 アップ！ 予想問題

**p.130〜131**　第**1**回

1. (1) $3x^2-15xy$　(2) $2ab-1$
   (3) $-10x+5y$　(4) $-a^2+9a$

2. (1) $2x^2+x-3$
   (2) $a^2+2ab-7a-8b+12$
   (3) $x^2-9x+14$　(4) $x^2+x-12$
   (5) $y^2+y+\dfrac{1}{4}$
   (6) $9x^2-12xy+4y^2$
   (7) $25x^2-81$　(8) $16x^2+8x-15$
   (9) $a^2+4ab+4b^2-10a-20b+25$
   (10) $x^2-y^2+8y-16$

3. (1) $x^2+16$　(2) $-4a+20$

4. (1) $2y(2x-1)$
   (2) $5a(a-2b+3)$

5. (1) $(x-2)(x-5)$　(2) $(x+3)(x-4)$
   (3) $(m+4)^2$　(4) $(y+6)(y-6)$

6. (1) $6(x+2)(x-4)$
   (2) $2b(2a+1)(2a-1)$
   (3) $(2x+3y)^2$　(4) $(a+b-8)^2$
   (5) $(x-4)(x-9)$
   (6) $(x+y+1)(x-y-1)$

7. (1) $6241$　(2) $2800$

8. $n$ を整数とすると，連続する 3 つの整数は，
   $n-1$，$n$，$n+1$ と表される。
   もっとも大きい数の 2 乗からもっとも
   小さい数の 2 乗をひいた差は，
   $(n+1)^2-(n-1)^2$
   $=n^2+2n+1-(n^2-2n+1)$
   $=n^2+2n+1-n^2+2n-1$
   $=4n$
   となり，まん中の数の 4 倍になる。

9. $2$

10. $20\pi a+100\pi$ （cm$^2$）

▷ **解　説** ◁

1. (4) $4a(a+2)-a(5a-1)$
   $=4a^2+8a-5a^2+a=-a^2+9a$

2. (2) $(a-4)(a+2b-3)$
   $=a(a+2b-3)-4(a+2b-3)$
   $=a^2+2ab-7a-8b+12$

(9) $(a+2b-5)^2=(a+2b)^2-10(a+2b)+25$
   $=a^2+4ab+4b^2-10a-20b+25$

(10) $(x+y-4)(x-y+4)$
   $=\{x+(y-4)\}\{x-(y-4)\}$
   $=x^2-(y-4)^2=x^2-(y^2-8y+16)$
   $=x^2-y^2+8y-16$

3. (1) $2x(x-3)-(x+2)(x-8)$
   $=2x^2-6x-(x^2-6x-16)=x^2+16$
   (2) $(a-2)^2-(a+4)(a-4)$
   $=a^2-4a+4-(a^2-16)=-4a+20$

6. (1) $6x^2-12x-48=6(x^2-2x-8)$
   $=6(x+2)(x-4)$
   (2) $8a^2b-2b=2b(4a^2-1)$
   $=2b(2a+1)(2a-1)$
   (3) $4x^2+12xy+9y^2=(2x)^2+2\times 2x\times 3y+(3y)^2$
   $=(2x+3y)^2$
   (4) $a+b$ を $M$ とすると，
   $(a+b)^2-16(a+b)+64=M^2-16M+64$
   $=(M-8)^2=(a+b-8)^2$
   (5) $x-3$ を $M$ とすると，
   $(x-3)^2-7(x-3)+6=M^2-7M+6$
   $=(M-1)(M-6)$
   $=(x-3-1)(x-3-6)=(x-4)(x-9)$
   (6) $x^2-y^2-2y-1=x^2-(y^2+2y+1)$
   $=x^2-(y+1)^2=(x+y+1)\{x-(y+1)\}$
   $=(x+y+1)(x-y-1)$

7. (1) $79^2=(80-1)^2=80^2-2\times 80\times 1+1^2$
   $=6400-160+1=6241$
   (2) $7\times 29^2-7\times 21^2=7\times(29^2-21^2)$
   $=7\times(29+21)\times(29-21)=7\times 50\times 8=2800$

9. $n$ を整数とすると，連続する 2 つの奇数は，
   $2n-1$，$2n+1$ と表される。
   $(2n-1)^2+(2n+1)^2$
   $=4n^2-4n+1+4n^2+4n+1$
   $=8n^2+2$
   よって，8 でわった商は $n^2$，余りは 2 である。

10. $\pi(a+10)^2-\pi a^2=\pi(a^2+20a+100)-\pi a^2$
   $=\pi a^2+20\pi a+100\pi-\pi a^2=20\pi a+100\pi$

**1** (1) $\pm7$    (2) $8$    (3) $9$    (4) $6$

**2** (1) $6>\sqrt{30}$

   (2) $-4<-\sqrt{10}<-3$

   (3) $\sqrt{15}<4<3\sqrt{2}$

**3** $\sqrt{15}$, $\sqrt{50}$

**4** (1) $4\sqrt{7}$       (2) $\dfrac{\sqrt{7}}{8}$

**5** (1) $\dfrac{\sqrt{6}}{3}$       (2) $\sqrt{5}$

**6** (1) $4\sqrt{3}$       (2) $30$

   (3) $\dfrac{4\sqrt{3}}{3}$       (4) $-3\sqrt{3}$

**7** (1) $244.9$       (2) $0.2449$

**8** (1) $-\sqrt{6}$       (2) $\sqrt{5}+7\sqrt{3}$

   (3) $3\sqrt{2}$       (4) $9\sqrt{7}$

   (5) $3\sqrt{3}$       (6) $\dfrac{5\sqrt{6}}{2}$

**9** (1) $9+3\sqrt{2}$       (2) $1+\sqrt{7}$

   (3) $21-6\sqrt{10}$       (4) $2+4\sqrt{2}$

   (5) $13$       (6) $13-5\sqrt{3}$

**10** (1) $7$       (2) $4\sqrt{10}$

**11** (1) $8$つ       (2) $2$, $6$, $7$

   (3) $30$       (4) $28$, $63$

   (5) $7$       (6) $9.300\times10^5$ (m)

◀ 解説 ▶

**2** (2) $3=\sqrt{9}$, $4=\sqrt{16}$ より, $3<\sqrt{10}<4$

負の数は絶対値が大きいほど小さい。

 (3) $3\sqrt{2}=\sqrt{18}$, $4=\sqrt{16}$

$\sqrt{15}<\sqrt{16}<\sqrt{18}$ より, $\sqrt{15}<4<3\sqrt{2}$

**5** (2) $\dfrac{5\sqrt{3}}{\sqrt{15}}=\dfrac{5\sqrt{3}\times\sqrt{15}}{\sqrt{15}\times\sqrt{15}}=\dfrac{5\times3\times\sqrt{5}}{15}=\sqrt{5}$

**別解** $\dfrac{5\sqrt{3}}{\sqrt{15}}=\dfrac{5}{\sqrt{5}}$ と先に約分してもよい。

**6** (3) $8\div\sqrt{12}=\dfrac{8}{\sqrt{12}}=\dfrac{8}{2\sqrt{3}}=\dfrac{4}{\sqrt{3}}=\dfrac{4\sqrt{3}}{3}$

 (4) $3\sqrt{6}\div(-\sqrt{10})\times\sqrt{5}=-\dfrac{3\sqrt{6}\times\sqrt{5}}{\sqrt{10}}$

$=-3\sqrt{3}$

**7** (1) $\sqrt{60000}=100\sqrt{6}=100\times2.449=244.9$

 (2) $\sqrt{0.06}=\sqrt{\dfrac{6}{100}}=\dfrac{\sqrt{6}}{10}=\dfrac{2.449}{10}=0.2449$

**8** (4) $\sqrt{63}+3\sqrt{28}=3\sqrt{7}+3\times2\sqrt{7}=9\sqrt{7}$

(5) $\sqrt{48}-\dfrac{3}{\sqrt{3}}=4\sqrt{3}-\sqrt{3}=3\sqrt{3}$

(6) $\dfrac{18}{\sqrt{6}}-\dfrac{\sqrt{24}}{4}=\dfrac{18\sqrt{6}}{6}-\dfrac{2\sqrt{6}}{4}$

$=3\sqrt{6}-\dfrac{\sqrt{6}}{2}=\dfrac{5\sqrt{6}}{2}$

**9** (1) $\sqrt{3}(3\sqrt{3}+\sqrt{6})=\sqrt{3}\times3\sqrt{3}+\sqrt{3}\times\sqrt{6}$

$=9+3\sqrt{2}$

(2) $(\sqrt{7}+3)(\sqrt{7}-2)=(\sqrt{7})^2+(3-2)\sqrt{7}+3\times(-2)$

$=7+\sqrt{7}-6=1+\sqrt{7}$

(3) $(\sqrt{6}-\sqrt{15})^2=(\sqrt{6})^2-2\times\sqrt{6}\times\sqrt{15}+(\sqrt{15})^2$

$=6-6\sqrt{10}+15=21-6\sqrt{10}$

(4) $(\sqrt{12}-\sqrt{6})\div\sqrt{3}+\dfrac{10}{\sqrt{2}}$

$=\dfrac{\sqrt{12}}{\sqrt{3}}-\dfrac{\sqrt{6}}{\sqrt{3}}+\dfrac{10\sqrt{2}}{2}=\sqrt{4}-\sqrt{2}+5\sqrt{2}$

$=2-\sqrt{2}+5\sqrt{2}=2+4\sqrt{2}$

(5) $(2\sqrt{3}+1)^2-\sqrt{48}=12+4\sqrt{3}+1-4\sqrt{3}=13$

(6) $\sqrt{5}(\sqrt{45}-\sqrt{15})-(\sqrt{5}-\sqrt{3})(\sqrt{5}+\sqrt{3})$

$=15-5\sqrt{3}-(5-3)=13-5\sqrt{3}$

**10** (1) $x^2-2x+5=(1-\sqrt{3})^2-2(1-\sqrt{3})+5$

$=1-2\sqrt{3}+3-2+2\sqrt{3}+5=7$

**別解** $x^2-2x+5=(x-1)^2+4$ に代入する。

(2) $a+b=2\sqrt{5}$, $a-b=2\sqrt{2}$

$a^2-b^2=(a+b)(a-b)=2\sqrt{5}\times2\sqrt{2}=4\sqrt{10}$

**11** (1) $4=\sqrt{16}$, $5=\sqrt{25}$ だから, $16<a<25$

$a$ は $17$, $18$, $19$, $20$, $21$, $22$, $23$, $24$ の $8$つ。

(2) $a$ は自然数だから, $22-3a<22$

よって, $\sqrt{22-3a}<\sqrt{22}$ だから, 整数になるの

は, $\sqrt{0}$, $\sqrt{1}$, $\sqrt{4}$, $\sqrt{9}$, $\sqrt{16}$ の値をとるとき。

$22-3a=0$ のとき, $a$ は整数にならない。

$22-3a=1$ のとき, $a=7$

$22-3a=4$ のとき, $a=6$

$22-3a=9$ のとき, $a$ は整数にならない。

$22-3a=16$ のとき, $a=2$

(3) $480=2^5\times3\times5$

$480n$ が自然数の $2$ 乗になればよいので, 求め

る自然数 $n$ は, $n=2\times3\times5=30$

(4) $63=3^2\times7$ だから, $a=7$, $7\times2^2$, $7\times3^2$,

$7\times4^2$, $\cdots$ であれば, 根号の中の数が自然数の

$2$ 乗になるので, $\sqrt{63a}$ は自然数になる。

$7\times2^2=28$, $7\times3^2=63$, $7\times4^2=112$, $\cdots$ だから,

$2$ けたの $a$ は, $28$ と $63$

(5) $49 < 58 < 64$ より，$7 < \sqrt{58} < 8$

　　よって，$\sqrt{58}$ の整数部分は 7

(6) 有効数字が 4 けたなので，9.300

**得点アップの コツ**

$\sqrt{A}$ が整数になる問題は，$A=($整数$)^2$ が基本。素因数分解や範囲のしぼりこみを使おう。

---

**p.134〜135** 　**第 3 回**

**1** (1) ㋑

(2) ①…36，②…6

**2** (1) $x = \pm 3$

(2) $x = \pm\dfrac{\sqrt{6}}{5}$

(3) $x = 10, -2$

(4) $x = \dfrac{-5\pm\sqrt{73}}{6}$

(5) $x = 4\pm\sqrt{13}$

(6) $x = 1, \dfrac{1}{2}$

(7) $x = -4, 5$

(8) $x = 1, 14$

(9) $x = -5$

(10) $x = 0, 12$

**3** (1) $x = 2, -8$

(2) $x = \dfrac{-3\pm\sqrt{41}}{4}$

(3) $x = 4$

(4) $x = 2\pm2\sqrt{3}$

(5) $x = 3, -5$

(6) $x = 2, -3$

**4** (1) $a = -8, b = 15$

(2) $a = -2$

**5** 方程式…$x^2+(x+1)^2 = 85$

　　答え…$-7$ と $-6$，6 と 7

**6** 10 cm

**7** 5 m

**8** $4+\sqrt{10}$ (cm)，$4-\sqrt{10}$ (cm)

**9** P(4, 7)

---

**▶ 解説 ◀**

**1** (2) ① 12 の半分 6 の 2 乗を加える。

**2** (1)〜(3) 平方根の考えを使って解く。

(4)〜(6) 解の公式に代入して解く。

(5) $(x-4)^2 = 13$ と変形してもよい。

(8)〜(10) 左辺を因数分解して解く。

**3** (1) 移項して因数分解して解く。

(2) $4x^2+6x-8 = 0$

　　両辺を 2 でわって，$2x^2+3x-4 = 0$

　　解の公式に代入する。

(3) $\dfrac{1}{2}x^2 = 4x-8$　両辺に 2 をかけて，

　　$x^2 = 8x-16$　　$x^2-8x+16 = 0$

　　$(x-4)^2 = 0$　　$x = 4$

---

(4) $x^2-4(x+2) = 0$　　$x^2-4x-8 = 0$

　　$(x-2)^2 = 12$ と変形するか，解の公式で，

　　$x = \dfrac{4\pm\sqrt{48}}{2} = \dfrac{4\pm4\sqrt{3}}{2} = 2\pm2\sqrt{3}$

(5) $(x-2)(x+4) = 7$

　　$x^2+2x-8 = 7$　　$x^2+2x-15 = 0$

　　$(x-3)(x+5) = 0$　　$x = 3, -5$

(6) $(x+3)^2 = 5(x+3)$

　　$x^2+6x+9 = 5x+15$　　$x^2+x-6 = 0$

　　$(x-2)(x+3) = 0$　　$x = 2, -3$

**別解** $x+3 = M$ として解いてもよい。

**4** (1) 3 が解だから，$9+3a+b = 0$　…①

　　5 が解だから，$25+5a+b = 0$　…②

　　①，②を連立方程式にして解くと，

　　$a = -8, b = 15$

(2) $x^2+x-12 = 0$ を解くと，$x = -4, 3$

　　小さい方の解 $x = -4$ を $x^2+ax-24 = 0$ に代入して，$16-4a-24 = 0$　　$a = -2$

**5** $x^2+(x+1)^2 = 85$　　$x^2+x-42 = 0$

　　$(x+7)(x-6) = 0$　　$x = -7, 6$

**6** はじめの紙の縦の長さを $x$ cm とすると，紙の横の長さは $2x$ cm になるから，

　　$2(x-4)(2x-4) = 192$

　　$x^2-6x-40 = 0$　　$x = -4, 10$

　　$x-4 > 0, 2x-4 > 0$ より，$x > 4$ だから，$x = 10$

**7** 道の幅を $x$ m とすると，

　　$(30-2x)(40-2x) = 30\times40\times\dfrac{1}{2}$

　　$x^2-35x+150 = 0$　　$x = 5, 30$

　　$30-2x > 0, 40-2x > 0$ より，$x < 15$ だから，$x = 5$

**8** BP $= x$ cm のとき，$\triangle$PBQ の面積が 3 cm² になるとする。

　　$\dfrac{1}{2}x(8-x) = 3$　　$x^2-8x+6 = 0$　　$x = 4\pm\sqrt{10}$

　　$0 < \sqrt{10} < 4$ より，$0 < 4\pm\sqrt{10} < 8$ なので，ともに問題にあっている。

**9** P の $x$ 座標を $p$ とすると，$y$ 座標は $p+3$

　　A($2p$, 0) より，OA $= 2p$

　　OA を底辺としたときの $\triangle$POA の高さは P の

　　$y$ 座標に等しいから，$\dfrac{1}{2}\times2p\times(p+3) = 28$

　　$p^2+3p-28 = 0$　　$p = -7, 4$

　　$p > 0$ より，$p = 4$

　　P の $y$ 座標は，$y = 4+3 = 7$

1　(1)　$y = -2x^2$　　(2)　$y = -18$

　(3)　$x = \pm 5$

2　右の図

3　(1)　④, ⑤, ⑥

　(2)　⑤

　(3)　⑦, ⑤, ⑤

　(4)　④

4　(1)　$-2 \leqq y \leqq 6$

　(2)　$0 \leqq y \leqq 27$

　(3)　$-18 \leqq y \leqq 0$

5　(1)　$-2$　　(2)　$-12$　　(3)　$6$

6　(1)　$a = -1$　　(2)　$a = 3, \ b = 0$

　(3)　$a = 3$　　(4)　$a = -\dfrac{1}{2}$

　(5)　$a = -\dfrac{1}{3}$

7　(1)　$y = x^2$　　(2)　$y = 36$

　(3)　$0 \leqq y \leqq 100$　　(4)　5 cm

8　(1)　$a = 16$　　(2)　$y = x + 8$

　(3)　P(6, 9)

▶　解説　◀

1　(1)　$y = ax^2$ に $x = 2$, $y = -8$ を代入して,

　　$-8 = a \times 2^2$　$a = -2$

　(2)　$y = -2 \times (-3)^2 = -18$

　(3)　$-50 = -2x^2$　$x^2 = 25$　$x = \pm 5$

3　(1)〜(3)　$y = ax^2$ で, (1)は $a < 0$, (2)は $a$ の絶対値がいちばん大きいもの, (3)は $a > 0$

　(4)　$y = ax^2$ と $y = -ax^2$ は, グラフが $x$ 軸について線対称である。

4　(1)　$x = -3$ のとき, $y = 2 \times (-3) + 4 = -2$

　　　$x = 1$ のとき, $y = 2 \times 1 + 4 = 6$

　(2)　$x$ の変域に $0$ をふくむから, $x = 0$ のときに $y = 0$ で最小値をとる。

　　　$-3$ と $1$ では $-3$ の方が絶対値が大きいから,

　　　$x = -3$ のとき, $y = 3 \times (-3)^2 = 27$

　(3)　$x = 0$ のとき, $y = 0$

　　　$x = -3$ のとき, $y = -2 \times (-3)^2 = -18$

5　(1)　$y = ax + b$ の変化の割合は一定で $a$

　(2)　$\dfrac{2 \times (-2)^2 - 2 \times (-4)^2}{(-2) - (-4)} = \dfrac{-24}{2} = -12$

　(3)　$\dfrac{-(-2)^2 - \{-(-4)^2\}}{(-2) - (-4)} = \dfrac{12}{2} = 6$

6　(1)　$x$ の変域に $0$ をふくみ, $-1$ と $2$ では $2$ の方が絶対値が大きいから, $x = 2$ のとき $y = -4$　これを $y = ax^2$ に代入して,

　　　$-4 = a \times 2^2$　$4a = -4$

　(2)　$x = -2$ のとき $y$ は $18$ にならないから, $x = a$ のとき $y = 18$　これを $y = 2x^2$ に代入して,

　　　$18 = 2a^2$　$-2 \leqq a$ より, $a = 3$

　　　$x$ の変域に $0$ をふくむから, $b = 0$

　(3)　$\dfrac{a \times 3^2 - a \times 1^2}{3 - 1} = 12$　$4a = 12$

　(4)　$y = -4x + 2$ の変化の割合は一定で, $-4$

　　　$\dfrac{a \times 6^2 - a \times 2^2}{6 - 2} = -4$　$8a = -4$

　(5)　A の $y$ 座標は, $y = -2 \times 3 + 3 = -3$

　　　$y = ax^2$ に $x = 3$, $y = -3$ を代入して,

　　　$-3 = a \times 3^2$　$9a = -3$

7　(1)　Q は P の $2$ 倍の速さだから, BQ $= 2x$

　　　$y = \dfrac{1}{2} \times 2x \times x = x^2$

　(2)　$y = 6^2 = 36$

　(3)　$x$ の変域は $0 \leqq x \leqq 10$

　　　$x = 0$ のとき $y = 0$, $x = 10$ のとき $y = 100$

　(4)　$25 = x^2$　$x = \pm 5$　$x \geqq 0$ より, $x = 5$

8　(1)　$y = \dfrac{1}{4}x^2$ に $x = 8$, $y = a$ を代入して,

　　　$a = \dfrac{1}{4} \times 8^2 = 16$

　(2)　直線②の式を $y = mx + n$ とおく。

　　　A(8, 16) を通るから, $16 = 8m + n$

　　　B($-4$, 4) を通るから, $4 = -4m + n$

　　　$2$ つの式を連立方程式にして解くと,

　　　$m = 1$, $n = 8$

　(3)　C(0, 8) より, OC $= 8$

　　　$\triangle OAB = \triangle OAC + \triangle OBC$

　　　　　　$= \dfrac{1}{2} \times 8 \times 8 + \dfrac{1}{2} \times 8 \times 4 = 48$

　　　$\triangle OBC = 16$ で, $\triangle OAB$ の面積の半分より小さいから, 点 P は①のグラフの O から A までの部分にある。点 P の $x$ 座標を $t$ とすると,

　　　$\triangle OCP = \dfrac{1}{2} \triangle OAB$ より,

　　　$\dfrac{1}{2} \times 8 \times t = \dfrac{1}{2} \times 48$

　　　　　$t = 6$

**p.138〜139** **第5回**

**1** (1)　$2 : 3$

(2)　$9$ cm

(3)　$115°$

**2** (1)　△ABC ∽ △DBA

2組の角が，それぞれ等しい。

$x = 5$

(2)　△ABC ∽ △EBD

2組の辺の比とその間の角が，それぞれ等しい。

$x = 15$

**3** △ABC と △CBH で，

仮定より，∠ACB = ∠CHB = $90°$ …①

∠ABC = ∠CBH …②

①，②から，2組の角が，それぞれ等しいので，

△ABC ∽ △CBH

**4** (1)　△PCQ

(2)　$\dfrac{8}{3}$ cm

**5** (1)　$x = 4.8$

(2)　$x = 6$

(3)　$x = 3.6$

**6** (1)　$x = 9$

(2)　$x = 2$

(3)　$x = 10$

**7** (1)　$1 : 1$ 　　　(2)　3 倍

**8** (1)　$x = 6$ 　　　(2)　$x = 12$

**9** (1)　$20$ cm²

(2)　相似比…$3 : 4$，体積の比…$27 : 64$

▷▷▷▷▷ **解説** ◁◁◁◁◁

**1** (1)　対応する辺は AB と PQ だから，相似比は，

AB : PQ = $8 : 12 = 2 : 3$

(2)　BC : QR = AB : PQ より，$6 : $ QR = $8 : 12$

$8$QR = $72$　QR = $9$ cm

(3)　相似な図形の対応する角は等しいから，

∠A = ∠P = $70°$，∠B = ∠Q = $100°$

四角形の内角の和は $360°$ だから，

∠C = $360° - (70° + 100° + 75°) = 115°$

**2** (1)　∠BCA = ∠BAD　∠B は共通だから，

△ABC ∽ △DBA

AB : DB = BC : BA より，$6 : 4 = (4 + x) : 6$

$4(4 + x) = 36$　$x = 5$

(2)　BA : BE = $(18 + 17) : 21 = 5 : 3$

BC : BD = $(21 + 9) : 18 = 5 : 3$

よって，BA : BE = BC : BD

また，∠B は共通だから，△ABC ∽ △EBD

AC : ED = BA : BE より，

$25 : x = 5 : 3$　$5x = 75$

**4** (1)　∠B = ∠C = $60°$　…①

∠APC は △ABP の外角だから，

∠APC = ∠B + ∠BAP = $60° + $∠BAP

また，∠APC = ∠APQ + ∠CPQ

$\qquad\qquad = 60° + $∠CPQ

よって，∠BAP = ∠CPQ　…②

①，②から，2組の角が，それぞれ等しいので，

△ABP ∽ △PCQ

(2)　PC = BC − BP = $12 - 4 = 8$ (cm)

(1)より △ABP ∽ △PCQ だから，

BP : CQ = AB : PC　$4 : $ CQ = $12 : 8 = 3 : 2$

$3$CQ = $8$

**5** (1)　PQ : BC = AP : AB より，

$x : 8 = 6 : (6 + 4) = 3 : 5$　$5x = 24$

(2)　AB : BP = AC : CQ より，

$12 : x = 10 : (15 - 10) = 2 : 1$　$2x = 12$

**別解** AB : AP = AC : AQ より，

$12 : (12 + x) = 10 : 15 = 2 : 3$

$2(12 + x) = 12 \times 3$　$x = 6$

(3)　AQ : AC = PQ : BC より，

$x : 6 = 6 : 10 = 3 : 5$　$5x = 18$

**6** (1)　$15 : x = 20 : 12 = 5 : 3$　$5x = 45$

(2)　$x : 4 = 3 : (9 - 3) = 1 : 2$　$2x = 4$

(3)　右の図のように

点 A〜F を定め，

A を通り DF に

平行な直線をひいて，

BE，CF との交点を

それぞれ P，Q とする。

四角形 APED と四角形 AQFD は平行四辺形

になるから，

PE = QF = AD = $7$ cm，BP = $x - 7$ (cm)

CQ = $12 - 7 = 5$ (cm)

△ACQ で，BP : CQ = AB : AC

$(x - 7) : 5 = 6 : (6 + 4) = 3 : 5$

$5(x - 7) = 15$　$x = 10$

※直線 AF を
ひいてもよい。

**7** (1) △CFB で，G は線分 CF の中点，D は辺 CB の中点だから，中点連結定理より，
DG∥BF
△ADG で，EF∥DG より，
AF：FG＝AE：ED＝1：1

(2) △ADG で，中点連結定理より，
$EF＝\dfrac{1}{2}DG$　　$DG＝2EF$
△CFB で，中点連結定理より，
$DG＝\dfrac{1}{2}BF$　　$BF＝2DG$
よって，BF＝2×2EF＝4EF
BE＝BF－EF＝4EF－EF＝3EF

**得点アップの コツ**

中点連結定理を使うと，直線の平行がいえる。中点（等分点）がいくつかある場合，この定理の利用を考えよう。

**8** (1) △ABE∽△DCE だから，
BE：CE＝AB：DC＝10：15＝2：3
△BDC で，EF：CD＝BE：BC
$x$：15＝2：(2＋3)＝2：5　　5$x$＝30

(2) AM と BD の交点を P とする。
△APD∽△MPB より，
DP：BP＝AD：MB＝2：1
DP：BD＝2：(1＋2)＝2：3
$x$：18＝2：3　　3$x$＝36

**得点アップの コツ**

図の中から相似な三角形を取り出そう。平行線の同位角や錯角が手がかりになる。

**9** (1) G の面積を $x$ cm² とする。相似な図形の面積の比は相似比の 2 乗に等しいから，
$125$：$x$＝$5^2$：$2^2$　　$125$：$x$＝$25$：$4$
$25x＝125×4$

(2) 相似な立体の表面積の比は相似比の 2 乗に等しい。
$9$：$16＝3^2$：$4^2$ だから，F と G の相似比は 3：4
相似な立体の体積の比は相似比の 3 乗に等しいから，F と G の体積の比は，$3^3$：$4^3＝27$：$64$

**p.140～141** 第**6**回

**1** (1) ∠$x$＝50°　(2) ∠$x$＝52°　(3) ∠$x$＝119°
(4) ∠$x$＝90°　(5) ∠$x$＝37°　(6) ∠$x$＝35°

**2** (1) ∠$x$＝70°　(2) ∠$x$＝47°　(3) ∠$x$＝60°
(4) ∠$x$＝76°　(5) ∠$x$＝32°　(6) ∠$x$＝13°

**3** ∠BOC は △ABO の外角だから，
∠BAC＋45°＝110°　∠BAC＝65°
よって，∠BAC＝∠BDC だから，円周角の定理の逆より，4 点 A，B，C，D は同じ円周上にある。

**4** (1)

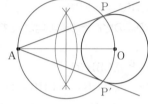

(2) 4 cm

**5** △BPC と △BCD で，
等しい弧に対する円周角の大きさは等しいので，$\overparen{AB}＝\overparen{BC}$ から，∠PCB＝∠CDB　…①
∠PBC＝∠CBD　…②
①，②から，2 組の角が，それぞれ等しいので，
△BPC∽△BCD

**6** (1) $x＝4.8$　(2) $x＝5$　(3) $x＝30$

**解 説**

**1** (1) $∠x＝\dfrac{1}{2}∠AOB＝\dfrac{1}{2}×100°＝50°$

(2) $∠x＝2∠BAC＝2×26°＝52°$

(3) $∠x＝\dfrac{1}{2}×(360°－122°)＝119°$

(4) $∠x＝\dfrac{1}{2}∠BOC＝\dfrac{1}{2}×180°＝90°$

(5) $\overparen{CD}$ の円周角だから，∠CAD＝∠CBD
よって，∠$x$＝37°

(6) $\overparen{BC}＝\overparen{CD}$ より，∠BAC＝∠CAD
よって，∠$x$＝35°

**2** (1) ∠OAB＝∠OBA＝16°
∠OAC＝∠OCA＝19°
∠BAC＝16°＋19°＝35°
∠$x$＝2∠BAC＝2×35°＝70°

(2) ∠OBC＝∠OCB＝43°
∠BOC＝180°－43°×2＝94°
$∠x＝\dfrac{1}{2}∠BOC＝\dfrac{1}{2}×94°＝47°$

(3) ∠BPC は △OBP の外角だから，
∠BOC＋10°＝110°　∠BOC＝100°
$∠BAC＝\dfrac{1}{2}∠BOC＝\dfrac{1}{2}×100°＝50°$

定期テスト対策

# スピードチェック

# 教科書の 公式&解法マスター

数学 3 年

\ 付属の赤シートを
使ってね！ /

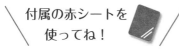

啓林館版

「スピードチェック」は取りはずして使用できます。

---

☑ **1** 多項式 × 単項式 は，分配法則 $(a+b)c = ac +$〔$bc$〕を使って

計算する。　**例** $(a-4b) \times 3x =$〔$3ax - 12bx$〕

単項式 × 多項式 は，分配法則 $c(a+b) = ca +$〔$cb$〕を使って

計算する。　**例** $2x(x+3y) =$〔$2x^2 + 6xy$〕

☑ **2** 多項式 ÷ 単項式 は，除法を乗法になおして計算する。

$(a+b) \div \dfrac{c}{d} = (a+b) \times$〔$\dfrac{d}{c}$〕　**例** $(ab+2b) \div \dfrac{b}{2} =$〔$2a+4$〕

☑ **3** 積の形で書かれた式を計算して，和の形で表すことを，

もとの式を〔 展開 〕するという。

多項式 × 多項式 は，$(a+b)(c+d) =$〔$ac$〕$+ad+bc+$〔$bd$〕

のように計算する。

**例** $(a+2)(b-3) = ab -$〔$3a$〕$+$〔$2b$〕$-6$

☑ **4** $(x+a)(x+b)$ の展開は，

$(x+a)(x+b) = x^2 + ($〔$a+b$〕$)x +$〔$ab$〕

**例** $(x+2)(x+4) = x^2 + (2+4)x + 2 \times 4 = x^2 +$〔 6 〕$x +$〔 8 〕

**例** $(x+3)(x-5) = x^2 + (3-5)x + 3 \times (-5) = x^2 -$〔 2 〕$x -$〔 15 〕

☑ **5** $(a+b)^2$ の展開は，$(a+b)^2 = a^2 +$〔$2ab$〕$+$〔$b$〕$^2$

**例** $(x+4)^2 = x^2 + 2 \times x \times 4 + 4^2 = x^2 +$〔 8 〕$x +$〔 16 〕

$(a-b)^2$ の展開は，$(a-b)^2 = a^2 -$〔$2ab$〕$+$〔$b$〕$^2$

**例** $(x-5)^2 = x^2 - 2 \times x \times 5 + 5^2 = x^2 -$〔 10 〕$x +$〔 25 〕

☑ **6** $(a+b)(a-b)$ の展開は，$(a+b)(a-b) =$〔$a$〕$^2 -$〔$b$〕$^2$

**例** $(x+7)(x-7) = x^2 - 7^2 = x^2 -$〔 49 〕

☑ **7** $(a+b+c)(a+b+d)$ の展開は，$a+b=M$ とおきかえて計算する。

**例** $(a+b+6)(a+b-6)$ の展開は，$a+b=M$ とすると，

$(M+6)(M-6) = M^2 - 6^2 = (a+b)^2 - 36 =$〔$a^2 + 2ab + b^2$〕$-36$

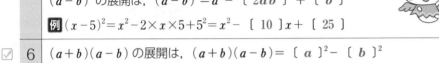

☑ **1**　1つの数や式が，いくつかの数や式の積の形に表されるとき，積の形に表したそれぞれの数や式を，もとの数や式の〔 **因数** 〕といい，多項式をいくつかの因数の積の形に表すことを，その多項式を〔 **因数分解** 〕するという。因数分解は，式の〔 **展開** 〕を逆にみたものである。

☑ **2**　多項式の各項に共通な因数があるときは，その共通因数をくくり出す。

$Ma+Mb+Mc=$〔 $M$ 〕$(a+b+c)$

例 $4ax+6bx+8cx=$〔 $2x$ 〕$(2a+3b+$〔 $4c$ 〕$)$

☑ **3**　$a^2-b^2$ の因数分解は，$a^2-b^2=(a+$〔 $b$ 〕$)(a-$〔 $b$ 〕$)$

例 $16x^2-81y^2=(4x)^2-(9y)^2=(4x+$〔 $9y$ 〕$)(4x-$〔 $9y$ 〕$)$

☑ **4**　$a^2+2ab+b^2$ の因数分解は，$a^2+2ab+b^2=(a+$〔 $b$ 〕$)^2$

例 $x^2+12x+36=x^2+2\times x\times 6+6^2=(x+$〔 $6$ 〕$)^2$

$a^2-2ab+b^2$ の因数分解は，$a^2-2ab+b^2=(a-$〔 $b$ 〕$)^2$

例 $4x^2-12x+9=(2x)^2-2\times 2x\times 3+3^2=(2x-$〔 $3$ 〕$)^2$

☑ **5**　$x^2+(a+b)x+ab$ の因数分解は，

$x^2+(a+b)x+ab=(x+$〔 $a$ 〕$)(x+b)$

例 $x^2+4x-12=x^2+(6-2)x+6\times(-2)=(x+$〔 $6$ 〕$)(x-$〔 $2$ 〕$)$

例 $x^2-5x-24=x^2+(3-8)x+3\times(-8)=(x+$〔 $3$ 〕$)(x-$〔 $8$ 〕$)$

☑ **6**　$ax^2+abx+ac$ の因数分解は，まず共通因数 $a$ をくくり出す。

例 $2x^2+4x-6=2(x^2+2x-3)=2(x+$〔 $3$ 〕$)(x-$〔 $1$ 〕$)$

☑ **7**　$(x+y)^2+a(x+y)+b$ の因数分解は，$x+y=M$ とおきかえて考える。

例 $(x+y)^2+5(x+y)+6$ の因数分解は，$x+y=M$ とすると，

$(x+y)^2+5(x+y)+6=M^2+5M+6=(M+2)(M+3)$

$=($〔 $x+y$ 〕$+2)($〔 $x+y$ 〕$+3)$

## スピードチェック

### 2章　平方根
### 1節　平方根

☑ **1** 2乗すると $a$ になる数を，$a$ の〔 平方根 〕という。

つまり，$a$ の平方根は，$x^2=$〔 $a$ 〕を成り立たせる $x$ の値のことである。

正の数 $a$ の平方根は，正の数と〔 負の数 〕の2つあって，それらの〔 絶対値 〕

は等しい。0 の平方根は〔 0 〕だけである。

**例** 64 の平方根は，$8^2=64$，$(-8)^2=64$ より，〔 8 〕と〔 $-8$ 〕

**例** 0.49 の平方根は，$0.7^2=0.49$，$(-0.7)^2=0.49$ より，〔 0.7 〕と〔 $-0.7$ 〕

☑ **2** 正の数 $a$ の2つの平方根のうち，正の方を $\sqrt{a}$，負の方を $-\sqrt{a}$ と表し，

まとめて〔 $\pm\sqrt{a}$ 〕と書くことがある。また，$\sqrt{0}=0$ である。

また，2乗して負になる数はないから，〔 負 〕の数の平方根は考えない。

**例** 15 の平方根を $\sqrt{\phantom{x}}$ を使って表すと，〔 $\pm\sqrt{15}$ 〕

**例** 0.8 の平方根を $\sqrt{\phantom{x}}$ を使って表すと，〔 $\pm\sqrt{0.8}$ 〕

☑ **3** $a$ が正の数のとき，$(\sqrt{a})^2=$〔 $a$ 〕，$(-\sqrt{a})^2=$〔 $a$ 〕

**例** $(\sqrt{14})^2=$〔 14 〕　　**例** $(-\sqrt{0.6})^2=$〔 0.6 〕

☑ **4** $a$ が正の数のとき，$\sqrt{a^2}=$〔 $a$ 〕，$-\sqrt{a^2}=$〔 $-a$ 〕

**例** $\sqrt{25}$ を $\sqrt{\phantom{x}}$ を使わずに表すと，$\sqrt{25}=$〔 5 〕

**例** $-\sqrt{0.81}$ を $\sqrt{\phantom{x}}$ を使わずに表すと，$-\sqrt{0.81}=$〔 $-0.9$ 〕

☑ **5** 正の数 $a$，$b$ について，$a<b$ ならば，$\sqrt{a}$〔 $<$ 〕$\sqrt{b}$

**例** 6 と $\sqrt{35}$ の大小を調べると，$6=\sqrt{36}$ で，$36>$〔 35 〕だから，

　　$\sqrt{36}$〔 $>$ 〕$\sqrt{35}$　よって，$6$〔 $>$ 〕$\sqrt{35}$

☑ **6** 整数 $m$ と，0 でない整数 $n$ を使って，分数 $\dfrac{m}{n}$ の形に表される数を

〔 有理数 〕といい，分数で表すことができない数を〔 無理数 〕という。

**例** $\sqrt{2}$ や $\sqrt{3}$，円周率 $\pi$ は，〔 無理数 〕である。

☑ **7** **例** 近似値 3180g で，有効数字が3けたであるとき，整数部分が1けたの小

　　数と，10 の何乗かの積の形に表すと〔 $3.18\times10^3$ 〕(g)。

啓林館版　数学3年

2章 平方根
## 2節 根号をふくむ式の計算
## 3節 平方根の利用

☑ **1** 正の数 $a$, $b$ について，$\sqrt{a} \times \sqrt{b} = \sqrt{[\ a \times b\ ]}$, $\dfrac{\sqrt{a}}{\sqrt{b}} = \sqrt{[\ \dfrac{a}{b}\ ]}$

例 $\sqrt{3} \times \sqrt{7} = \sqrt{3 \times 7} = [\ \sqrt{21}\ ]$　例 $\dfrac{\sqrt{30}}{\sqrt{6}} = \sqrt{\dfrac{30}{6}} = [\ \sqrt{5}\ ]$

例 $\sqrt{3} \times \sqrt{12} = \sqrt{3 \times 12} = \sqrt{36} = [\ 6\ ]$　例 $\dfrac{\sqrt{48}}{\sqrt{3}} = \sqrt{\dfrac{48}{3}} = \sqrt{16} = [\ 4\ ]$

☑ **2** $a$, $b$ が正の数のとき，$a\sqrt{b} = \sqrt{[\ a^2 \times b\ ]}$, $\sqrt{a^2 b} = [\ a\ ]\sqrt{[\ b\ ]}$

例 $2\sqrt{3}$ を $\sqrt{a}$ の形にすると，$2\sqrt{3} = \sqrt{2^2 \times 3} = [\ \sqrt{12}\ ]$

例 $\sqrt{45}$ を $a\sqrt{b}$ の形にすると，$\sqrt{45} = \sqrt{3^2 \times 5} = [\ 3\sqrt{5}\ ]$

例 $\sqrt{2} = 1.414$ として，$\sqrt{200}$ の値を求めると，

　$\sqrt{200} = \sqrt{10^2 \times 2} = 10\sqrt{2} = 10 \times 1.414 = [\ 14.14\ ]$

☑ **3** 分母に $\sqrt{\ }$ をふくまない形にすることを，分母を〔 有理化 〕するという。

$a$, $b$ が正の数のとき，$\dfrac{\sqrt{a}}{\sqrt{b}} = \dfrac{\sqrt{a} \times [\ \sqrt{b}\ ]}{\sqrt{b} \times \sqrt{b}} = \dfrac{[\ \sqrt{ab}\ ]}{b}$

例 $\dfrac{\sqrt{3}}{\sqrt{2}}$ の分母を有理化すると，$\dfrac{\sqrt{3}}{\sqrt{2}} = \dfrac{\sqrt{3} \times [\ \sqrt{2}\ ]}{\sqrt{2} \times \sqrt{2}} = \dfrac{[\ \sqrt{6}\ ]}{2}$

例 $\dfrac{7}{2\sqrt{3}}$ の分母を有理化すると，$\dfrac{7}{2\sqrt{3}} = \dfrac{7 \times [\ \sqrt{3}\ ]}{2\sqrt{3} \times \sqrt{3}} = \dfrac{[\ 7\sqrt{3}\ ]}{6}$

☑ **4** $a$ が正の数のとき，$m\sqrt{a} + n\sqrt{a} = (m + [\ n\ ])\sqrt{a}$

例 $4\sqrt{2} + 3\sqrt{2} = (4+3)\sqrt{2} = [\ 7\ ]\sqrt{2}$

$a$ が正の数のとき，$m\sqrt{a} - n\sqrt{a} = ([\ m\ ] - n)\sqrt{a}$

例 $5\sqrt{3} - 7\sqrt{3} = (5-7)\sqrt{3} = [\ -2\ ]\sqrt{3}$

☑ **5** 根号をふくむ式の積では，分配法則 $a(b+c) = ab + [\ ac\ ]$ が使える。

例 $\sqrt{2}(\sqrt{3} + 2\sqrt{5}) = \sqrt{2} \times \sqrt{3} + \sqrt{2} \times 2\sqrt{5} = [\ \sqrt{6}\ ] + 2[\ \sqrt{10}\ ]$

☑ **6** 根号をふくむ式の展開では，乗法の公式などを使う。

例 $(\sqrt{3} + \sqrt{5})^2 = (\sqrt{3})^2 + 2 \times \sqrt{3} \times \sqrt{5} + (\sqrt{5})^2 = [\ 8\ ] + 2[\ \sqrt{15}\ ]$

例 $(3 + 2\sqrt{2})(3 - 2\sqrt{2}) = 3^2 - (2\sqrt{2})^2 = [\ 1\ ]$

3章　二次方程式
## 1節　二次方程式 (1)

**1** 移項して整理すると，（$x$ の二次式）＝0 という形になる方程式を，

$x$ についての〔 二次方程式 〕という。

二次方程式を成り立たせる文字の値を，その方程式の〔 解 〕といい，

解をすべて求めることを二次方程式を〔 解く 〕という。

**例** 1，2，3 のうち，$x^2-4x+3=0$ の解は，〔 1，3 〕

**2** $x^2-k=0$ を解くと，$x^2=k$ より，$x=$〔 $\pm\sqrt{k}$ 〕

**例** $x^2-7=0$ を解くと，$x^2=7$ より，$x=$〔 $\pm\sqrt{7}$ 〕

$ax^2-b=0$ を解くと，$ax^2=b$ で $x^2=\dfrac{b}{a}$ より，$x=$〔 $\pm\sqrt{\dfrac{b}{a}}$ 〕

**例** $9x^2-16=0$ を解くと，$9x^2=16$ で $x^2=\dfrac{16}{9}$ より，$x=$〔 $\pm\dfrac{4}{3}$ 〕

**3** $(x+m)^2=n$ を解くと，$x+m=\pm\sqrt{n}$ より，$x=$〔 $-m\pm\sqrt{n}$ 〕

**例** $(x-2)^2=3$ を解くと，$x-2=\pm\sqrt{3}$ より，$x=$〔 $2\pm\sqrt{3}$ 〕

**4** $x^2+px+q=0$ の形をした二次方程式は，$(〔\ x\ 〕+m)^2=n$ の形にして，

平方根の意味にもとづいて解くことができる。

**例** $x^2+6x=8$ を解くには，$x^2+6x+9=8+9$ と変形して，

$(x+3)^2=17$ より，$x=$〔 $-3\pm\sqrt{17}$ 〕

**5** 二次方程式 $ax^2+bx+c=0$ の解は，$x=$〔 $\dfrac{-b\pm\sqrt{b^2-4ac}}{2a}$ 〕

**例** $x^2-5x+3=0$ の解は，$x=\dfrac{-(-5)\pm\sqrt{(-5)^2-4\times1\times3}}{2\times1}=\dfrac{5\pm〔\ \sqrt{13}\ 〕}{2}$

**例** $2x^2+3x-1=0$ の解は，$x=\dfrac{-3\pm\sqrt{3^2-4\times2\times(-1)}}{2\times2}=\dfrac{-3\pm〔\ \sqrt{17}\ 〕}{4}$

**6** 解の公式の $\sqrt{\ }$ の中の $b^2-4ac$ の値が 0 のときは，

その二次方程式の解の個数は，〔 1つ 〕になる。

**例** $x^2+6x+9=0$ の解は，$x=\dfrac{-6\pm\sqrt{6^2-4\times1\times9}}{2\times1}=$〔 $-3$ 〕

☑ **1** 2つの数や式について，$A×B=0$ ならば，〔 $A$ 〕$=0$ または 〔 $B$ 〕$=0$

二次方程式 $(x+a)(x+b)=0$ を解くと，

$x+a=0$ または $x+b=0$ より，$x=$〔 $-a$ 〕，〔 $-b$ 〕

**例** $(x+3)(x+8)=0$ を解くと，$x=$〔 $-3$ 〕，〔 $-8$ 〕

**例** $x^2+2x-8=0$ を解くと，$(x+4)(x-2)=0$ より，$x=$〔 $-4$ 〕，〔 $2$ 〕

☑ **2** $x(x+a)=0$ を解くと，$x=0$ または $x+a=0$ より，$x=$〔 $0$ 〕，〔 $-a$ 〕

**例** $x(x-7)=0$ を解くと，$x=$〔 $0$ 〕，〔 $7$ 〕

**例** $x^2+6x=0$ を解くと，$x(x+6)=0$ より，$x=$〔 $0$ 〕，〔 $-6$ 〕

☑ **3** $(x+a)^2=0$ を解くと，$x+a=0$ より，$x=$〔 $-a$ 〕

**例** $(x-5)^2=0$ を解くと，$x=$〔 $5$ 〕

**例** $x^2+8x+16=0$ を解くと，$(x+4)^2=0$ より，$x=$〔 $-4$ 〕

☑ **4** 二次方程式 $x^2+ax+b=0$ の解の1つが $p$ のとき，$p^2+ap+b=0$ が成り立つ。

**例** $x^2-ax+6=0$ の解の1つが2であるとき，$2^2-a×2+6=0$ より，

$a=$〔 $5$ 〕　　　よって，$x^2-5x+6=0$ だから，$(x-2)(x-3)=0$

したがって，もう1つの解は，〔 $3$ 〕

☑ **5** **例** 大小2つの正の整数があって，その差は6で，積は112である。

小さい方の数を $x$ として，二次方程式をつくると，〔 $x(x+6)=112$ 〕

これを解くと，$(x+14)(x-8)=0$ となり，$x$ は正の整数だから，

2つの正の整数は，〔 $8$ と $14$ 〕。

**例** 1辺の長さが $x$ cm の正方形の紙の四すみから1辺の長さが2cmの

正方形を切り取り，容積 72 cm³ のふたのない箱をつくった。

このことから，二次方程式をつくると，〔 $2(x-4)^2=72$ 〕

$(x-4)^2=36$　$x>4$ だから，正方形の1辺の長さは〔 $10$ 〕cm。

4章　関数 $y=ax^2$
**1節　関数とグラフ（1）**

---

**1** $x$ と $y$ の関係が，$y=ax^2$（$a$ は定数）で表されるとき，

$y$ は $x$ の〔 2乗に比例 〕するといい，$a$ を〔 比例定数 〕という。

**例** 半径が $x$ cm の円の面積を $y$ cm² とすると，

　　$y=$〔 $\pi$ 〕$x^2$ と表されるから，$y$ は $x$ の 2乗に比例〔 する 〕。

**例** 底面の円の半径が $x$ cm，高さが 5 cm の円柱の体積を $y$ cm³ とするとき，

　　$y$ を $x$ の式で表すと $y=$〔 $5\pi$ 〕$x^2$ だから，比例定数は〔 $5\pi$ 〕。

---

**2** 関数 $y=ax^2$ では，$x$ の値が $n$ 倍になると，$y$ の値は〔 $n^2$ 〕倍になる。

**例** 関数 $y=ax^2$ では

　　$x$ の値が 4 倍になると，$y$ の値は〔 16 〕倍になり，

　　$x$ の値が $\dfrac{1}{3}$ 倍になると，$y$ の値は〔 $\dfrac{1}{9}$ 〕倍になる。

---

**3** **例** $y=3x^2$ について，$x=4$ のときの $y$ の値は，$y=3\times4^2$ より，$y=$〔 48 〕

**例** $y=-2x^2$ について，$y=-18$ のときの $x$ の値は，

　　$-18=-2x^2$ より，$x^2=9$ だから，$x=$〔 $\pm3$ 〕

---

**4** $y$ が $x$ の 2乗に比例するとき，比例定数 $a$ は，$y=ax^2$ より，

$x=$〔 1 〕のときの $y$ の値に等しい。

**例** $y$ が $x$ の 2乗に比例し，$x=1$ のとき $y=4$ であるとき，$y=ax^2$ で $x=1$

　　のときの $y$ の値が $a$ の値に等しくなるので，$a=$〔 4 〕

---

**5** $y$ が $x$ の 2乗に比例する関数の式の求め方は，

比例定数を $a$ として $y=$〔 $a$ 〕$x^2$ と表し，$a$ の値を求める。

**例** $y$ が $x$ の 2乗に比例し，$x=2$ のとき $y=12$ である関数は，$y=ax^2$ に

　　$x=2$，$y=12$ を代入して，$12=a\times2^2$　　$a=3$ より，$y=$〔 3 〕$x^2$

**例** $y$ が $x$ の 2乗に比例し，$x=3$ のとき $y=-45$ である関数は，$y=ax^2$ に

　　$x=3$，$y=-45$ を代入して，$-45=a\times3^2$　　$a=-5$ より，$y=$〔 $-5$ 〕$x^2$

---

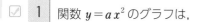

4章　関数 $y = ax^2$
1節　関数とグラフ（2）　2節　関数 $y = ax^2$ の値の変化
3節　いろいろな事象と関数

**1** 関数 $y = ax^2$ のグラフは,

頂点は〔 原点 〕で,〔 $y$ 〕軸について対称な放物線。

$a > 0$ のとき,〔 上 〕に開き,〔 $x$ 〕軸の上側。

$a < 0$ のとき,〔 下 〕に開き,〔 $x$ 〕軸の下側。

比例定数 $a$ の絶対値が大きいほど,

開き方が〔 小さく 〕なり,〔 $y$ 〕軸に近づく。

$y = ax^2$ のグラフと $y = -ax^2$ のグラフは,〔 $x$ 〕軸について対称である。

**例** $y = 4x^2$ のグラフは,〔 上 〕に開いた形で, $x$ 軸の〔 上側 〕にある。

**例** $y = -3x^2$ のグラフは,〔 下 〕に開いた形で, $x$ 軸の〔 下側 〕にある。

**例** $y = 3x^2$ のグラフは, $y = -2x^2$ のグラフより開き方が〔 小さく 〕なる。

**2** 関数 $y = ax^2 (a > 0)$ で, $x$ の値が増加するとき,

$x \leqq 0$ の範囲では, $y$ の値は〔 減少 〕する。

$x \geqq 0$ の範囲では, $y$ の値は〔 増加 〕する。

また, $x = 0$ のとき, $y$ は〔 最小 〕の値 0 をとる。

**例** 関数 $y = 5x^2$ で, $x \leqq 0$ では, $x$ の値が増加すると $y$ の値は〔 減少 〕する。

**例** 関数 $y = -4x^2$ で, $x \leqq 0$ では, $x$ の値が増加すると $y$ の値は〔 増加 〕する。

**3** $x$ の変域から $y$ の変域を求めるときは, グラフをかいて,

$y$ の値の最大の値と〔 最小 〕の値を求めればよい。

**例** 関数 $y = -2x^2$ について, $x$ の変域が $-1 \leqq x \leqq 3$ のときの $y$ の変域は,

$x$ の変域に 0 がふくまれるかどうかに注意して,〔 $-18 \leqq y \leqq 0$ 〕

**4** 関数 $y = ax^2$ では,〔 変化の割合 〕$= \dfrac{y \text{ の増加量}}{x \text{ の増加量}}$ は一定ではない。

**例** 関数 $y = 3x^2$ で, $x$ の値が 1 から 4 まで増加するときの変化の割合は,

$\dfrac{y \text{ の増加量}}{x \text{ の増加量}} = \dfrac{3 \times 4^2 - 3 \times 1^2}{4 - 1} = \dfrac{48 - 3}{3} = $〔 15 〕

5章　図形と相似

# 1節　図形と相似

☑ 1　2つの図形があって，一方の図形を拡大または縮小したものと，他方の
図形が合同であるとき，この2つの図形は〔 相似 〕であるという。

例 1辺の長さが6cmと8cmの2つの正方形は，相似であるといえ〔 る 〕。

☑ 2　四角形ABCDと四角形EFGHが〔 相似 〕であることを，
記号∽を使って，〔 四角形ABCD ∽ 四角形EFGH 〕と表す。
相似の記号∽を使うときは，対応する〔 頂点 〕を順に並べる。

例 四角形ABCD ∽四角形EFGHであるとき，
∠Bに対応する角は，〔 ∠F 〕　辺ADに対応する辺は，〔 辺EH 〕

☑ 3　相似な図形では，対応する線分の長さの〔 比 〕はすべて等しく，この比の
ことを〔 相似比 〕という。対応する角の大きさはそれぞれ〔 等しい 〕。

例 △ABC ∽△DEFで，AB＝12cm，DE＝20cmのとき，
△ABCと△DEFの相似比は，12：20　すなわち　〔 3：5 〕

☑ 4　2つの三角形は，〔 3 〕組の辺の比が，
すべて等しいとき，相似である。

例 AB：DE＝〔 BC 〕：〔 EF 〕＝CA：FD
のとき，△ABC ∽△DEFとなる。

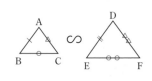

☑ 5　2つの三角形は，〔 2 〕組の辺の比と〔 その間 〕の角が，
それぞれ等しいとき，相似である。

例 AB：DE＝BC：EF，∠〔 B 〕＝∠〔 E 〕
のとき，△ABC ∽△DEFとなる。

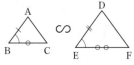

☑ 6　2つの三角形は，〔 2 〕組の角が，
それぞれ等しいとき，相似である。

例 ∠B＝∠〔 E 〕，∠C＝∠〔 F 〕
のとき，△ABC ∽△DEFとなる。

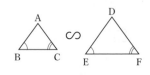

5章　図形と相似

## 2節　平行線と線分の比

☑ **1**

△ABC の辺 AB，AC 上に，それぞれ，点 P，Q があるとき，

PQ//BC ならば，$\begin{cases} AP:AB=AQ:〔 AC 〕=PQ:〔 BC 〕 \\ AP:PB=AQ:〔 QC 〕 \end{cases}$

$\left.\begin{array}{l} AP:〔 AB 〕=AQ:AC ならば， \\ AP:〔 PB 〕=AQ:QC ならば， \end{array}\right\}$ PQ//〔 BC 〕

**例** △ABC の辺 AB，AC 上の点 P，Q で，PQ//BC のとき，

△APQ と△ABC は，相似にな〔　る　〕。

AP:PB=2:1 ならば，$\begin{cases} AQ:QC=〔 2:1 〕 \\ PQ:BC=〔 2:3 〕 \end{cases}$

**例** △ABC の辺 AB，AC 上の点 P，Q で，

AP:AB=AQ:AC=1:3 のとき，PQ〔 // 〕BC

AP:PB=AQ:〔 QC 〕=1:2 のとき，PQ//BC

☑ **2**

右の図のように，2つの直線 $m$，$n$ が，

3つの平行な直線 $p$，$q$，$r$ と交わっているとき，

**■** $a:b=a´:〔 b´ 〕$

**②** $a:a´=〔 b 〕:b´$

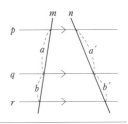

☑ **3**

△ABC の2辺 AB，AC の中点を，それぞれ M，N とすると，

MN//〔 BC 〕，MN=$\frac{1}{2}$〔 BC 〕

これを，〔 中点 〕連結定理という。

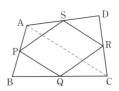

**例** 四角形 ABCD の4辺 AB，BC，CD，DA の中点を

それぞれ P，Q，R，S とすると，四角形 PQRS は，

〔 平行四辺形 〕になる。

**スピード チェック**

☑ **1** 相似な2つの図形で,

相似比が $m:n$ ならば,

周の長さの比は〔 $m:n$ 〕,

面積の比は〔 $m^2:n^2$ 〕

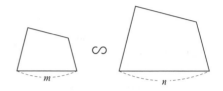

**例** △ABC ∽ △DEF で, 相似比が3:4のとき, 周の長さの比は〔 3:4 〕

だから, △ABC の周の長さが27cmのとき,

△DEF の周の長さは〔 36cm 〕。

面積の比は〔 9:16 〕だから,

△ABC の面積が18cm² のとき,

△DEF の面積は〔 32cm² 〕。

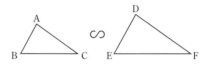

**例** 半径5cmの円と半径7cmの円で,

円周の長さの比は〔 5:7 〕,

面積の比は〔 25:49 〕

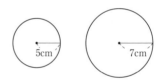

☑ **2** 相似な2つの立体で,

相似比が $m:n$ ならば,

表面積の比は〔 $m^2:n^2$ 〕,

体積の比は〔 $m^3:n^3$ 〕

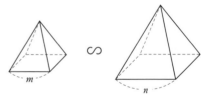

**例** 右の図の円柱 P と円柱 Q は相似で, 相似比が1:2のとき,

表面積の比は〔 1:4 〕だから,

円柱 P の表面積が24π cm² のとき,

円柱 Q の表面積は〔 96π cm² 〕。

体積の比は〔 1:8 〕だから,

円柱 P の体積が16π cm³ のとき,

円柱 Q の体積は〔 128π cm³ 〕。

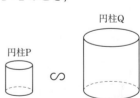

6章　円の性質
## 1節　円周角と中心角
## 2節　円の性質の利用

☑ **1** 1つの弧に対する円周角の大きさは，その弧に対する中心

角の大きさの〔 半分 〕であり，同じ弧に対する円周角

の大きさは等しい。右の図で，∠APB＝〔 $\frac{1}{2}$ 〕∠AOB

**例** 右の図で，$\overset{\frown}{AB}$ に対する中心角∠AOB の大きさが 140°のとき，

　　$\overset{\frown}{AB}$ に対する円周角∠$x$ の大きさは，〔 70° 〕

**例** 円 O で，$\overset{\frown}{AB}$ に対する円周角が 140°のとき，

　　$\overset{\frown}{AB}$ に対する中心角の大きさは，〔 280° 〕

☑ **2** 半円の弧に対する円周角は，〔 直角 〕である。

**例** 右の図で，AB が円 O の直径であるとき，

　　∠APB＝〔 90° 〕だから，

　　∠ABP＝〔 50° 〕。

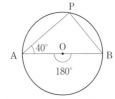

☑ **3** 1つの円で，等しい弧に対する〔 円周角の大きさ 〕は等しい。

1つの円で，等しい円周角に対する〔 弧の長さ 〕は等しい。

**例** 右の図で，$\overset{\frown}{AB}＝\overset{\frown}{CD}$ のとき，

　　∠APB＝∠CQD＝〔 20° 〕，∠AOB＝∠COD＝〔 40° 〕

☑ **4** 円周上に3点 A，B，C があり，点 P が直線 AB

について点 C と〔 同じ側 〕にあるとき，

∠APB＝∠〔 ACB 〕ならば，

点 P はこの円の $\overset{\frown}{ACB}$ 上にある。

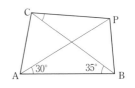

**例** 右の図で，∠BCP＝〔 30° 〕ならば，

　　4点 A，B，C，P は同じ円周上にある。

☑ **5** 円外の1点から，その円にひいた2つの〔 接線 〕の長さは等しい。

**例** 右の図で，円 O の半径 $x$ は，

　　$(5-x)+(12-x)=13$ より，$x=$〔 2 〕

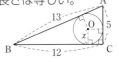

7章　三平方の定理
## 1節　直角三角形の3辺の関係
## 2節　三平方の定理の利用（1）

☑ **1** 直角三角形の直角をはさむ2辺の長さを $a$，$b$，

斜辺の長さを $c$ とすると，$a^2+b^2=$〔 $c$ 〕$^2$

すなわち，∠C＝90° の直角三角形 ABC では，

$BC^2+CA^2=$〔 **AB** 〕$^2$

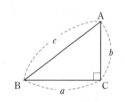

☑ **2** 直角三角形で，3辺の長さについて，2辺の長さがわかっていて，

残りの1辺の長さを求めるには，〔 三平方 〕の定理を使う。

**例** 右の図で，斜辺の長さは，$\sqrt{3^2+4^2}=5$ だから，〔 **5 cm** 〕

**例** 斜辺が 10 cm，他の1辺が 8 cm の直角三角形で，

残りの1辺の長さは，$\sqrt{10^2-8^2}=$〔 **6** 〕（cm）

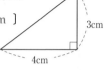

☑ **3** △ABC で，BC＝$a$，CA＝$b$，AB＝$c$ とするとき，

$a^2+b^2=c^2$ ならば，∠〔 C 〕＝90°

**例** 3辺の長さが 2 cm，$\sqrt{3}$ cm，$\sqrt{7}$ cm の三角形は，

$2^2+(\sqrt{3})^2=(\sqrt{7})^2$ だから，

直角三角形で〔 ある 〕。

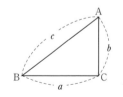

☑ **4** 3つの角が 90°，45°，45° の直角二等辺三角形の

3辺の長さの割合は，右の図のようになる。

**例** 直角をはさむ2辺が 2 cm の直角二等辺三角形の

斜辺の長さは，〔 $2\sqrt{2}$ 〕cm

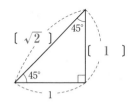

〔 $\sqrt{2}$ 〕　〔 1 〕

☑ **5** 3つの角が 90°，30°，60° の直角三角形の

3辺の長さの割合は，右の図のようになる。

**例** 1つの鋭角が 30°，斜辺が 4 cm の直角三角形の

残りの2辺の長さは，〔 2 〕cm，〔 $2\sqrt{3}$ 〕cm

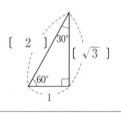

〔 2 〕　〔 $\sqrt{3}$ 〕

### 7章　三平方の定理
## 2節　三平方の定理の利用（2）

☑ **1** 例 1辺が1cmの正方形の対角線の長さ $a$cm は，

$1^2+1^2=a^2$ より， $a=[\ \sqrt{2}\ ]$

例 縦が1cm，横が2cmの長方形の対角線の長さ

$a$cm は， $1^2+2^2=a^2$ より， $a=[\ \sqrt{5}\ ]$

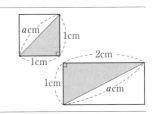

☑ **2** 例 1辺の長さが2cmの正三角形の高さ $h$cm は，

$1^2+h^2=2^2$ より， $h=[\ \sqrt{3}\ ]$

例 底辺が2cm，残りの2辺が3cmの

二等辺三角形の高さ $h$cm は，

$1^2+h^2=3^2$ より， $h=[\ 2\sqrt{2}\ ]$

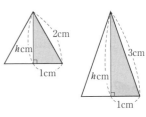

☑ **3** 例 半径2cmの円の中心 O から4cmの距離に

点 A があるとき，接線の長さ AP は，

$AP=\sqrt{4^2-2^2}=[\ 2\sqrt{3}\ ]$ （cm）

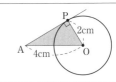

☑ **4** 例 原点 O と点 A(4, −3) の間の距離は，

$OA=\sqrt{(4-0)^2+\{0-(-3)\}^2}=[\ 5\ ]$

例 2点 B(1, 3)，C(−4, −2) 間の距離は，

$BC=\sqrt{\{1-(-4)\}^2+\{3-(-2)\}^2}=[\ 5\sqrt{2}\ ]$

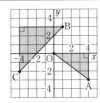

☑ **5** 例 1辺の長さが2cmである立方体の対角線の長さ

$a$cm は， $a=\sqrt{2^2+2^2+2^2}=[\ 2\sqrt{3}\ ]$

例 3辺の長さが1cm，2cm，3cmの

直方体の対角線の長さ $a$cm は，

$a=\sqrt{1^2+2^2+3^2}=[\ \sqrt{14}\ ]$

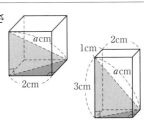

☑ **6** 例 底面の半径が6cm，母線の長さが10cmである

円錐の高さ $h$cm は，

$h=\sqrt{10^2-6^2}=[\ 8\ ]$

8章　標本調査とデータの活用
## 1節　標本調査

☑ **1** 集団のすべてを対象として調査することを〔 全数調査 〕という。これに対して，集団の一部を対象として調査することを〔 標本調査 〕という。

例 中学校での身体測定では，ふつう〔 全数 〕調査がおこなわれる。

例 缶詰の中身の品質検査では，ふつう〔 標本 〕調査がおこなわれる。

☑ **2** 標本調査をするとき，調査の対象となるもとの集団を〔 母集団 〕，取り出した一部の集団を〔 標本 〕という。また，標本となった人やものの数のことを，〔 標本の大きさ 〕という。さらに，母集団からかたよりなく標本を取り出すことを〔 無作為に 〕抽出するという。

例 ある県の中学生 56473 人から，1000 人を無作為に抽出して調査をおこなった。この調査の母集団は〔 ある県の中学生 56473 人 〕，
標本は〔 無作為に抽出された 1000 人 〕，標本の大きさは〔 1000 〕。

☑ **3** 例 ある工場でつくった製品のうち，150 個を無作為に抽出して調べたところ，不良品が 2 個あった。製品全体に対する不良品の割合は，$\frac{2}{150}=\frac{1}{75}$ と考えられるから，この工場で 30000 個の製品をつくるとき，不良品の数はおよそ，$30000×\frac{1}{75}=$〔 400 〕（個）と推定される。

☑ **4** 例 箱の中にビー玉がたくさん入っている。そのおよその個数を調べるために，箱の中からビー玉を 20 個取り出し，そのすべてに印をつけてもとの箱にもどした。その後，よくかき混ぜてから 50 個のビー玉を無作為に抽出したところ，印のついたビー玉が 2 個ふくまれていた。
はじめに箱に入っていたビー玉の数をおよそ $x$ 個とすると，
$x:20=$〔 50 〕:〔 2 〕　これを解くと $x=500$ だから，箱の中にはビー玉がおよそ〔 500 〕個入っていたと推定できる。

∠BPC は △APC の外角でもあるから，

∠$x$+50° = 110°　∠$x$ = 60°

(4)　$\overset{\frown}{BC}$ の円周角だから，∠BAC = ∠BDC = 55°

∠$x$ は △ABP の外角だから，

∠$x$ = 21°+55° = 76°

(5)　AB は直径だから，∠ACB = 90°

∠BAC = 180°−(90°+58°) = 32°

$\overset{\frown}{BC}$ の円周角だから，∠$x$ = ∠BAC = 32°

(6)　∠ABC は △BPC の外角だから，

∠ABC = ∠$x$+44°

$\overset{\frown}{BD}$ の円周角だから，∠BAD = ∠BCD = ∠$x$

∠AQC は △ABQ の外角だから，

(∠$x$+44°)+∠$x$ = 70°　2∠$x$ = 26°

**6** (1)　△ADP ∽ △CBP より，

PD : PB = DA : BC

$x$ : 4 = 6 : 5　5$x$ = 24

(2)　△PAD ∽ △PCB より，PA : PC = PD : PB

($x$+13) : (9+6) = 6 : $x$

$x$($x$+13) = 90　$x^2$+13$x$−90 = 0

($x$+18)($x$−5) = 0　$x$ = −18, $x$ = 5

$x$>0 だから，$x$ = 5

（方べきの定理を使ってもよい。）

(3)　△COA ≡ △COP より，

∠COA = ∠COP

△DOB ≡ △DOP より，

∠DOB = ∠DOP

よって，2(∠COP

+∠DOP) = 180°

∠COP+∠DOP = 90°

したがって，∠COD = 90°

よって，∠AOC+∠BOD = 180°−∠COD = 90°

また，∠AOC+∠ACO = 180°−∠CAO = 90°

したがって，∠ACO = ∠BOD

よって，△OCA と △DOB で，

∠ACO = ∠BOD　∠CAO = ∠OBD = 90°

2 組の角が，それぞれ等しいので，

△OCA ∽ △DOB

よって，CA : OB = AO : BD

$9 : \dfrac{x}{2} = \dfrac{x}{2} : 25$　$\dfrac{x^2}{4} = 225$　$x^2$ = 900

$x$>0 だから，$x$ = 30

（三平方の定理の学習後なら，それを使ってもよい。）

---

p.142〜143　**第7回**

**1** (1)　$x = \sqrt{34}$　　(2)　$x = 7$

(3)　$x = 4\sqrt{2}$　　(4)　$x = 4\sqrt{3}$

**2** (1)　$x = \sqrt{58}$　　(2)　$x = 2\sqrt{13}$

(3)　$x = 2\sqrt{3}+2$

**3** (1)　○　　(2)　×　　(3)　○　　(4)　○

**4** (1)　$5\sqrt{2}$ cm　　(2)　$9\sqrt{3}$ cm$^2$

(3)　$h = 2\sqrt{15}$

**5** (1)　$\sqrt{58}$　　(2)　$6\sqrt{5}$ cm

(3)　$6\sqrt{10}\,\pi$ cm$^3$

**6** (1)　$9^2−x^2 = 7^2−(8−x)^2$

(2)　6 cm　　(3)　$3\sqrt{5}$ cm

**7** 3 cm

**8** 表面積 $32\sqrt{2}+16$ (cm$^2$)，体積 $\dfrac{32\sqrt{7}}{3}$ cm$^3$

**9** (1)　6 cm　　(2)　$2\sqrt{13}$ cm　　(3)　18 cm$^2$

**▶ 解説 ◀**

**2** (1)　$AD^2+4^2 = 7^2$，$AD^2 = 33$

$x^2 = AD^2+5^2 = 33+25 = 58$

(2)　D から BC に垂線 DH

をひく。BH = 3 cm

CH = 6−3 = 3 (cm)

$DH^2+3^2 = 5^2$

$DH^2 = 16$　DH>0 だから，DH = 4 cm

AB = DH = 4 cm

$x^2 = AB^2+BC^2 = 4^2+6^2 = 52$

(3)　直角三角形 ADC で，

4 : DC = 2 : 1　DC = 2 cm

4 : AD = 2 : $\sqrt{3}$　AD = $2\sqrt{3}$ cm

直角三角形 ABD で，BD = AD = $2\sqrt{3}$ cm

$x$ = BD+DC = $2\sqrt{3}+2$

**4** (2)　正三角形の高さは，$3\sqrt{3}$ cm

(3)　BH = 2　$h^2+2^2 = 8^2$　$h^2 = 60$

**5** (1)　$AB^2 = \{−2−(−5)\}^2+\{4−(−3)\}^2$

$= 3^2+7^2 = 58$

(2)　O から AB に垂線 OH をひく。

$AH^2+6^2 = 9^2$

$AH^2 = 45$　AH>0 だから，AH = $3\sqrt{5}$ cm

AB = 2AH = $2\times3\sqrt{5} = 6\sqrt{5}$ (cm)

(3)　円錐の高さを $h$ cm とする。$h^2+3^2 = 7^2$

$h^2 = 40$　$h$>0 だから，$h = 2\sqrt{10}$

体積は，$\dfrac{1}{3}\times\pi\times3^2\times2\sqrt{10} = 6\sqrt{10}\,\pi$ (cm$^3$)

**6** (1) 直角三角形 ABH と直角三角形 AHC で $AH^2$ を 2 通りの $x$ の式で表す。

(2) (1)の方程式を解く。

$81-x^2=49-64+16x-x^2$

$-16x=-96$    $x=6$

(3) $AH^2=9^2-x^2=9^2-6^2=45$

**7** $BE=x$ cm とする。$AE=8-x$ (cm)

折り返したから，$EF=AE=8-x$ (cm)

直角三角形 EBF で，$x^2+4^2=(8-x)^2$

$x^2+16=64-16x+x^2$    $16x=48$    $x=3$

**得点アップのコツ**

折り返しの問題では，折る前後で同じ部分に注目すれば，線分の長さや角の大きさが等しい部分がわかる。

**8** A から BC に垂線 AP をひく。

$BP=2$ cm

$AP^2+2^2=6^2$    $AP^2=32$

$AP>0$ だから，$AP=4\sqrt{2}$ cm

△ABC の面積は，

$\frac{1}{2}\times4\times4\sqrt{2}=8\sqrt{2}$ (cm²)

表面積は，$8\sqrt{2}\times4+4\times4=32\sqrt{2}+16$ (cm²)

BD と CE の交点を H とする。$BH=2\sqrt{2}$ cm

直角三角形 ABH で，$AH^2+(2\sqrt{2})^2=6^2$

$AH^2=28$    $AH>0$ だから，$AH=2\sqrt{7}$ cm

体積は，$\frac{1}{3}\times4^2\times2\sqrt{7}=\frac{32\sqrt{7}}{3}$ (cm³)

**9** (1) 直角三角形 MBF で，$MF^2=2^2+4^2=20$

$MF>0$ だから，$MF=2\sqrt{5}$ cm

直角三角形 MFG で，

$MG^2=MF^2+4^2=20+16=36$

(2) 右の展開図で，MG の長さが求める長さ。

直角三角形 MGC で，

$MG^2=(4+2)^2+4^2=52$

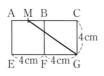

(3) $FH=\sqrt{2}\ FG$
      $=4\sqrt{2}$ cm

$MN=\sqrt{2}\ AM$
      $=2\sqrt{2}$ cm

M から FH に垂線 MP をひく。

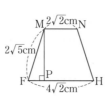

$FP=(4\sqrt{2}-2\sqrt{2})\div2=\sqrt{2}$ (cm)

直角三角形 MFP で，$MP^2+(\sqrt{2})^2=(2\sqrt{5})^2$

$MP^2=18$    $MP>0$ だから，$MP=3\sqrt{2}$ cm

四角形 MFHN の面積は，

$\frac{(2\sqrt{2}+4\sqrt{2})\times3\sqrt{2}}{2}=18$ (cm²)

**p.144  第8回**

**1** (1) 標本調査    (2) 標本調査
    (3) 全数調査    (4) 標本調査

**2** (1) ある工場で昨日作った 5 万個の製品
    (2) 300        (3) およそ 1000 個

**3** およそ 700 個

**4** およそ 440 個

**5** (1) およそ 15.7 語（または，16 語）
    (2) およそ 14000 語

**解説**

**2** (1) 調査の対象となるもとの集団が母集団。
    (2) 標本となった人やものの個数が標本の大きさ。
    (3) 無作為に抽出した 300 個の製品の中にふくまれる不良品の割合は，$\frac{6}{300}=\frac{1}{50}$

よって，5 万個の製品の中にある不良品の数は，

およそ，$50000\times\frac{1}{50}=1000$ (個)

**3** 袋の中の玉の数を $x$ 個とする。袋の中と抽出した標本で，玉の総数と印のついた玉の個数の比は等しいと考えられるので，

$x:100=(4+23):4$    $4x=100\times27$    $x=675$

よって，十の位を四捨五入して，700 (個)

**別解** 印のついていない玉と印のついた玉の個数の比で考えると，

$(x-100):100=23:4$    $4(x-100)=100\times23$

$x-100=25\times23$    $x=675$

**4** 白い碁石の数を $x$ 個とする。袋の中と抽出した標本で，白い碁石と黒い碁石の個数の比は等しいと考えられるので，

$x:60=(50-6):6$    $6x=60\times44$    $x=440$

**別解** 碁石の総数と黒い碁石の個数の比で考えると，

$(x+60):60=50:6$    $6(x+60)=60\times50$

$x+60=10\times50$    $x=440$

**5** (1) $(18+21+15+16+9+17+20+11+14+16)$
      $\div10=157\div10=15.7$

(2) $15.7\times900=14130$ (語)